河流蜿蜒分析与模拟

（意）Alessandra Crosato 著

任松长　李胜阳　程献国　等译
姜丙洲　滕　翔

黄河水利出版社

·郑州·

内 容 提 要

本书系统介绍了河流形态学的基本概念,回顾了河流形态学的研究历程和主要研究成果,提出了一整套分析与模拟蜿蜒弯曲型河流形态学表现和演变的技术方法,并在此基础上建立了先进、成熟的模型工具。本书既注重理论探讨,又体现河流形态学研究和应用的实践;既有数学分析与模拟技术的分析和探讨,又充分结合真实河流的现场分析调查和实验室模型试验的验证分析。该书是一本难得的河流形态学分析和模拟技术参考书。

本书可供河流形态分析及模拟技术人员、河流工程技术人员、大专院校相关专业教师和学生、河流治理机构管理者、决策者,以及其他相关工程技术和研究人员学习参考。

图书在版编目(CIP)数据

河流蜿蜒分析与模拟/(意)亚历山德拉(Crosato,
A.)著;任松长等译. —郑州:黄河水利出版社,2011.5
书名原文:Analysis and Modelling of River Meandering
ISBN 978 − 7 − 80734 − 972 − 3

Ⅰ.①河…　Ⅱ.①亚…　②任…　Ⅲ.①河流－形态
分析　Ⅳ.①TV14

中国版本图书馆 CIP 数据核字(2011)第 258093 号

组稿编辑:王路平　电话:0371 − 66022212　E-mail:hhslwlp@126.com

出　版　社:黄河水利出版社
　　　　　地址:河南省郑州市顺河路黄委会综合楼 14 层　邮政编码:450003
发行单位:黄河水利出版社
　　　　　发行部电话:0371 − 66026940、66020550、66028024、66022620(传真)
　　　　　E-mail:hhslcbs@126.com
承印单位:黄河水利委员会印刷厂
开本:787 mm × 1 092 mm　1/16
印张:13.5
字数:310 千字　　　　　　　　　　　　印数:1—1 000
版次:2011 年 5 月第 1 版　　　　　　　　印次:2011 年 5 月第 1 次印刷
定价:48.00 元

著作权合同登记号:图字 16 − 2010 − 188

序

　　当前，黄河治理开发与管理正在经历着信息化建设的进程。实现信息化的关键途径是数字化，即建设"数字黄河"工程。基于"数字黄河"工程在数据采集、数据传输、数据存储和数据处理方面取得的长足进步，黄河水利委员会提出当前要着重推进数学模拟系统建设，以进一步提高"数字黄河"工程对黄河治理开发与管理的决策支持能力。黄河下游河道水沙演进模型就是黄河数学模拟系统的重要组成部分。

　　黄河下游河道的水沙演进过程，是洪水与沙质河床、河岸相互影响、相互作用的过程。小浪底至花园口河段的洪水增值异常现象、高村至孙口河段的"驼峰"问题，进一步反映出洪水演进过程的复杂性、多维性，需要认识和分析其内在的自然规律，进而建立数学模型，对洪水演进做出预测，并通过预测指导黄河下游防洪工程的建设、管理、运行。

　　西方国家对河流演变和径流演进的数学模型研发较早。《河流蜿蜒分析与模拟》对长期以来关于河流蜿蜒弯曲变化的科研成果进行了系统的研究和分析，从其内容上看，最早的参考文献可以上溯到 1776 年，所涉及的河流遍及欧洲、亚洲、美洲，可见其关注面之广、之久。书中的研究对象是非潮汐蜿蜒型河流，重点研究其在大空间尺度上的中长期地形和平面形态变化，内容包括文献研究、水槽试验、开发 MIANDRAS 模型、模型的运用及对比分析等，对开发和完善黄河下游河道水沙演进模型具有重要的参考意义。

　　本书的译者多为黄河水利委员会派出的第一期出国留学人员。为了实现维持黄河健康生命的目标，全力推进"三条黄河"（数字黄河、模型黄河、原型黄河）建设，培养与国际接轨的青年科技人才，加快治黄现代化的进程，在教育培训经费非常紧张的情况下，黄河水利委员会毅然决定实施青年科技人才出国培训计划。自 2001 年起，黄河水利委员会选派了五批共 60 名优秀青年科技干部分赴荷兰、澳大利亚、美国等国家学习，学习了国外流域管理先进经验、江河治理开发方面的现代化科学技术，熟悉了国际惯例和规则，提高了外语水平和国际交往与合作能力，在各自的工作岗位上充分发挥聪明才智，努力工作，发挥了应有的作用。

　　历史已经证明，20 世纪以工业革命为标志的第一次现代化，深刻改变了世界和中国的面貌。当人类社会进入 21 世纪，以信息革命为标志的第二次现代化浪潮扑面而来，信息化正在成为当今世界发展的最新潮流。希望青年科技工作者加强学习、善于思考、坚韧不拔、开拓创新，从更高的层面、以更宽的视野，为黄河数学模拟系统和"数字黄河"建设做出积极贡献。

2011 年 3 月 20 日

前　言

　　2002 年,黄河水利委员会党组实施人才培养战略计划,第一批出国留学人员 10 人被派往荷兰的 IHE(荷兰代尔夫特基础设施、水利和环境工程教育学院),也就是现在的 UNESCO-IHE,联合国教科文组织水教育学院,本书的几位译者即是那个时期赴荷留学人员。荷兰是个小国家,但是却有着不小的水患威胁,因为它的相当一部分国土面积都在海平面以下,海岸线绕过了大半个国家,一旦北海有大的风暴潮,海水洪灾的危险就时刻存在着,而其内陆地区很多地方由于低于海平面且又地势低平,洪灾及内涝的威胁很大。荷兰还是欧洲几条大河的入海地区,其中莱茵河就是在荷兰人口稠密而发达的西南部入海的。在这样的客观条件下,荷兰人以自己的聪明才智和胆略,与来自海上和河流的洪灾威胁进行了长期的斗争。他们在沿海建立起了举世瞩目的宏大海防工程,也建立了完善的河流入海治理工程。不仅如此,他们在水科学方面的理论研究和应用研究同样也走在世界前列。计算水力学、河流及海洋动力学、河流及海岸形态学、排水与灌溉自动化管理、综合水利应用软件等多方面的研究与实践都站在了世界最先进之列。

　　在这样一个国家学习水利技术,无疑可以接触到西方最新的水利科学理论和应用实践。译者对现代河流形态学的兴趣产生和深入了解,正是从在这里学习开始的。译者之一的李胜阳在水信息学(Hydroinformatics)专业学习,2002 年的水信息学课程中开设有一门课,起初在课程表里的名字叫“River Morphology”,后来实际上课的时候,授课老师(Gerrit Klaassen)给发的教材封面上写着“Engineering Potamology”,对于这个名字,开始的感觉是很陌生,因为对这个英文单词“Potamology”不熟悉,或者说根本不认识它,而在词典里一查才发现,小的词典里竟然没有这个词,于是到网络上一查才发现,在英语里,这是个工程界用的外来词,来自希腊语,是个组合词,即“河流 + 学(课,科学)”的意思。原来,“Engineering Potamology”直译下来,就是工程河流学的意思。可是,这里还有个问题,那就是荷兰籍的老师在授课时口头上还叫做“River Morphology”。原来,这门课程名字的两英文单词组合起来以后,强调这是一门关于河流及河流形态的课程。对于这样一门课,译者是带着很好奇的心态去认真学习和体会的。在这门河流形态学课程中,译者看到了很多以简明方式介绍的河流形态学概念、理论公式和工程应用实践,获益很大,而也就从这个时候起,译者对河流形态学产生了极大的兴趣与关注。

　　那门课程的重点或者说它所强调的是河流形态学的一些基本概念、理论与实践的结合点及工程应用分析,特别是它对简化理论公式,并对河流形态学的演变进行定性分析和一些定量计算进行了非常简要而清晰的介绍,其中的应用例子也非常切合工程实际。譬如,一个例子是讲对河流在被“裁弯取直”之前和之后的形态学演变趋势分析和定量计算;另外一个例子是关于含沙河流引水分流前后的形态学演变分析预测与计算。这些分析计算所依据的公式和方法有别于一般的河流泥沙工程学,与后者比较则有概念清晰、理论公式简单、原理应用明确合理的特点(以译者自己的观点来看)。这说明,河流形态学有其突出的特点和独到的工程实践应用价值,这也是译者对该学科发生浓厚兴趣的又一个重要因素。

从工程河流学(Engineering Potamology)开始,译者也关注了广义河流形态学定义之下细分领域的学术研究情况,同样惊叹河流形态学研究在不同分支的理论研究成果和工程应用实践。从不同风格和尺度上而言,至少有以下几个方面的分支:

第一,面向普通应用的河流形态学,即译者前述的工程河流学(Engineering Potamology)。它依据物理控制方程,在合理的简化条件之下,对河流形态学进行面向工程实用性的定性解释和定量计算。工程河流学在定性分析中有简单、明确的理论基础,对于河流及河流工程影响的分析解释乃至预测都非常到位。

第二,基于野外实地观测、观察和室内分析研究的应用河流形态学。这是在大量的现场实地观察、观测并与理论分析、统计分析和计算而得出的、简易实用的河流形态学理论和实践体系。这个分支的河流形态学更注重河流的实地勘察、河流地貌特点、河流形态在不同地形、地貌和地质条件下的表现形式分类和分析研究。美国人 Dave Rosgen 编写的《应用河流形态学》(《Applied River Morphology》)即是其代表作,其中有大量的现场图片和手绘图片,直观地展现了河流形态的各种特征和表现,在此基础上对各类河流形态进行了归纳和统计分析,提出了一般性规律。本书更注重实际应用,而其理论性相对较弱。

第三,基于物理机制的动力学研究和应用成果。这类研究及相关模型、软件工具等,由水力学、河流动力学等基本控制方程出发,提出了基于数学控制方程的实际应用方案,有些还开发出了成熟的应用软件。例如,在 Delft3D 软件包中就用成熟的河流形态学计算分析工具,而这里的功能更多地专注于对相对更小的河流尺度下的理论分析和计算模拟研究,例如,对一个河流弯曲(弯道)的三维水力水流(包括含沙水流)进行的模拟与分析。

第四,基于对相对较大河段的形态学特性的分析研究分支。它研究河流弯曲的演变规律和分析模拟手段。这里研究的河流尺度是连续几个弯曲河段的河流长度。同时,时间上是单个河流弯曲演变并发生实质性位移的中、长期时间段,即本书中所谓的河流工程尺度(Engineering Scale)。其研究分析手段的一个特点是应用了多学科的物理概念与知识,既有水力学和河流动力学,也有波动方程等,可以说是体现了多学科的综合应用研究。

西方现代河流形态学研究在近几十年中取得了长足的发展,也获得了丰硕成果。其中,尤以 20 世纪八九十年代最具代表性。那时,世界上出现了多个研究河流形态学的学术群体,后来这些研究群体产生了不少形态学研究的专家,这其中有三个群体很有代表性,以地域划分就是,荷兰的代尔夫特(Delft)研究群体、美国的明尼苏达(Minnesota)学术群体和意大利的热那亚(Genoa)学术群体。这个时期是河流形态学知识迅速发展的时期,很多基础性发现都是这个时代所取得的,上述学术群体对后来的河流形态学研究产生了重要影响。

基于这些认识,当译者偶然看到 Alessandra Crosato 所著的本书英文版时,立即被书的内容吸引住了,该书的研究即是属于上述第四个方面。

本书原作者于1987年在荷兰代尔夫特技术大学(Technical University of Delft)完成了河流形态学研究的高质量的博士论文,但她当时选择去法国就业了,后来她又回到代尔夫特从事河流形态学研究和教学工作,并进一步补充了新的研究成果,最后于 2008 年 8 月进行了博士答辩。当初没有答辩不是因为论文未完成,而是选择了去法国就业。之后,她继续进行更加深入的理论研究和最新发展跟踪分析,更加完善了自己的研究成果。从这个意义上讲,她的研究成果就更加殷实而丰硕。在她答辩的时候,她就早已经是业界一个很知名的专家了。因此,选择翻译她的书恰能达到在我国传递西方河流形态学研究成果的目的。该书极其详尽和准确地描述了学术流派、理论基础、各派大专家的学说与成果以及应用流域,这一点也是本书非常突出的一个特点,而能够做到这一点,与原作者几十年不断耕耘、密切跟踪和潜心研究是密不可分的。据了解,由于原作者在业界的知名度很高,她本人与国际上知名专家的交流频繁,这也更促进了她的学术研究。同时更为重要的是,原作者将自己几十年的研究成果详细地进行了阐述,因此这本书既是关于过去几十年业界研究历程的分析、记录的书,同时又是原作者最新研究成果介绍与分析的书,是一本难得的好书。

本书英文原作者长期从事河流形态学研究,既是这个时期的亲历者和见证者,同时也是后续研究的延续者。而本书在回顾河流形态学研究的历程,特别是自 20 世纪 80 年代以来的形态学研究发展的背景下,更专注于蜿蜒型河流(Meandering Rivers)形态学的研究、分析与模拟计算。它着重研究河流的各种形态学表现形式、形态学表现的诱因、形态分析和模拟预测等。本书译者来自黄河水利委员会,而黄河是一条世界闻名的多沙大河,从发源地直到入海口,就不同河段的形态学表现而言有其自己的特点,但是黄河的很多形态学表现形式也是遵循了河流形态学的一般规律,例如,下游的弯曲河段和其下游的所谓窄河道归顺河段等就带有大河流下游的一般性特点,因此译者认为,本书中文版的出版发行将对黄河及国内其他河流的认识、治理和开发具有一定的现实意义。

在本书的翻译中,任松长负责翻译第 2、3 章,并负责全书统稿,程献国负责翻译第 4、5 章,李胜阳负责翻译第 7、8 章,滕翔负责翻译第 9、10 章,姜丙洲负责翻译第 1、6 章。由于河流形态学有其独特的研究视角和应用领域,与我国的教学、研究和应用的某些传统领域的重合和交叉较少,因此有很多概念、理论和应用实践是新的,这对于译者的翻译是个极大的挑战。在本书的翻译过程中,译者之一的李胜阳借助于在荷兰攻读博士的机会,多次与原作者进行了面对面的直接沟通和交流,对于不明确的概念进行了认真的了解和消化,并及时与其他参与翻译的人员进行沟通并明确共识,这在很大程度上保证了翻译的准确性。同时也应该看到,由于本书内容相对新颖的特点和译者的水平所限,对本书的翻译难免出现不足和缺陷,还请读者给予谅解和积极反馈与支持,对于不当的地方,恳请广大读者朋友提出宝贵意见和建议,以便今后改进。

译 者
2010 年 12 月

原作者序

值此汉语版出版之际，我想对我的这本书作一个简单介绍。首先，我对李胜阳先生推荐翻译我的著作表示由衷的感谢！将我的书翻译成汉语出版使我感到莫大的荣幸和自豪。我还要衷心感谢所有的五位翻译人员！他们是任松长先生、李胜阳先生、程献国先生、姜丙洲先生和滕翔先生。本书的翻译工作绝对不是简单的英语单词对应于汉语词汇的直接翻译，它需要翻译者对原著有一个完整的学习、思考和综合理解过程，他们必须要把复杂的概念用一个汉语中新的技术术语来准确表达出来。为了保证翻译的质量，在翻译过程中，我跟李胜阳先生有过多次交流。从我们的讨论中我认识到，尽管李胜阳先生和他的同事们不是河流形态学的专家，却对相关基础知识和我的研究领域都有着很好的理解。因此，我对他们翻译出高质量的书充满信心。

据我了解，中国河流工程界对河流形态学变化的研究相对较少，因此我的书汉语版的出版可以被看做是介绍本学科的一项开创性的、基础性的工作。读者在了解我的研究的同时，还可以从我的书中了解到过去20年中本领域内知名研究者提出的概念，了解到他们的研究方法和他们的研究成果。

本书研究蜿蜒型河流的(形态)动力学。书的前4章介绍了河流形态学的基本概念，相信这些介绍对于还不太熟悉河流形态学学科的中国同行们将很有益处。本书的其他章节介绍了蜿蜒型河流平面形态变化的数学和数值模拟技术，其中包括了本领域的最新研究成果。本书中还包含有大量的文献引用，而这对那些希望进行更多了解和研究的读者提供了直接和便利的文献信息。本书汉语版的及时出版确保中国读者能够及时、准确地了解到蜿蜒弯曲型河流形态学研究的最前沿成就。本书所论研究中开发的 MIANDRAS模型，可以看做是"开放源码"模型，若中国同行需要，本人将乐于提供。同时，我欢迎大家对我的著作反馈信息。

Alessandra Crosato
2010 年 12 月 9 日

目　录

第 1 章 绪 论

1.1 基本原理

蜿蜒型河流(Meandering River)的平面演变,常伴有河弯的逐渐发育、迁移以及自然裁弯现象的发生,是河流平面形态变化的一种基本形式。这种演变不仅对河流本身的科学研究有着重要价值,而且对于河流的治理和在河流上建设有关工程都有着重要的意义。尽管在近几十年来,这方面的研究取得了很大的进步,但是人们在建立简单的模型以便应用模型对河流蜿蜒变化进行预测和分析方面仍然很欠缺。而这类模型是分析和理解河道弯曲变化现象的重要手段,并且这样的简单分析模型和工具对理解更复杂的模型也很有帮助,后者往往研究范围是更小的河流。

本书研究的对象是非潮汐影响的弯曲河流变化,并着重研究大尺度、中长期情况下,河流在二维平面上的演变。这个时间和空间上的尺度称为工程尺度,其目的是研究并应用一些在本领域中尚欠缺的知识,并以其为工具来更好地理解河道在平面上的演变。本书包括开发一个用于模拟中长期河流蜿蜒变化的数值模型,即 MIANDRAS。同时,还有试验和实地观测研究等,而数值模型中包括了分析研究工作中所用的主要工具。

为什么研究河流的蜿蜒变化?

因为河流的蜿蜒变化是人类与河流共处环境中河流变化的最常见的形式。

蜿蜒型河流有单一的河道流路、多弯的形态以及近似不变的河道宽度。它们可以被认为是辫状型河流(Braided River)的一种特殊形式[Murray 和 Paola,1994],即在此种情况下,多股水流减少为一股。为何本书集中于这一形式呢? 这有以下几个原因:

(1)自然形成的蜿蜒型河流多见于广袤而肥沃的流域,这些地区最适合农业生产和人类居住,常常面临人口膨胀和经济发展的压力。因此,洪泛平原的人口和工业日益密集[Muhar 等,2005]。这样一来,防洪、河岸侵蚀和河弯移动的治理等就显得尤为重要。以前很长一段时间,很多欧洲国家,如荷兰、意大利和法国等,地方政府在规划人类居住地时从不考虑流域层面的协调;而现在则认识到,就长期而言,人们占据洪泛平原并加高堤坝来减少河流的变化的做法不具有可持续性。对冲积平原的不断侵占将导致更高的洪水位,而防护堤却不可能无限加高。因此,需要制定一个全新的土地利用政策,给河流更多的空间。最新的管理思路[Silva 等,2004;Ercolini,2004]引入了"河流走廊"(River Corridor,或称 Streamway)的概念,并提出了"给河流自由空间"的口号[Malavoi 等,1998;Malavoi 等,2002]。河流走廊是一个人工维持的、常过洪水的河流冲积带,在这样的区域内,允许河流在一种被控制的"自然"状态下冲刷河岸。无控制的河岸侵蚀会影响到土地的使用,而自由的蜿蜒变化也会对通航产生影响。因此,对河流走廊的规划设计来讲,有关河岸侵蚀过程、弯曲演变和裁弯等方面的认识必不可少[Piégay 等,2005;Larsen 等,2006]。

此外,研究表明,由于牛轭湖、河弯池、凸岸边滩(Point Bar)和垂直河岸侵蚀等的存在,水深、流速和泥沙组成等的自然梯度对河流走廊的生态有重要作用[Ward 和 Stanford,1995]。因此,需要深层的河流形态动力学知识来设计和维护河流走廊,分析评估重要河道整治工程的长期影响,其中包括对是保持一个河弯还是进行人工裁弯取直的分析与选择。

(2)在发达地区,人类的干预已经使得河流的蜿蜒现象成为一种最常见的河流平面形态。例如维也纳以下的多瑙河曾经是辫状形态的,而现在被限制成为单股蜿蜒水流。就像多瑙河一样,大多数山区河流越来越呈现出蜿蜒型河流的形态。建坝、开挖和河道采砂等是河道形态转型变化的主要诱因[Cencetti 等,2004;Surian 和 Rinaldi,2003;Piégay 等,2000,2006]。在欧洲,近些年偏远地区和山区人口因逐渐迁徙到城镇而减少,导致树木植被增加而土壤侵蚀减少,使得进入河流的泥沙减少,继而造成河流冲刷加剧,河型变化现象更加突出[Piégay 和 Salvador,1997;Liébault 和 Piégay,2002]。

(3)公园和恢复性工程的设计多采用单股蜿蜒河型的方案,同时渠化河道的蜿蜒塑造模型也得到发展[Abad 和 Garcia,2006]。社会学方面的一些因素也在辫状河流转变为蜿蜒型河流的过程中发挥了一定的作用。就两种河流形态而言,公众更喜欢蜿蜒型河流[Parker,2004;Piégay 等,2006],正因如此,河道改造工程常以蜿蜒单股河道为目标来进行。在美国,有些河道改造工程失败了,因为新改造成的蜿蜒型河道很快又转变成辫状河道[Kondolf 和 Railsback,2001]。这一现象再次表明,揭示河道蜿蜒原因及其适宜条件意义重大。

本书开发了蜿蜒移动变化模型 MIANDRAS 作为主要分析研究工具。该模型是基于准二维流场和河床地形描述的一线模型,含有河岸侵蚀堆积公式。该模型在研究前期阶段已经开发完成[Crosato,1987,1989,1990]。

为什么用 MIANDRAS 这样相对简单的模型作为主要工具来研究河流的蜿蜒变化呢?下面让我们来讨论这个问题。

到 2000 年初,河流形态动力学模型已经发展到相当复杂的程度。诸如 Delft3D 模型[Lesser 等,2004]、MIKE21 模型(www.dhigroup.com)和 SSIIM 模型[Olsen,2003]等模型,均可进行水流和泥沙输移的二维和三维模拟,同时还可进行河床高程变化计算。这些模型包含很多复杂机制的描述,如弯道水流中的螺旋水流和泥沙分级输移等,但是这些计算与精度不高的河岸侵蚀计算公式进行了耦合。基于物理机制的河岸侵蚀模型被嵌入在二维模型中,例如 RIPA 模型[Mosselman,1992]和 MRIPA 模型(改进的 RIPA 模型)[Darby 和 Thorne,1996a],然而,这些模型对伴生河岸的处理却没有达到与二维模型同样的复杂度。MIANDRAS 模型对水流、泥沙输移和河岸动力学计算三者有着更加平衡的考虑。此外,所有现有多维模型都不包括河岸的延伸增长过程,这些延伸增长过程是由近岸淤积的稳固以及其垂直方向上的增长引起的,并受水边植被和土壤固结控制。河岸延伸是河流蜿蜒变化的基本过程之一,同时它与河岸蚀退过程相伴。这一缺失严重影响了这些模型在研究蜿蜒型河流平面变化方面的实用性。

本书着重研究大尺度、中长期情况下的蜿蜒型河流的地形变化,即河流在数十年或数百年时间跨度中发生的数个蜿蜒的演变。对于此类研究,那些更复杂的模型没有表现得更好,也未必减少不确定性。MIANDRAS 模型特别适合在大的空间和时间尺度下对蜿蜒型河流行为进行分析,这一点已经得到证实。其简化的数学处理便于获得一些特定条件的解析解,例如初期形成的蜿蜒态势、平衡河床地形和凸岸边滩位置等,而这些提供了模型所模拟过程的有关信息。因而,数值分析可以与数学分析相耦合。由于缺少河岸侵蚀和淤进的合适公式,更为复杂的模型要么使得一些大尺度现象的模拟成为不可能,要么使其更加困难。

与 MIANDRAS 模型相比,许多新开发的蜿蜒演变模型仍然包含更简化的基础物理过程计算[Lancaster,1998;Abad 和 Garcia,2005;Coulthard 和 van de Wiel,2006]。最复杂的一些模型[Sun 等,1996;Zolezzi 和 Seminara,2001]也没有超过 MIANDRAS 模型。这意味着尽管类似模型已经出现,但 MIANDRAS 模型仍然处于蜿蜒变化模拟的最前沿。

需要指出的是,通过对 MIANDRAS 模型中基本公式的不同程度的简化,可获取不同复杂程度的模型,本书框架之下的数值方法可用于分析所有蜿蜒迁移模型的应用效果[Crosato,2007a,2007b]。经验证,这对于定义控制蜿蜒型河流变化某些方面的参数很有帮助。

1.2　研究背景

在 1987 年本研究开始的时候,蜿蜒型河流变化各主要方面的研究都在进行之中。例如,1983 年"代尔夫特小组"❶对"过度响应"(Overshoot)现象开展了研究[De Vriend 和 Struiksma,1984;Struiksma 等,1985]。他们在模拟弯曲河道水流和河流形态之间的相互作用时发现,这种相互作用将引起在河弯入口处横向河床比降的局部过度变化和下游方向上的稳定河床波动。De Veriend 和 Struiksma 因河道航运问题对凸岸边滩高程的过度变化现象尤其感兴趣,并把他们的发现称做过度响应现象。与此对应,河流对岸水深进一步加深,从而增加河岸的不稳定性,这个现象被"明尼苏达小组"称做过度刷深(Overdeepening)现象[Johannesson 和 Parker,1988]。"热那亚小组"发现了"共振"现象,即在蜿蜒型河道上沿着河流方向随着时间的推进,边滩与河湾不断地共同发展[Blondeaux 和 Seminara,1984,1985]。实际上,过度响应、过度刷深和共振现象是同一河流现象的不同侧面,都是河流系统对水流扰动的自由响应。当这种自由响应具有无阻尼波动特征、并与起控制作用的蜿蜒发展有相同波长时,共振现象发生。后续几年里,针对这一现象开展了分类研究[Parker 和 Johannesson,1989;Mosselman 等,2006]和野外及实验室试验研究。

本研究最初的目的是验证 Olesen(1984)的观点,即过度响应现象会通过影响河岸侵蚀而导致顺直河流开始向蜿蜒发展。当时认为,蜿蜒的发生归因于以下几个方面:

(1)(顺直)河道河床的小扰动到移动交替滩的发展,被称做滩不稳定性理论[Hansen,1967;Callander,1969;Engelund,1970,1975;Parker,1976]。

(2)无限小河弯的侧向发展,被称做弯曲不稳定性理论[Ikeda,Parker 和 Sawai,1981]。

---

❶ 这里的"小组"是指本研究领域在 20 世纪 80 年代前后以地域来区分的研究人员群体,译者注。

（3）共振现象的产生。

（4）过度响应现象的产生（上游水流干扰引起水流与河床的稳定扰动）［Olesen，1984］。

（5）大尺度紊流的产生［Yalin，1977］。

利用本研究开发的数学模型 MIANDRAS［Crosato，1989］和由 Johannesson 与 Parker（1989）等开发的类似模型，模拟演示了顺直河道在有上游干扰的情况下，发展为蜿蜒平面形态的过程，这证明过度响应和过度刷深会引起蜿蜒的发生。然而，这个发现并没有排除其他诱因。另外，关于河流蜿蜒起始的理论可以解释为什么河道趋于蜿蜒，但河流蜿蜒远不只这些。所有理论都关注于河岸侵蚀与河岸后退的速率，没有研究对岸以相同速度延伸的情况。不管怎样，正是这一现象造成了辫状河道和蜿蜒型河道的区别（见图 1-1）。蜿蜒型河流的形成，要求在长时间内，河岸后退速率与对岸延伸速率相互平衡。如果河岸后退超过河岸延伸，河道会变宽，且由于河心滩的形成或切割凸岸边滩，在某处会形成多股水流的平面形态。如果河岸延伸超过河岸后退，河道会变窄，并发生淤积。结果，滩和河弯的不稳定性以及过度响应或过度刷深现象塑造了水流弯曲的条件，但是这些还不足以使河流产生蜿蜒型平面形态。

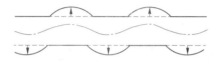

(a)有河岸后退，无河岸延伸的顺直河道形态

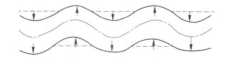

(b)河岸的退后和延伸相互平衡的蜿蜒型河流形态

图 1-1 弯曲的水流不足以形成蜿蜒

所有现有的河流蜿蜒迁移模型，包括 MIANDRAS 模型，都假定河岸后退和对岸延伸速率相同。这是模拟蜿蜒型河流演变的必要前提，但这并没有明确地考虑发生蜿蜒演变的所有影响因素和过程。而且，由于河岸延伸影响对岸的后退，包括 MIANDRAS 模型在内的大多数模型所采用的河岸变化参数实际上是参数组，该参数组也考虑了对岸的变化。

河岸延伸过程复杂且研究很少。本书指出了描述该过程的可能途径，为蜿蜒迁移模型开发打下了基础，该模型可用于分辨和模拟河岸的延伸和后退。然而，由于缺乏观测和现场实测资料，本书不能独立解决这个问题，尤其是不能回答什么是最终导致蜿蜒型河流或辫状河流形成条件这一困难问题。所以，本书也将就此问题的研究作为目标。

1.3 研究目标

本书研究的主要目标是对大尺度、中长期（工程尺度）情况下的蜿蜒型河流现象进行分析和模拟。中长期是指侧向的蜿蜒变化量可以用河流走廊的宽度来标定的时间尺度；而大尺度是指数个河道弯曲以上的长度。

本书将着重探讨以下问题：

(1)分析蜿蜒型河流的特点和相关演变过程(第2章)。

(2)识别河流蜿蜒变化的控制因素(第3章)。

(3)阐述最新技术并找出尚需进一步研究的问题(第4章)。

(4)研究并开发用于分析河流蜿蜒变化的数学模型(第5章)。

(5)分析水槽试验条件下过度响应/过度刷深现象发生的条件(第6章)。

(6)用数学分析法和试验数据验证法进行模型表现分析(第7章)。

(7)分析本书所论模型的预测精度极限，并与其他不同复杂程度的现有模型进行比较(第7章和第8章)。

(8)模型求解与数值实现(第8章)。

(9)用实测数据来测试模型(第9章)。

(10)解释实测河流蜿蜒的一些特定现象(第10章)。

(11)提出对未知问题的研究计划(第10章)。

1.4　研究方法

首先就河流蜿蜒变化的相关研究进行广泛的文献阅览，并着重阐述以下几个方面的问题：

(1)不同时间和空间尺度下的变化过程。

(2)控制河流平面形态形成的因素。

(3)最新研究成果。

(4)本领域尚需研究的问题。

在此基础上，本研究将专注于大空间尺度、中长期时间尺度下的蜿蜒现象研究，例如蜿蜒迁移、河弯发育和河流蜿蜒变化。为了能够研究这些过程，我们开发了基于数学和数值方法的模型。这个模型大体上描述了作为时间函数的河道轴线位置，考虑了过度响应和过度刷深现象的作用，并考虑了流场中河道中心线弯曲度、河床地形以及河岸后退或延伸等因素。这可以通过运用泥沙输移公式和泥沙平衡方程对弯曲水流动量方程和连续性方程进行耦合获得。由于河道变迁是一个相对缓慢的过程，因而河岸侵蚀率可与近岸均匀流特性建立相关关系。在变化流量条件下，模型则考虑了河床演变的时间效应。通过对基本方程的不同程度的简化，可以获得三个不同复杂度的蜿蜒变化模型：

(1)无滞后的运动学模型。该模型将河岸后退与局地河道中心线曲率直接相关，没有任何空间滞后。现有的运动学模型利用迁移速率(Migration Rate)和河道曲率之间的经验空间滞后来描述下游蜿蜒迁移[Ferguson，1984；Howard，1984；Lancaster 和 Bras，2002]。这里所说的无滞后运动学模型不具有这一特征。

(2)Ikeda 类模型(在 Ikeda 等(1981)之后出现)。在这类模型中，河岸后退和河道中心线曲率之间的空间滞后由水流的动量方程和连续性方程来获得，这就产生了一个体现近岸水流流速纵向变化的计算项。就某些方面而言,这个模型还可以被看做是 Abad 和 Garcia(2006)以及 Coulthard 和 van de Wiel(2006)模型的代表。

(3)MIANDRAS 模型。该模型也考虑了河床冲刷和淤积后水深的纵向变化。因而,本模型能够重现过度响应/过度刷深现象,即河床地形和受干扰下游水流的定常谐波响应的形成。就某些方面而言,这个模型可以被看做是 Johannesson 和 Parker(1989)、Howard(1992)、Sun 等(1996)以及 Zolezzi 和 Seminara(2001)等所描述的。

研究通过相关试验来确定在上游水流扰动情况下过度响应/过度刷深现象以及河床地形平衡产生的条件;通过模拟结果和试验数据的比较,以及数学解析分析等,对模型效果进行评估。数学模型最终通过数值表达方式来实现,能提供三种不同复杂程度的蜿蜒变化模型。在解析方法无法求解的复杂情况下,为了研究简化效果,通过数值测试方法来研究三个模型的表现。通过对三个模型比较,研究河流蜿蜒变化的某些方面以及数值计算方案的效果。最后,采用数条河流,特别是 Geul 河(荷兰)、Dhaleswari 河(孟加拉国)以及 Allier 河(法国)作为案例,以评估 MIANDRAS 模型再现真实河流蜿蜒变化的效果。本研究特别关注河流蜿蜒变化的以下几个方面:

(1)蜿蜒的发生和发展。

(2)不同条件下以河弯顶点为参照的凸岸边滩相对位置。

(3)水流流速和河床地形之间的滞后距离(Lag Distance)。

(4)河弯锐度增大对局地蜿蜒移动速率的影响。

(5)与河流蜿蜒发育相关的河流平均移动速度。

(6)河道横断面滩的数量。

(7)尚待研究的问题。

关于蜿蜒移动模拟,重点关注以下几个方面:

(1)已开发模型的适用性。

(2)再现蜿蜒型河流物理行为的能力。

(3)率定参数。

(4)数值方法的效果。

第 2 章　蜿蜒型河流

2.1　概　述

　　本章概括性地介绍了蜿蜒型冲积河流及其特有的主要发展过程。首先从河流平面形态的角度介绍蜿蜒型河流,其次对水流运动、泥沙输移、河岸侵蚀及其淤积延伸的内在机制进行定性的现象描述。第 3 章将讨论上述机制作为影响因子在河流产生蜿蜒方面的作用,而这些内在机制的模拟将在后序的章节中进行阐述。

2.2　冲积性河流的蜿蜒及其他平面形态

　　冲积性河流的平面形态多种多样。有的河流拥有多个水流输送通道,这些通道被临时泥沙淤积或几乎稳定的岛屿分隔开来;有的河流仅有一条单一的输水通道。在河流从山区流向大海的过程中,由于河流形态不断演变,因此同一河流甚至会呈现不同的平面形态。

　　在上游河段,河流主要受局地地质条件控制,通常呈现不规则的平面形态。河床由粗大的沉积物组成,例如砂砾、卵石和漂砾。其河床纵向剖面的主要特点是深浅河段相间,深水河段称为冲刷池(Pools),浅水河段称为湍流河段(Riffles)或急流河段(Runs)。在浅水河段,若水面粗糙则称为湍流(白水),若水面平坦则称为急流。

　　在河谷比降较缓(约小于4%)的河段,河流平面形态一般呈现为辫状。在单一(或多股)宽阔河道的岸线之内,水流分为数条分支,或称为辫带(Braids,见图2-1)。大型泥沙

图 2-1　交错编织型河流平面形态(多股河道):
中国苍泊(Tsang Po)河(图片来自:科学和分析实验室,美国航天局约翰逊宇航中心)

沉积体形成的临时岛屿,把这些辫带分隔开来。河床通常由粗颗粒沉积物组成,例如砂砾石或沙子。一般情况下,河岸也由粗颗粒沉积物组成,但局部有黏性的顶层。一旦受到水流的侵蚀或淘刷,河岸和河床表现出相同的行为模式。因此,在单次洪水事件的时段内,交错编织型河流的河道地形会发生快速变化,河道可能变宽,一条辫带会被淤堵,取而代之的是另外一条新的带。

辫状河流是山麓地带所特有的。越往下游,河流易于呈现出较为规则的平面形态。若河流被分为数条分支,称为分汊(Anabranched,或称汇流,Anastomosed,见图2-2);若河水流经单一河道,称为蜿蜒。对分汊河段而言,每条分支都有明显的、相当固定的河道,岸线也很独特。河床主要由松散的淤积物构成,如沙子或砂砾,但是淤泥主要分布在弯曲河道的内侧或水流平缓的地方。分汊通常在细淤积物沉积的地方形成。植被的存在和土壤的黏结性使得河岸和分汊间的岛屿更加稳定,致使其平面变化与河床平面变化相比要缓慢得多。密集的植被覆盖增强了行洪区细沉淀物(主要为淤泥和黏土)的淤积,使得冲积平原(缓慢)抬高,沿河土壤的黏结性和肥力增强。

图2-2　分汊平面形态:秘鲁伊基托斯附近的亚马孙河

(图片来自 Erik Mosselman)

蜿蜒型河流通常分布于低洼的冲积平原,这里植被覆盖密集,土壤具有黏结力。河流有单一的、相当固定的、蜿蜒弯曲的河道,纵向上没有大的宽度变化。在弯道的内侧,淤积物堆积形成的沙滩是点滩(Point Bar,若无特别说明,点滩指点滩的活动部分,见图2-3)的活动变化部分。若一个冲刷池(Pool)出现在河道的另一侧,则在该区域水流的速度要大一些。由于水流侵蚀、内侧河岸延伸以及淤积的影响,弯道外侧河岸不断地后退。从长远观点来看,河岸蚀退和淤积延伸两种过程几乎保持相同的速度,因此河道宽度虽表现为短期内变动,但其长期变化可以忽略不计。河岸后退和延伸相互作用的结果,使得河流弯曲的幅度不断增强并移动(见图2-3)。

在点滩活动部分上部的旧址上,常常形成一系列的土垄和洼地(滚动滩 Scroll Bars),这种情况在洪泛平原能够观察到(见图2-3和图2-4)。在洪水发生期间,洪水溢出河道,泥沙淤积在河道边缘附近,形成天然河堤,从而形成了滚动滩所特有的土垄[Pizzuto,1987]。洼地的形成与较低洪水水位时的泥沙淤积有关。蜿蜒河道持续变化、发育,直至水流切断河弯颈部(颈部裁弯,Neck Cutoff)。起初,只有一小部分水流流过弯颈,但是随着这部分水流的不断增大,老河道最终会被新河道取代。此时,老河道就形成了牛轭湖(Oxbow Lake,见图2-3),并逐渐淤塞而消失。裁弯的发生限制了河道蜿蜒的发展,所以常常能看到河流在有限的区域内迁移,这个区域通常被称为河道蜿蜒带(Meander Belt)、河流走廊(River Corridor)或河流通道(Streamway)。

图2-3　俄罗斯鄂毕河(Ob River)蜿蜒型支流洪泛平原上的滚动滩、
牛轭湖(U形湖)以及弯曲内侧的点滩(白色,被雪覆盖)
(图片来自 Sakia van Vuren)

图2-4　阿利埃河(法国),点滩上可以看到滚动滩
(图片来自 Erik Mosselman)

　　在靠近大海的河段,河流或者分为数个河道,形成三角洲,如意大利北部的波河;或者继续集中在单一河道内流淌,形成漏斗状的河口,如英国塞文河。有些河流会形成复合的三角洲–河口,例如荷兰的斯凯尔特河。在三角洲,海洋把潮汐、风暴潮和盐侵引入河流系统,对河流会施加影响。自然河岸前沿常常覆盖着湿地植被。与河口相比,三角洲的形成受到很多因素的控制,不仅有河流特性,还包括当地地质、潮汐特性等[Roy,1984]。

2.3　蜿蜒型河流的平面参数

2.3.1　河道蜿蜒度(Sinuosity)

蜿蜒型河流的蜿蜒度定义为沿深泓线(Thalweg,最大深度线,见图2-5)或河道中心线量测的河道长度,与上下游断面间的河谷长度的比值,即

$$S = \frac{L_{\mathrm{T}}}{L_0} \tag{2-1}$$

式中:S 为河流蜿蜒度;L_{T} 为研究河段起始点与终止点之间的距离,m,沿深泓线或河道中心线计算;L_0 为相同起始点与终止点之间的河谷长度,m。

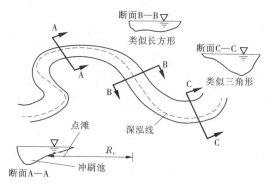

图2-5　典型蜿蜒弯曲型河流的横断面

根据 Brice(1984)的观点,蜿蜒型河流的蜿蜒度大于 1.25;而 Leopold 等(1964)和 Rosgen(1994)认为其下限值为 1.5。为了形象化地理解上述数值的物理意义,对由一系列相对半圆连接而成的河流平面,其蜿蜒度为 π/2 = 1.57。

2.3.2　蜿蜒的尺寸

按照 Leopold 等(1964)的研究,蜿蜒由一双相对的河弯组成。但是,根据惯例单一的河弯也常常被称为蜿蜒。在本项研究中,一个蜿蜒是指一个单一的河弯。

河流的大小和其蜿蜒幅度之间存在一定的关系,这个观点已被广泛地接受[Jefferson,1902;Bates,1939;Leopold 和 Wolman,1960]。Fergusson(1863)认为:"所有的河流都呈曲线型摆动,其范围直接与流过其间的水量成比例。"Friedkin(1945)所进行的实验室试验表明,河流蜿蜒的幅度受河流水力工况、泥沙、河道比降和边界条件的影响。根据 Leopold 和 Wolman(1960)的观点,蜿蜒波长与河道宽度成比例,而影响河道宽度则依次取决于河流水力工况、泥沙和河道比降。他们发现该比例系数约等于 10.9。而 Garde 和 Raju(1977)则认为该数值约为6。如果沿河流中心线计算蜿蜒波长,关系式为

$$L_{\mathrm{M}} = (10.9 \quad \text{or} \quad 6)SB \tag{2-2}$$

式中:S 为河道蜿蜒度;B 为河道宽度。

目前已经建立了许多关于蜿蜒弯曲初始形成阶段蜿蜒波长预测的理论,例如在 $S = 1$

时,Hansen(1967)利用稳定性模型,得到如下关系:

$$\frac{L_{\mathrm{M}}}{h_0} \approx \frac{7Fr^2}{i_{\mathrm{b}}} \tag{2-3a}$$

式中:L_{M} 为初始蜿蜒波长(沿河道量测),m;i_{b} 为河床比降;Fr 为弗劳德数,$Fr = \dfrac{u_0}{\sqrt{gh_0}}$;$u_0$ 为河段平均流速,m/s;h_0 为河段平均水深,m;g 为重力加速度,m/s^2。

Anderson(1967)分析了水流的横向摆动,得到如下公式(后来 Parker(1976)进行了改进):

$$\frac{L_{\mathrm{M}}}{\sqrt{Bh_0}} = 72\sqrt{Fr} \tag{2-3b}$$

Olesen(1984)认为,与单个移动滩相比,初始蜿蜒波长与稳定交替滩的波长更为一致。基于上述思想,Struiksma 和 Klaassen(1988)建议采用 Crosato(1987)的关于稳定交替滩波数的模型作为初始蜿蜒波数的预测工具(见7.4.2节)。水流扰动点下游所形成的稳定交替滩,其波长比移动滩的波长大2~3倍(见6.3节和6.4节),并与观测资料更为吻合[Olesen,1984]。

2.3.3 河道蜿蜒带的尺寸

Camporeale 等(2005)把河道蜿蜒带(或河流走廊)定义为在长期河流演变中河槽有90%可能性通过其间的洪泛平原部分区域。基于对44条河流的研究,他们发现河道蜿蜒带的宽度约为水流适应长度 λ_{W} 的40~50倍,即

$$W = (40 \sim 50)\lambda_{\mathrm{W}} \tag{2-4}$$

式中:W 为河道蜿蜒带或河流走廊的宽度,m;λ_{W} 为水流适应长度[De Vriend 和 Struiksma,1984],$\lambda_{\mathrm{W}} = \dfrac{h_0}{2C_{\mathrm{f}}}$;$C_{\mathrm{f}}$ 为摩擦系数,$C_{\mathrm{f}} = g/C^2$;C 为谢才系数,m$^{1/2}$/s。

2.3.4 弯曲锐度

弯曲锐度用平滩河槽宽度 B 与河道中心线弯曲半径 R_{c} 的比率来表示:

$$\gamma = \frac{B}{R_{\mathrm{c}}} \tag{2-5}$$

式中:γ 为曲率。

对微弯型河弯而言,$R_{\mathrm{c}} \gg B$,因此 γ 的数量级在 $O(0.1)$ 或更小。对急弯性河弯,弯曲半径可以小到1.5~3倍河道宽度,因此 γ 值数量级为 $O(1)$。

2.3.5 河流宽度

蜿蜒型河流具有河宽相对一致的特点,长期来看可认为河宽保持不变。

河流的横断面形态取决于河床高程变化以及河岸侵蚀与延伸的对立机制[Parker,1978;Mosselman,1992;Allmendiger 等,2005]。河岸淤积延伸导致河道宽度的减小,而河岸后退具有相反的影响。因此,只有在此岸后退与彼岸延伸相互平衡时河流宽度才能达

到均衡状态。在这种情况下,河流宽度不再代表长期趋势(缩窄或扩宽),尽管它仍可以短期波动。由于河岸后退和延伸的共同作用,河流发生横向移动。

有些蜿蜒型河流在河弯内河道较宽,而在相对河弯之间的顺直河段河宽较窄。这种情况是由于河岸后退和另一侧河岸淤积延伸不同时发生所引起的,但是这两个过程是交替出现的(见图2-6)。具体来讲,河岸蚀退发生在洪水期间或洪水刚结束之时(见2.8.2节),而河岸淤积延伸则发生在高洪水位(淤积)或低洪水位(河岸坚固以及植被覆盖)条件下,且一般非常缓慢。

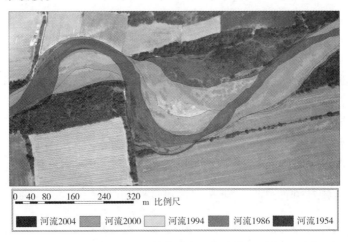

图2-6　塞西纳河(意大利):河弯发展过程
从不同颜色可以看出河岸后退和河岸延伸现象不同时发生
(图片来自 Massimo Rinaldi)

2.4　河床地形

冲积型河流常常出现一次性或间发性的大型泥沙淤积,这些可用河道宽度来衡量的淤积体称为滩(Bars)。间发性滩,例如交替滩(见图2-7)或复合滩(见图2-1),可以是移动的或者固定不动的。

由于几何约束的原因,一次性滩仅在局部形成,例如河弯内侧的点滩(见图2-3)。这些滩是固定不动的,称为强制滩(Forced Bar)。

间发性滩的形成或归因于发生在大宽深比情况下的形态动力不稳定性,即滩不稳定性(Bar Instability)[Hansen,1967;Callander,1969;Engelund,1970],或归因于上游的水流扰动[De Vriend 和 Struiksma,1984](参见7.2节和8.4节)。这类滩统称自由滩(Free Bars)。自由滩可能是单列的(交替滩,见图2-7),也可能是多重的(复合滩,见图2-1)。自 Leopold 和 Wolman 研究成果(1957)以后形成了共识:交替滩的出现与河流形成蜿蜒弯曲的趋势相关;而复合滩的出现则与河流形成交错编织的趋势有关。与交替滩相比,复合滩多见形成于较大宽深比的条件下,这就为提示宽深比对河流平面形态形成的重要性提供了最重要的理论支持[Engelund 和 Skovgaard,1973](见第3.2节)。

源于不稳定性现象的自由滩有移动的趋向,而源于上游扰动(如河道几何形态变化)

图2-7　阿拉斯加北极国家公园入口处阿拉特那河的
稳定交替滩,颈部裁弯和牛轭湖(© www. terragalleria. com)

的自由滩则不会移动。因此,自由滩又分为自由移动滩(Free Migrating Bar)和自由稳定滩(Free Steady Bar)。这两种滩可以共存。

　　大型河道弯曲会把移动滩改造为点滩[Tubino 和 Seminara,1990]。因此,移动滩仅出现于微弯或顺直河段内,这意味着发育良好的蜿蜒型河流主要分布着点滩和稳定(交替)滩(Free Steady(Alternate)Bar,见图 2-7)。自由滩的变化随着河道宽度的增大而减小[Seminara 和 Tubino,1989b]。

　　由于点滩的存在,蜿蜒型河流的横断面形态沿河道轴线呈典型性的变化:

　　(1)在相邻河弯之间的顺直河段内,河道横断面或多或少呈长方形(见图 2-5,断面B—B)。

　　(2)在河弯内,外侧河岸附近河道为冲刷池,内侧河道为一个大型泥沙淤积体即点滩的活动部分。因此,河道横断面或多或少地呈三角形(见图 2-5,断面 A—A 和断面 C—C)。

　　由于河床的上述构造,深泓线或最大水深线,从一侧河岸延伸至另一侧,通过拐点即河道曲率变化点跨过两弯之间的顺直河道。弯曲内侧的沙洲是点滩的活动部分,在低流量时可以观察到(见图 2-3)。

　　在河弯入口处,扰动改变水流,使河道曲率发生变化,并导致自由稳定滩的发育。其结果是形成叠加于点滩之上的河床波动,从而引起河弯段横向河床比降的局部增大和减小。由于这个原因,这种现象被称为过度响应现象[依据 Struiksma 等(1985)]或过度刷深现象[依据 Parker 和 Johannesson(1989)](见7. 2 节)。对非常宽阔的河流,这类自由稳定滩也会形成于扰动的上游[Zolezzi 和 Seminara,2001]。

2.5　流　量

　　蜿蜒型河流的水文学特性取决于其流域的位置、大小,但是总的来讲,由于大多数蜿蜒型河流是低地河流,故其特性比较有规律,具有典型的汛期以及历时一天或数天的大流量过程。尽管河流形状取决于流量过程对河流形态的累积影响,就河流工程研究来讲,引入造床流量(Formative Discharge)是非常便利的。它是一个流量值,其造成的河流形态变化与完整流量过程的效果相同。

在以往研究中,造床流量有许多不同的定义。依据 Wolman 和 Miller(1960),Ferguson(1987)、Peart(1995)和 Schouten 等(2000),重现期大于一年的大流量代表了河流形态的塑造条件。Antropovskiy(1972)采用年均洪水量,Bray(1982)采用年洪水流量中值,而 Vogel 等(2003)则认为造床流量的重现期可能是数年至数十年。Biedenharn 和 Thorne(1994)认为造床流量是输送最多泥沙的流量:较小流量有较小的输送能力,较大的流量有较低的出现频率。最终,按照 Leopold 和 Wolman(1957)、Ackers 和 Charlton(1970a)、Fredsøe(1978)、Hey 和 Thorne(1986)以及 van den Berg(1995)等的观点,造床条件是平滩流量(Bankfull Discharge)时的水流。平滩流量是指水流充满整个河流横断面但不造成附近滩地明显洪灾的流量。平滩流量的概念对蜿蜒型河流而言是合适的,但不适用于具有多股河道的河流,因为其"满槽"状态难于界定。

不存在单一的造床流量的主要原因,是多数情况下不同水流量级对河道形成的作用方式不同[Nanson 和 Hickin,1983;Ferguson,1987;Church,1992]。此外,Prins 和 De Vries(1971)已经从理论上证明了这个概念并不精确,因为不同的河道形态变量以不同的非线性方式依赖于流量,结果每个形态变量需要一个不同的造床流量。然而,作为最初的近似值,如果存在单个条件被认为是河流水流强度的代表,对蜿蜒型河流而言,这个条件可能正好是平滩流量。这样分析的主要含义是放弃模拟河岸淤积延伸的想法,因为其过程强烈地依赖于河流水位的变化(见 2.8.3 节)。

确定平滩流量值的方法之一,是采用直接测量水流。但是,由于平滩流量不是频繁出现,这个方法可能不具有操作性。较好的方式是利用研究河段附近断面的水位流量关系曲线。当只有实测流量时间过程资料时,平滩流量可以用 1.5 ~ 2.0 年一遇的流量表示[Williams,1978;Parker 等,2007]。而在缺乏水文资料的情况下,若已知河道几何形态并设定一个合理的摩擦系数[Chézy,1776(PP. 247-251,Mouret,1921);Manning,1889],平滩流量可应用均匀流态原理进行推求,或基于大多数河流的实际观测资料使用回归关系来推求[Parker 等,2007]。

2.6　泥　沙

由于磨损以及选择性输移,泥沙颗粒在河流从山区流向大海的过程中变得越来越小[Parker 和 Andrews,1985;Parker,1991;Seal 等,1998;Ferguson 等,1998;Gasparini 等,1999]。上游为砾石和鹅卵石,中游为沙子,而微小且黏结的细泥沙(淤泥和黏土)多见于下游河段、洪泛平原以及三角洲地区。因此,大多数蜿蜒型(低地)河流由沙质到淤泥质的河床,而辫状(山麓地带)河流则为砂砾质河床。尽管拥有砂砾质河床的自然蜿蜒型河流数量也不少,但大多数情况下,此类河流或是处于蜿蜒型与交错编织型的转变阶段,或者是受到侵蚀过程的控制(如深切河流)。

由于选择性输移,在同一横断面上,较粗泥沙可见于流速大的区域,较细泥沙分布于有遮蔽的区域,以及通常流速较小的河段。一般情况下,在河弯河段,较细泥沙(沙子)存在于沉积性河岸附近的点滩上,而较粗泥沙分布于冲刷池。不过,河流的输沙能力在水位下降阶段随着流速减小而锐减。低流速水流只能输送悬移质细物质,如淤泥和黏土。在水位下降过程中,细泥沙淤积于此前高水位阶段形成的较粗泥沙淤积层之上。此淤积层在较高地带要薄一些,而在较低地带则厚一些。结果,在低水位阶段,细泥沙也会淤积在冲刷池内,层状分布于粗泥沙之上。

构成蜿蜒型河流河岸的泥沙一般是细泥沙,且富含有机质(这是因为有植物的存在)。淤积于点滩的细泥沙适于植物生长(在低水位阶段),反过来这种情况也有利于细泥沙在点滩上的淤积。这种回馈现象是造成河弯内侧河岸淤积延伸的过程之一,它对蜿蜒型河流起着重要的作用。

2.7 弯道水流

蜿蜒型河流的水流受连续反向河弯的控制,它是三维的。二次流[1]是相对于一次流(Primary Flow)而言的,是由河道向心力产生的主流速垂向梯度、水体表层横向坡度(产生横向压力梯度)之间的相互作用形成的[Rozovskii,1957;Kalkwijk 和 De Vriend,1980;De Vriend,1981]。

简化描述河弯水流的基础是假定河弯无限长、具有恒定的曲率半径和河宽(假定状态下河道沿垂向轴形成螺旋流)。在这种理想轴对称(Axisymmetric)状态下,当水流不随河流演进和时间变化而变化时,水流被称为是完全发育的。最高流速出现于河弯的外缘,最低流速在其内侧[Olesen,1987]。由水流曲率产生的向心力,迫使水流流向河弯的外侧,因此这里的水位会较高,并产生了横向压力梯度,把水流推向弯道内侧。水体表面快速流层的向心力大于靠近河床慢速流层的向心力,压力水头和向心力共同作用产生了横向水流。在河道中部,水体的上部水流流向外侧,下部水流流向内侧。在靠岸区域,水体的流向是垂直的,外侧河岸水流向下,内侧河岸水流向上,这就形成了环流。该横向环流与纵向水流相结合,生成了河弯河段所特有的螺旋流(Helical Flow)(见图 2-8)。对变动的河床而言,泥沙被输送到河弯内侧,直至拖曳力与地心引力达到平衡状态,从而塑造三角形的河道横断面(见图 2-5),最浅处位于河弯内侧(点滩),最深处位于另一侧(冲刷池)。对于完全发育的弯道水流,这种(动态)平衡处处可见。完全发育河弯水流不能在现实的河流中形成,这是因为沿河的河道地形是变化的。河弯入口如同其他任何地形改变一样,会迫使水流适应改变后的地形。水流和泥沙输送具有不同的适应过程,从而形成堆积于点滩之上的稳定滩和冲刷池(过度影响/过度刷深现象,见 2.4 节)。

由于流速和河床地形存在纵向变化,全面描述河弯区域的水流应区别河弯上游、中游和下游的不同情况,微型河弯与急变河弯也需分别描述。开展上述工作可参考 Kalkwijk 和 De Vriend(1980)以及 Blanckaert 和 De Vriend(2003,2004)的研究成果。以下的描述仅对通常情况而言。

在河弯的入口(Entrance)处,河弯内侧附近水流流速高于河弯外侧,这是因为河弯内

---

[1] 通常,一次流是利用 2-D(水深平均)模型(给定或不给定垂向流速分布)获得的水流,有纵向、横向分量;二次流包括该水流的所有偏差,具有纵向、横向分量。

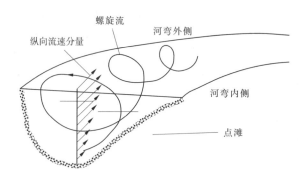

图2-8 微弯、小宽深比河弯的螺旋水流。
在急弯、大宽深比的条件下可能会形成多个环流

侧附近区域的水面比降较陡。沿着河弯,向心力逐渐将最高流速水流迫向弯道外侧,从而使流速的横向分布发生反转,最高流速出现在弯道外侧,而最低流速出现在弯道内侧。二次流和一次流的结合形成了如图2-8所描述的螺旋水流。对于蜿蜒型河流,在最大曲率点的下游,螺旋水流先发育后衰退,逐渐被更下游的新生、反向螺旋水流所取代。

Thorne 和 Hey(1979)、Thorne 等(1995)以及 Richardson 和 Thorne(1998)描述了蜿蜒型河流的流速测量;Blanckaert 和 de Vriend(2003,2004)开展了弯曲河道的水流水槽试验;Dietrich 和 Smith(1984)对河弯段水流、泥沙输送和河床地形的相互影响进行了分析。

2.8 河道迁移

2.8.1 概述

长期而言,看上去静止不动的蜿蜒弯曲展示了河道平面形态的变迁(见图2-9)。该变迁过程包括了河道平移和扩展的综合作用[Brice,1984],这种现象称为河道迁移(Channel Migration)或蜿蜒迁移(Meander Migration)。河流平面形态的不断变化是由河岸侵蚀(Bank Erosion)和河岸沉积(Bank Accretion)两个过程引起的,它们分别导致河岸后退(Bank Retreat)和河岸延伸(Bank Advance)。泥沙产生于河弯外侧河岸的侵蚀,并形成此处的河岸后退。泥沙淤积在更下游的内侧河岸附近[Friedkin,1945],在这里形成点滩泥沙淤积和河岸延伸。河流保持蜿蜒弯曲平面形态的一个重要条件是河岸后退与对岸延伸的长期平衡。当上述状态不能形成时,河流会不断拓宽并最终形成分汊或交错编织形态,或者不断淤积并消失。

证明蜿蜒迁移现象可以采用基于历史资料[Hooke 和 Redmond,1989]的河流岸线时序变化图,以及河道蜿蜒带内的滚动滩,它给出了古河道的位置(见图2-3)。

蜿蜒迁移过程是不连续的[Nanson 和 Hickin,1983;Pizzuto,1994]。大流量的稀遇洪水造成河岸和河床的净侵蚀(参见2.8.2节),从而扩宽河道,并抬高河道边缘的高程(形成自然堤)。小流量的常遇洪水在河弯内侧形成淤积和阶地,从而造成河道萎缩(河岸延伸,见2.8.3节),并将深泓线位置移向受侵蚀的河岸。河床及河岸泥沙的特性、大小水流的先后次序以及河岸植被的出现对上述现象的形成起着重要的根本性作用。

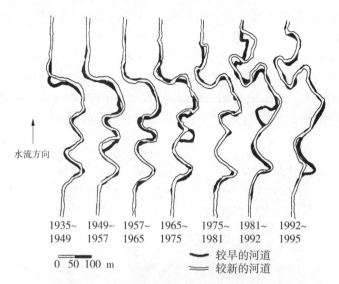

水流方向

1935~　1949~　1957~　1965~　1975~　1981~　1992~
1949　　1957　　1965　　1975　　1981　　1992　　1995

0　50　100 m　　　　　　　　　　较早的河道
　　　　　　　　　　　　　　　　较新的河道

**图2-9　荷兰 Geul 河 1935 ~ 1995 年间的河道变迁(Stam,2002),
图片来自 Spanjaard(2004)**

　　总的来讲,蜿蜒迁移向上游或下游的移动方向,有赖于冲刷池相对河弯顶点的位置、河弯的形式以及侵蚀河岸的特性。在大多数情况下,最大的近岸流速和水深出现于河弯顶点的下游,蜿蜒弯曲向下游方向迁移。在某些情况下,蜿蜒向上游方向迁移。Seminara 等(2001)和 Lanzoni 等(2005)把上游方向上的蜿蜒迁移与交替滩的向上游移动关联起来,按照他们的理论,这种情况发生于超共振条件之下。Van Balen(2006)发现,在相当陡峻的河岸,外流的地下水流使河弯上游河岸变弱,可能造成蜿蜒弯曲向上游方向迁移。点滩上游部位由于粗淤积物沉积形成的点滩发育也会引起此类迁移[Requena 等,2006]。最终,在大型蜿蜒弯曲情况下,已发现点滩头部出现在河弯顶点的上游,造成向上游方向上的蜿蜒迁移(如7.6节)。

　　观测发现,局部河道迁移速率随其河道曲率半径 R_c 与平滩河流宽度 B 之比而变化,并在某一 R_c/B 值处达到最大值。河段平均河道迁移速率随河弯级数及蜿蜒发育而变化,并在某一河流蜿蜒度处达到最大值[Friedkin,1945]。对于加拿大西部河流,最大局部移动速率大致出现于 $R_c/B = 2.5$[Hickin 和 Nanson,1984]。De Kramer 等(2000)也在 Allier河(法国)和 Border Meuse 河(荷兰)发现与此相似的关系(见9.2节)。密西西比河最大河段平均迁移速率对应的蜿蜒度为 1.6 ~ 1.9。

2.8.2　河岸侵蚀

　　河岸侵蚀与河岸沉积共同作用,形成了河流蜿蜒弯曲的迁移、扩展。河岸侵蚀有两类明显不同的形成机制[Thorne,1978]:河流侵蚀(Fluvial Erosion)和地质力学不稳定性(Geomechanical Instability)。河流侵蚀关乎水流挟带单个泥沙颗粒(表面侵蚀)或水流冲起的块状泥沙(大块侵蚀)。如果构成河岸的物质是黏性的,当水流产生的剪切力大于临界值时,将发生侵蚀现象[Partheniades,1965;Ariathurai 和 Arulanandan,1978;Arulanan-dan 等,1980;Winterwerp 和 Van Kesteren,2004]。对于非黏性的淤积物,当 Shields 系数大于临界值时,将引起颗粒挟带[Shields,1936]。地质力学不稳定性会导致河岸大块坍塌,常常与陡峭黏性河岸有关(见图2-10)。特别是在陡峭、高耸或岸脚有侵蚀破坏的河岸,容易发生大块坍塌[Thorne,1978,1988;Mosselman,1992;Darby 和 Thorne,1996b;Dapporto 等,2003]。大块坍塌产生的堆积物最终堆积于河岸前的河床之上,形成泥沙缓冲带,有时能加固河岸。水流搬移这种淤积体称为根部清除(Basal Clean-Out)[Wood 等,2001]。如果根部清除进展缓慢,则河岸侵蚀将会减弱,这是因为大块坍塌堆积物暂时会减少根部冲刷。

图2-10　意大利北部塞克支亚河被侵蚀的黏性河岸

(图片来自 Erik Mosselman)

急速河岸侵蚀形成宽浅的河流横断面,反之缓慢河岸侵蚀形成窄深的横断面[Friedkin,1945]。按照 Friedkin 的观点,河岸侵蚀速率也会影响河流的纵比降(Longitudinal Slope):河岸抗蚀则比降平坦,河岸易蚀则比降陡峭。这种观点与 Jansen 等(1979)的观点是一致的,他们发现较宽河流需要较陡的纵比降来输送相同数量的泥沙。

河岸侵蚀速率有许多不同的影响因素[Thorne,1978],例如:

(1)近岸水流冲力[Ikeda 等,1981]。

(2)近岸河床退化[Thorne 等,1981;Andrews,1982],它增强河岸的地质力学不稳定性。

(3)对岸沉积,将主流推向侵蚀河岸一侧[Dietrich 和 Smith,1984;Mosselman 等,2000]。

(4)侵蚀河岸的物理学参数:几何特性(坡度和高度)[Thorne,1978;Dapporto 等,2003],土壤组成[Wolfert 和 Maas,2007],土壤黏性[Partheniades,1962;Krone,1962],河岸物质的块体密度[Simon 和 Hupp,1992]。

(5)岸栖植物的分布和类型[Macking,1956;Wynn 等,2004]。

(6)地下水流[Darby 和 Thorne,1996b]。

(7)孔隙水压力[Dapporto 等,2003;Rinaldi 和 Casagli,1999]。

(8)霜冻的出现[Wolman,1959;Gatto,1995]。

(9)洪水频次[Carroll 等,2004]。

(10)水位变化速率[Thorne,1982;Simon 和 Hupp,1992;Dapporto 等,2003;Mengoni

和 Mosselman,2005]。

(11)大块失衡形成淤积体在侵蚀河岸根部的临时堆积[Murphey Rohrer,1984;Neill,1987;Darby 等,2002]。

(12)水流的特性(水温和电气化学特性)[Arulanandan 等,1980]。

河岸后退是河岸侵蚀形成的河道边界远离河道中线移动的横向变化。许多科学家给出了河岸后退速率。例如,Brice(1984)提供了数条河流的平均河岸后退速率和流域面积(见表2-1)。

表2-1 河流河岸后退速率和流域面积(Brice,1984)

河流	流域面积(km^2)	后退速率(m/年)	年限(年)
密西西比河(Mississippi River)	2 965 550	17.5	1880~1944
密西西比河(Mississippi River)	2 913 491	7.8	1880~1944
黄石河(Yellowstone River)	178 969	4.7	1938~1967
阿帕拉支可拉河(Apalachicola River)	45 584	2.3	1949~1978
萨克拉门托河(Sacramento River)	24 087	5.1	1947~1974
埃尔克荷姆河(Elkhorn River)	15 151	8.4	1941~1971
怀特河古汉(West Fork White River)	12 173	2.7	1937~1966
劳娃河(Iowa River)	8 547	0.9	1937~1970
北加拿大河(North Canadian River)	3 108	4.5	1936~1966
陶拉哈拉克里克(Tallahala Creek)	1 554	0.5	1942~1970
卡那莱恩兹克里克(Kanaranzi Creek)	311	0.2	1954~1968

Micheli 等(2004)给出了中萨克拉门托河(加利弗尼亚)的河岸后退速率并选出两个时段,在这两个时段具有不同类型的岸栖植物(见表2-2)。

Hooke(1980)给出了德文郡(英国)许多河流的河岸后退的历史速率,并与世界范围内的许多其他河流的出版数据进行比对。他也给出了数条河流的流域面积、平均河宽和流量,以及大量横断面的曲率半径和河岸特性。

Lawler(1993)对量测河岸后退速率的方法进行了回顾,并按涉及的时间尺度(长期、中期和短期)进行了分类。这些方法包括沉积学证据、植物学证据、历史资料、平面勘验、轮廓交错重复对比以及陆地照相量测法。长期河岸后退速率也可采用地图资料[Hooke 和 Redmond,1989]、航空照相测量[Hooke,1980;Hickin,1988]和卫星图片[Pyle 等,1997]等进行估计。

表 2-2　中萨克拉门托河(加利弗尼亚)的河岸后退速率(Micheli 等,2004)

中萨克拉门托河(加利弗尼亚)		
参数	1896～1946 年岸栖植被	1946～1997 年农田
channel slope 河道比降	0.000 25～0.000 5	0.000 25～0.000 5
median bed grain size(D_{50})(mm) 河床颗粒中值粒径(D_{50})(mm)	15～35	15～35
averaged bank rate of bank retreat(m/year) 平均河岸后退速率(m/年)	2.8	4.2
averaged discharge(m³/s) 平均流量(m³/s)	3 700～4 000	2 500～2 700
averaged width(m) 平均河宽(m)	372～375	356～360
averaged depth(m) 平均水深(m)	4.7～4.9	3.9～4.1
averaged flow velocity(m/s) 平均水流速度(m/s)	2.1	2.8～1.83

2.8.3　河岸沉积

河岸沉积是河岸延伸即河道边界向河道中心线方向移动的过程,它与河岸后退共同作用,形成了河流蜿蜒弯曲的迁移、扩展。对蜿蜒型河流而言,河岸沉积主要发生于河弯的内侧,与点滩发育及其自身的巩固相一致。在垂直方向上,该过程以堆积镜体的形式发生[McLane,1995;Page 等,2003;Allmendiger 等,2005](见图 2-11 和图 2-12)。在水平方向上,这种现象引起滚动滩的形成。

Hupp 和 Simon(1991)与 Hupp(1992)跟踪研究了田纳西州数条小河在严重渠化后的长期自然修复过程。他们观察到滨水植物的生长和河岸沉积同时发生,当植被密度和河道糙率最大时,河岸沉积速率达到最大。河岸沉积发生于对侧河岸后退之前,当两个过程相继发生后,河流重新开始蜿蜒弯曲,这种状态形成于河流自我修复近 50 年之后。基于 Hupp 和 Simon 的观测资料,以及 Pizzuto(1994)、Tsujimoto(1999)和 Mosselman 等(2000)的研究成果,可以看出河岸沉积过程的控制因素包括高低水流变化次序、植物生长以及对岸后退速率等(见 3.6 节和 4.4 节)。在河弯区域,河岸沉积通过以下方式形成:

(1)垂向及横向点滩发育[Dietrich 和 Smith,1984]。

(2)植物及土壤固化形成的点滩稳定。

(3)对侧河岸后退。

(4)依附于洪泛平原。

垂向沉积(Vertical Accretion)主要发生于洪水期,当水流漫出约束河道、泥沙淤积于点滩表面时,通常沿河道边界形成自然堤。植物在洪泛平原和滨水的存在导致淤积更多发生于河道边界附近,从而更易在此处形成自然防洪堤。一般情况下,洪水期间在河道中到处都有侵蚀现象,河道变得更宽、更深(见图 2-13)。

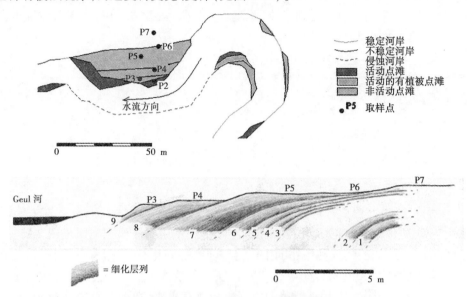

图 2-11　Guel 河(荷兰)点滩从右向左迁移,可从点滩 P3、P4、P5、P6 和 P7 断面
看出活动点滩是点滩的堆积部分

图 2-12　艾伦山脉的砂岩,白垩纪,中怀俄明州佩里沃蜿蜒弯曲性河流,
点滩从右向左的横向迁移形成了黄色的、单一的层积表面

(http://faculty.gg.uwyo.edu)

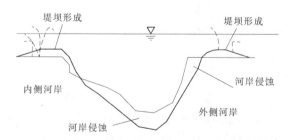

图 2-13　洪水期的河道扩展和防洪堤形成

点滩的垂向和横向沉积现象发生于水位下降阶段和平水期,最高流速发生部位逐渐移向外侧河岸。外侧河岸可能受到侵蚀,但远小于洪水期(见图 2-14)。岸脚侵蚀也会发生,增加了下次洪水期间河岸坍塌的概率。

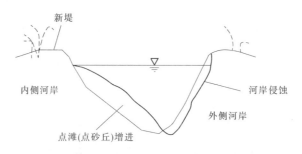

图 2-14　平水期点滩沉积以及外侧河岸侵蚀减弱

枯水期间,点滩的最高部位露出水面,部分会被先锋植物种群占据(见图 2-15)。如果洪水间隔时间足够长,树根和植物的生成将与泥沙的固化、压紧过程共同作用,使新生阶地的土壤内力增大[Allmendiger 等,2005]。在这种情况下,下一场洪水可能不足以引起侵蚀现象(点滩稳定性)。植被覆盖的出现也会以有机质(落叶和植物遗骸)积聚的方式增强垂向沉积。此外,在枯水阶段细泥沙可能会淤积在行洪河槽(见图 2-15)以内。

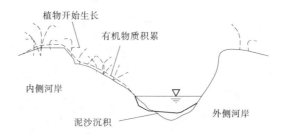

图 2-15　枯水期植物部分占据点滩

在下场洪水期间,长成的植被使水流偏向另一侧河岸[Tsujimoto,1999],造成对侧河床及河岸的进一步侵蚀,以及植被地带的进一步淤积。这种效果有赖于植被的密度、大小和类型[Hupp 和 Simon,1991],以及洪水的频率、量级和历时。

长期来看,沉积的点滩会依附于洪泛平原,这就是河岸延伸过程。Hupp 和 Simon (1991)发现,对所观测的小型河流,河岸延伸发生于自我修复开始以后的约 70 年之后。

河弯外侧河岸的侵蚀会阻止或减弱内侧河岸的侵蚀,在水位下降阶段易形成横向点滩沉积。所以,对侧河岸侵蚀在河岸沉积过程中起着重要的作用。当河岸延伸引起对侧河岸的(进一步)侵蚀时,通过这种正向反馈,河岸沉积将得到加强。

2.9　裁弯取直

当水流冲出一条捷径并弃用旧有弯道,河流的蜿蜒扩展便戛然而止。这一过程常发生于弯曲河弯的颈部、在河岸侵蚀使上下游河弯相连的情况下[Jagers,2003]。但是,在洪水期间滩区也行洪的情况下,水流可以轻易选择另一条河道,该河道后来会成为河流的主槽。与先前的河道相比,这条新流路通常要短一些、直一些,且通常会是旧有的、被弃用的河道。

在非河弯颈部发生的裁弯取直称为斜槽裁弯(Chute Cutoff),这是因为侵蚀过程通常与斜槽即局部水流加速通道相关联。与颈部裁弯(Neck Cutoff)相比,斜槽裁弯的水流转移距离较长。由于水面坡度大于原有河弯,斜槽的规模在后续的洪水期间会逐渐增大,最终能够输送所有水流。新河道在其上游或下游穿过洪泛平原,标志着这种裁弯类型的发生有数个不同的诱因[Jagers,2003]。

通常,斜槽裁弯在河流交错编织形态增强的情况下更有可能发生[Brice,1984],而对具有窄河道、植被良好河岸、小比降的蜿蜒型河流来讲,其主要河道缩短过程则是通过颈部裁弯的发生实现的[Howard 和 Knutson,1984]。

颈部裁弯看起来更易连续、集中地发生,而不仅仅是单个出现(见图 2-16 和图 2-7)。Hooke(2004)和 Stølum(1996)调查了多重裁弯现象。他们推测裁弯取直是(河流)自我组织系统的一部分,当河流达到一种临界状态时,就会出现裁弯取直现象。

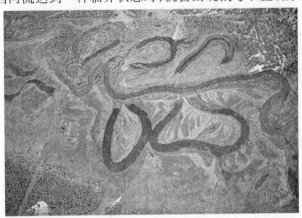

图 2-16　发生于加拿大亚伯达省 Lac La Biche 北部的 Owl Creek 河的
多重颈部裁弯取直现象(© Airphoto-Jim Wark)

裁弯取直最宏观的效果是使河道蜿蜒带受到限制。尽管河岸侵蚀速率随着蜿蜒弯曲振幅的增加趋于减小[Hickin 和 Nanson,1984],但还不清楚在没有裁弯现象情况下蜿蜒弯曲将发育到何种程度[Hooke,2003;Stølum,1996]。在高蜿蜒度的情况下,蜿蜒弯曲也易于向上游方向发展,使连续的河弯逐渐互相接近,并不可避免地发生颈部裁弯现象。

蜿蜒弯曲的发展使得河床比降随时间的推移而减小,而裁弯取直则具有相反的效果。由于裁弯发生的地点和时间不同,在大尺度、长历时的情况下,蜿蜒型河流的河床比降趋于保持(动态)常数值。因此,裁弯取直可被视为蜿蜒型河流长期动态变化的一种自稳定现象[Camporeale 等,2005]。

第 3 章　河流蜿蜒控制因子

3.1　概　述

了解河流在某个特定区域内是否呈现蜿蜒弯曲平面形态的控制因子具有重要意义，是进行大尺度河流行为模拟的基础。

目前，已经发现了数个自然河流蜿蜒弯曲的控制因子，其中一些因子已明确地应用在本次研究（第 5 章）的模型中，其他的因子只是暗示性地出现，这是因为对单股河流来讲，它们被简单地假定在合适的范围之内。在河流平面形态分类时，应该考虑所有的控制因子。

本章回顾控制因子的最新研究水平有两个目的。首先，它界定了自然蜿蜒弯曲河流的状态，从而界定了蜿蜒模型的应用范围。其次，它揭示了已被普遍接受的河流平面形态分类的局限性，因为这些分类往往忽略对河岸沉积研究具有重要意义的一些过程。为了使河流平面形态分类更加完善，首先要探讨河岸沉积的控制因子。

3.2　平面形态分类

基于河流平面形态的河流分类有两种类型，对应两种不同的目标：①界定描述自然冲积河流的形态学专用术语；②根据控制因子区别不同的河流形态学状态。在第一种情况下，分类方法局限于河流的几何描述，也许包含了一些现象的描述，但没有标出其成因。在第二种情况下，已经采用几何 – 唯象方式进行界定的蜿蜒型或编织型或其他任何一种平面形态，关联了复合型的形态动力学参数❶。当利用这些参数代表控制平面形态形成过程的独立因子时，在某个参数改变并超过临界值的情况下，这些分类方法也允许对河流形态的改变进行分析推演[Bridge，1993]。在这里，把控制河流蜿蜒弯曲基本过程的因子称为蜿蜒弯曲控制因子(Controls on Meandering)。

文献记载了数种基于几何学特点和现象的分类方式。Rust(1978)按照河道蜿蜒性及交织参数对河流进行了分类。Kellerhals 等(1976)提出了一种分类，基于①平面形态(顺直的、蜿蜒的、不规则的、规则的蜿蜒弯曲)；②小岛(没有、偶尔出现、时常出现)；③河道滩面及主要河床类型(点滩、河道边滩、河道中心滩面)；④横向的河道变化(不可查明的、向下游延续、随裁弯取直现象发展)。Brice(1984)根据蜿蜒度、点滩、交错编织形态和分汊情况对河流进行了分类。Chalov(1983，1996)提出对深切河流需单独对待，因为这类河流形态特征主要取决于地质构造和河谷历史变化。他进行河流分类[Chalov 和 Alabyan，

---

❶　参数是变量的组合：宽度和深度是变量；宽深比是一个参数。

1994]的依据是从蜿蜒弯曲到多重分汊的渐增交织强度的三个结构层次:洪泛区、河道平面形态和滩。Snishchenko 和 Kopaliani(1994)根据渐增的蜿蜒度进行了河流分类,这个分类从带状沙丘类型(具有浅滩和冲刷池的顺直河流)开始,引入了边滩型(具有交替滩)、受限蜿蜒弯曲型(狭窄蜿蜒)和自由蜿蜒弯曲型,最后一种类型是非完全蜿蜒弯曲型(斜槽裁弯及交错编织过渡状态)。Rosgen(1994)的分类基于河道比降、蜿蜒度、宽深比和下切比(所有几何学参数)。由于存在大量的分类方式,用以描述河流平面形态的专用术语是多种多样的,目前还没有实现标准化。

在 19 世纪,首次出现了基于河道平面形态控制因子的河流分类。1897 年,Lokhtin 提出河道平面形态受三个主要因子控制:气候和土壤情况的水流指标、河谷比降和河床可侵蚀性。他还基于水流力(Stream Power,含流量和坡度)和河床质粒径(Bed Grain Size)建立了河流平面形态的分类判别标准(Alabyan 和 Chalov(1998)报告提到)。20 世纪 60 年代后期,Leopold 和 Wolman(1957)把自然河流细分为三种类型:蜿蜒型、顺直型和交错编织型。尽管他们声明河流平面形态受多种环境控制因子影响,但他们仅利用流量(Discharge)和比降(Slope)作为控制变量来区别蜿蜒型和编织型,没有考虑 Lokhtin 提出的第三个变量,即河床质粒径。这样就形成了以下经验临界曲线:

$$i_s = 0.06 \, Q_{bf}^{-0.44} \tag{3-1}$$

式中:i_s 为蜿蜒型向编织型变化的过渡河道比降;Q_{bf} 为平滩流量,ft^3/s。

流量和比降共同作为水流力的指示因子。交错编织型河流在此曲线的上方,蜿蜒弯曲型河流在曲线下方。事实上,平面形态主要取决于流量和比降的观点很快被广为接受[Lane,1957;Ackers 和 Charlton,1970c;Antropovskiy,1972;Bray,1982]。Schumm 和 Beathard(1976)采用 Leopold 和 Wolman 的临界曲线来预测受人类活动影响的河流平面变化。Henderson(1963)不久就指出,向交错型过渡的标准也有赖于河床质粒径,并建议用以下的公式替代 Leopold 和 Wolman 临界曲线(见式(3-1)):

$$i_s = 0.64 D_{50}^{1.14} Q_{bf}^{-0.44} \tag{3-2}$$

式中:D_{50} 为河床质中值粒径,ft。

14 年后,Schumm(1977)根据泥沙补给量(Sediment Supply)对淤积型河道进行了分类。他定义河流为三种类型:①河床质型河道,特点是高宽深比、低蜿蜒度和交织性;②混合输移质型河道;③悬移质型河道,这种河道具有小宽深比、高蜿蜒度和弯曲性。通常,泥沙补给有两个方面:一个是数量(Aquantitative Aspect),控制了河床的淤积和冲刷,另一个是组成(Composition Aspect)。Schumm 的泥沙补给仅指组成方面。

几年后,Ackers(1982)的试验表明河床质会影响蜿蜒型河道的蜿蜒度,这个发现证实了 Henderson(1963)的感性认识。Schumm 再次详细制订了他的分类表,将河道平面形态与泥沙补给和水流力相关联[Schumm,1981]。后来,van den Berg(1995)也采用相近的方法,基于颗粒大小和水流力界定了单股河流和多股河流的起始曲线:

$$\omega_{v,t} = 900 D_{50}^{0.42} \tag{3-3}$$

式中:D_{50} 为河床质中值粒径,0.000 1 ~ 0.1 m;$\omega_{v,t}$ 为单股河流与多股河流过渡态的潜在特定水流力,W/m^2。

为了标出真实河流在 $\omega_v \sim D_{50}$ 简单关系中的位置,ω_v 可从以下流域比降和年均洪水或平滩流量的函数式中推求得到：

沙质河床河流（$D_{50} < 2$ mm）：

$$\omega_v = 2.1 i_v \sqrt{Q_W} \qquad (3-4)$$

砾质河床河流（$D_{50} \geqslant 2$ mm）：

$$\omega_v = 3.3 i_v \sqrt{Q_W} \qquad (3-5)$$

式中：ω_v 为潜在特定水流力，对顺直河流，可以采用流域比降，kW/m^2；i_v 为流域比降；Q_W 为平滩流量或年均洪水流量，m^3/s，大于 10 m^3/s。

van den Berg 临界曲线（见式（3-3））现在多用于预测河流修复的形态变化效果［Schweizer 等，2004］。

Church（1992）（基于 Mollard（1973）和 Schumm（1985）建立的概念）引入河道稳定性（Channel Stability）因子，并依据河道稳定性、泥沙补给、河道比降和泥沙粒径等对河流进行了分类（见图 3-1）。Galay 等（1998）采用相近的方法，但以流域比降代替河道比降，按照泥沙补给、横向不稳定性（Lateral Instability）、流域比降和河床质占总输沙量比率（Ratio Bed Load-Total Load）等参数对砾质河床河流进行了分类。他们的分类表见图 3-2。

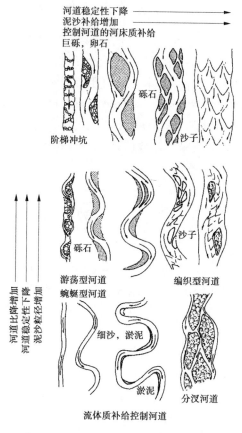

图 3-1 Church（1992）的概念性河流平面形态划分

Ferguson（1987）明确地引入河岸抗蚀力因子，他把控制河道平面形态形成的因子概

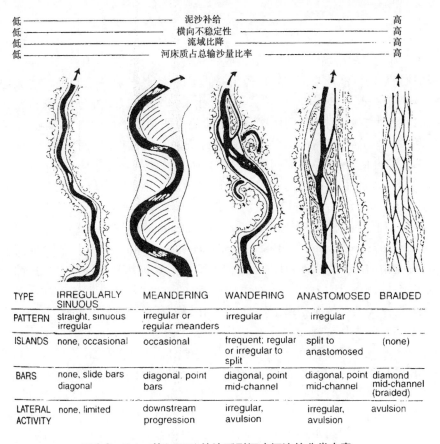

| 低 ——————————— 泥沙补给 ——————————— 高 |
| 低 ——————————— 横向不稳定性 ——————————— 高 |
| 低 ——————————— 流域比降 ——————————— 高 |
| 低 ——————————— 河床质占总输沙量比率 ——————————— 高 |

TYPE	IRREGULARLY SINUOUS	MEANDERING	WANDERING	ANASTOMOSED	BRAIDED
PATTERN	straight, sinuous irregular	irregular or regular meanders	irregular	irregular	
ISLANDS	none, occasional	occasional	frequent; regular or irregular to split	split to anastomosed	(none)
BARS	none, slide bars diagonal	diagonal, point bars	diagonal, point mid-channel	diagonal, point mid-channel	diamond mid-channel (braided)
LATERAL ACTIVITY	none, limited	downstream progression	irregular, avulsion	irregular, avulsion	avulsion

图 3-2 Galay 等(1998)的沙砾型河床河流的分类方案

述为:水流强度(Flow Strength)、输移泥沙数量和种类、河岸强度(Bank Strength)。Ferguson 不太同意 Leopold 和 Wolman 的分类表,认为比降—流量临界曲线可被视为是水流强度的临界线。他支持这样的观点(已被 Leopold 和 Wolman 采用),即存在一个形态学上的连续统,在截然不同的河道形态之间不能界定一条清晰的临界曲线。他的方法也被 Knighton 和 Nanson(1993)遵循,仍然得到广泛的认同[Piégay 等,2005]。

在 Ferguson(1987)所用因子的基础上,Mosley(1987)增加了另外一个控制因子:流量可变性(Discharge Variability),但是没有考虑沙量。按照他的观点,河流平面形态的控制因子包括水流强度(水流量级)、淤积物种类、河岸强度以及流量可变性。

Millar(2000)确立了蜿蜒型 – 编织型转变的判别标准,他考虑了植被对河岸侵蚀性的影响。实质上他的提议是把植被的影响视为河岸强度的一部分:

$$i_s = 0.000\ 2 D_{50}^{0.61} \phi'^{1.75} Q_{bf}^{-0.25} \tag{3-6}$$

式中:ϕ' 为一个集总参数,叫做河岸质摩擦角;中值粒径以 m 计;平滩流量的单位为 m^3/s。

在确定 ϕ' 值时,依据经验将岸栖植物的影响因素考虑在内。

Bledsoe 和 Watson(2001)采用回归方法研究了不同河流平面形态的临界状态,发现了下述控制性参数,即移动性指数(Mobility Index):

$$移动性指数 = i_b \sqrt{\frac{Q_W}{D_{50}}} \tag{3-7}$$

式中:i_b 为河床比降;Q_W 为年均洪水流量或平滩流量,m^3/s;D_{50} 为中值粒径,m。

移动性指数用以推算与河床质粒径相关的水流能量,若将中值粒径与水流的运动黏滞系数 ν(对清水,20 ℃时,$\nu = 1 \times 10^{-6}\ m^2/s$)相乘,作为根式中的分母,它将变为无量纲项。然而,在这里有必要指出,河床比降和平滩流量两个因子都依赖于河流平面形态(蜿蜒度、横断面),Bledsoe 和 Watson 采用回归法建立的移动性指数(使用平滩流量)与河流平面形态之间的良好相关关系可能受到这种依赖性的影响。对 Leopold 和 Wolman(式(3-1)),Henderson(式(3-2))和 Millar(式(3-6))的临界曲线也是如此。

20 世纪60 ~ 80 年代,通过稳定性分析,揭示了河道宽深比或长宽比在冲积型河流平面形态形成过程中所起到的作用[Hansen,1967;Callander,1969;Engelund,1970;Parker,1976;Fredsøe,1978;Struiksma 等,1985;Blondeaux 和 Seminara,1985]。假设冲积型河流的宽度和深度是由河段平均水流强度(顺直河道情况下)、河床移动性和河岸抗蚀力的平衡所致,则稳定性分析估计并给出了(移动)滩发育的条件,并将滩存在与否与河道平面形态类型关联起来。与交替滩相比,多重滩更易在较大宽深比情况下形成。

遗憾的是,现有河流宽深比因子的应用具有相当的不利因素,它并非不依赖于河道平面形态。基于水流强度、河床移动性以及河岸抗蚀力,采用宽深比作为蜿蜒型和编织型的临界值,可能还需要一个额外的宽度预测器。虽然普遍适用的宽度指标还没有建立[ASCE Task Committee,1998a,1998b],但是对特定的河流类型或地理区域而言,已经有了经验性的宽度指标,尽管它们还有较大的不易把握的取值范围[例如,Parker 等,2007]。不过,在某些情况下,宽深比会转变为独立参数,例如在滑坡等自然原因或人类活动使河流宽度或深度发生局部改变的条件下。在此情况下,新的宽深比可用以粗估这种改变对河流平面形态的影响。Rosgen(1994)认为宽深比 $\beta = 40$ 是蜿蜒型与编织型的临界值,Engelund 和 Skovgaard(1973)则认为是 $\beta = 50$。较大的宽深比是编织型河流的共同特征。

已有的基于过程的河流分类法指出,当满足下述条件中的部分条件时,河流将形成蜿蜒形态:①微弱的水流强度;②少量且富含细颗粒泥沙的泥沙补给;③轻微的河岸抗蚀力。观测和试验数据[如 Smith(1998)]证实了这些条件。然而,现有的分类方法都忽视了河岸沉积现象,但其重要性得到了 Ferguson(1987)、Knighton 和 Nanson(1993)以及 Mosselman(1992,1995)的认同。河岸沉积主要受下述轻微相互依存的因素所控制:

(1)水流强度(Flow Strength,用于权衡水流的挟沙能力)。在河段内侧较低的水流强度意味着较高的泥沙淤积率。

(2)泥沙补给(Sediment Supply,泥沙是形成点滩的必需"材料")。毫无疑问,泥沙补给要明确数量和级配。

(3)岸栖植物(Riparian Vegetation,岸栖植物使水流偏离河岸,有利于泥沙的就地淤积从而加快河床垂向发育,使沉积河岸免遭侵蚀)。

(4)洪水频率(Frequency of Floods,例如其对沉积河岸的侵蚀能力)。具有频繁大洪水的非常规河流状况是编织型河流的典型特点。这类河流的河岸淤积没有足够的时间稳定下来。

现有的一些分类法已经考虑了上述的一个或多个因子,如 Mosley(1987)的流量变化性可以解释为利用洪水频率的代表。Ferguson(1987)、Galay 等(1998)、Church(1992)以及 Knighton 和 Nanson(1993)都考虑了泥沙补给。Millar(2000)考虑了岸栖植物,但仅与河岸强度相关。Knighton 和 Nanson 把泥沙补给作为点滩形成的先决条件,此外,现有的分类都忽略了河岸沉积。当该过程被计入以后,下述条件与河流蜿蜒将会明确地相关:岸栖植物的存在以及洪水频率条件。

最后,活动构造在河流平面形态形成过程中也起到一定的作用。

3.3 水流强度

若不考虑其准确的定义,水流强度是用于表征水流输送泥沙及侵蚀河床和河岸能力的专业术语。河流水流强度的定义应涉及剪应力、水流速度或考虑了临时性流量变化的水流力等因子的参数化。

一般来说,与蜿蜒型河流相比,编织型河流易拥有较高的水流强度。穿越稠密的亚马逊森林的亚马孙河水系就是一个例子:其较小的支流是蜿蜒型河流,但最大的几条支流包括干流本身,则是分汊型或编织型(见图 3-3)。在这种情况下,大小河流的最大不同在于水流强度(Flow Strength),但有时也在于泥沙补给[Puhakka 等,1992]。总的来说,水流强度主导了世界上大多数大型(自然)河流的平面形态形成过程,这些河流的低地河段都是编织型或分汊型的,而其支流及二级支流常呈蜿蜒型。此类的例子包括刚果河[Peters,1978]、黄河[Wang 等,2004]、鄂比河[Alabyan 和 Chalov,1998]以及雅鲁藏布江[Coleman,1969;Jagers,2003]汇入恒河之前的上游(见 3.4 节)。

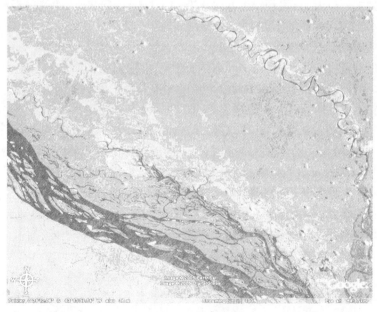

图 3-3   里约内格罗河(Rio Negro),亚马孙河最大的支流之一,呈编织型,及其蜿蜒型支流里约阿拉卡河(Rio Araça)(Google Earth,Image © 2005 Digital Globe Image © 2005 EarthSat)

3.4　泥沙补给

河水挟带的泥沙可分为两部分:冲移质泥沙(Wash Load)和河床质泥沙(Bed Material Load)。冲移质泥沙是水流挟带泥沙中的细颗粒部分(淤泥和黏土),主要来源于山坡和河岸的侵蚀。这部分泥沙在低动力的二级河道、牛轭湖和冲刷池的淤塞与洪泛平原的淤积抬高及三角洲的形成等方面发挥着主要作用。在讨论河岸侵蚀度及河岸沉积过程时,黏性物质具有重要意义,这是因为它们一旦淤积下来,便能固化且变得非常抗蚀。细颗粒泥沙也能挟带营养成分,这种营养成分对岸栖植物和洪泛平原植物的生长发挥着重要作用,且能提高土壤的黏结力。观察发现,富含细颗粒黏性泥沙(如悬移质泥沙)的泥沙补给有利于蜿蜒型河道的形成,反之亦然。当泥沙补给以松散粗泥沙(如砂砾即河床质和悬移质)为主时,编织型河道更易形成[ASCE Task Committee,1982]。雅鲁藏布江的编织状河段证实了这一规律。它与恒河汇流后,即使其水流强度增强,这条河也变为单股水流,且开始呈现蜿蜒形态。在两河交汇处,河流系统获得了来自恒河的细颗粒黏性泥沙,而在交汇处的上游,雅鲁藏布江仅输送松散的砂砾以及非黏性淤泥。

河流输送的粗颗粒泥沙总量可以与水流速度相关,因此它是水流强度的函数。通用的泥沙输送公式如下:

$$q_S = m\,u^b \tag{3-8}$$

式中:q_S 为流速为 u 情况下水流所能输送的最大泥沙量,称做输送能力,m^2/s;u 为水流速度,m/s;m 为系数,m^{2-b}/s^{1-b};b 为指数,对于蜿蜒型砂砾质河床河流,通常取值范围为 $3\sim10$。

从上述公式可以看出,粗颗粒泥沙输送有一个极限。反言之,冲移质泥沙输送(极高含沙量会使水流变为泥流)则没有此类极限。若河床质输送是能力有限(Capacity Limited),则冲移质输送则是补给有限(Supply Limited)。

已有数位专家[ASCE Task Committee,1982]给出了河道平面形态与泥沙补给量之间的关系。充足的泥沙补给是编织型河流形成的先决条件。编织型河流往往会呈现深切型河道,当挟沙量减少时,开始呈现蜿蜒弯曲,例如水库的下游[Bradley,1984;Schumm,1991;Scheuerlein,1995;Holubová,1998;Klingeman 等,1998;Andrews 和 Nankervis,1995]。相反,当河床质补给量大于年输送能力时,河流的编织形态可能会由于河床淤积抬高而增强[Bradley,1984;Carson,1984;Hicks 等,2000]。森林砍伐会引起山坡侵蚀,从而增加河流泥沙补给,结果引起河道淤积抬高从而使河流呈现编织形态[Petkovic 和 Djekovic,1995;Kuhnle 等,1998;Germanoski 和 Schumm,1993]。因此,稳定的蜿蜒型河流平面形态要求年来沙量等于或小于年输沙能力(当年来沙量小于年输沙能力时,河道下切)。

3.5　河岸的侵蚀性

河流蜿蜒弯曲的另一个重要条件是河岸具有低可侵蚀性,河岸土壤黏结性或密集的岸栖植物有利于该条件的形成。对蜿蜒型河流而言,由河岸根部侵蚀引起的河岸坍塌是影响河岸侵蚀的最为相关的过程。因为此类河流的河岸通常具有黏性,在这种情况下,河岸物质受冲刷侵蚀的相当少。与之相反,河岸物质的侵蚀挟带是编织型河流最为相关的过程,因为这类河流的河岸构成与河床相同,均为松散物质。

在实验室里获得的蜿蜒型河流通常不是那么蜿蜒弯曲。当采用散沙来制作河床和河岸时,河岸极易侵蚀,水流变宽比变弯更为明显[Parker,1976]。第一个在实验室内成功塑造非常蜿蜒、缓慢移动的深泓线的专家是 Smith(1998),他采用了黏性的泥沙,使得河岸更加抗蚀。该试验证实了河岸抗蚀力能够强烈地影响河道的平面形态,特别是河道的蜿蜒度。这个结论适用于现实的河流[Simpson 和 Smith,2000]。高侵蚀性河岸是宽阔的、编织型河流所特有的,而蜿蜒弯曲河流往往具有抗侵蚀的黏性河岸,这个事实间接地表现了上述结论。

低侵蚀性的河岸扩大了河流横向变化的时间尺度。编织型河流的河床和河岸由相同的物质构成,导致其横向和垂向变化具有相近的时间尺度。对蜿蜒弯曲河流而言,这些时间尺度是不相同的,这是因为其横向变化要远慢于垂向变化。

3.6 岸栖植物

按照 Murray 和 Paola(1994)的观点,交错编织是无黏性泥沙且没有岸栖植物条件下的默认河流平面形态。他们声称蜿蜒弯曲可视为交错编织的一个特例,其特点是具有单股流路的河道,在泥沙具有黏性或存在岸栖植物的条件下才能形成。事实上,自然的蜿蜒弯曲河流大多都流经森林(见图 3-4)或者流淌在植被覆盖的冲积平原,而稀疏植被河岸易出现在编织型河流[Leopold 等,1964]。冰岛上几乎全部是编织型的河流,仅有一些非常小的覆草河岸间的溪流是例外,这种情况为该观点提供了清晰的例证。在冰岛,植被覆盖少,河流泥沙挟带量大[Kingstrom,1962]。由于相似的原因,新西兰的河流也多以编织型为主[Mosley 和 Jowett,1999]。

图 3-4 俄罗斯西西伯利亚 Yama 河纳德姆附近夏季北方森林
(针叶树林地带)的鸟瞰图(© www. arcticphoto. co. uk)

Pannekoek 和 Van Straaten(1984)认为在志留纪以前(约 4 亿年之前),即有根植物及根茎出现之前,所有的冲积河流都是编织型的。Ward 等(2000)也赞同这样的观点,他把南非二叠纪到三叠纪过渡期(2.51 亿年前)从蜿蜒弯曲到交错编织河流的沉积形成归因于发生于这个时期的陆生植物快速且大规模的灭绝。大量的研究都把河流河道特性与岸栖植物联系起来[Brice,1964;Zimmerman 等,1967;Hickin,1984;Hey 和 Thorne,1986;Ferguson,1987;Thorne,1990;Mosselman,1992;Murray 和 Paola,1994;Millar 和 Quick,1993;Millar,2000]。

　　Gran 和 Paola(2001)、Kurabayashi 和 Shimizu(2003)通过实验室试验发现植物对河流地形产生强烈的影响。他们进行了交错编织河道在有无植物情况下的水槽试验,观察到植物的存在减少了交错编织的数量。Jang 等(2003)发现河岸没有植物的初始交错编织系统,在河岸覆以植物的条件下,逐渐发展为深切的蜿蜒弯曲河道。Tal 和 Paola(2005)也观察到同样的结果。Mant 和 Hooke(2003)的实地观察印证了对现实河流的试验发现。Eschner 等(1983)、Beeson 和 Doyle(1995)以及 Allmendiger 等(2005)还发现植被会导致河宽变窄。

　　岸栖植物控制河流平面形态的途径是影响:①河床冲刷降低/淤积抬高,②河岸侵蚀,③河岸沉积三个过程,其作用包括:

　　(1)保护河岸土壤避免侵蚀。植物通过根系对当地土壤进行补强(见图3-5),并通过覆盖保护土壤。但是,其对河岸崩塌、植被的影响可为正面也可为负面,取决于河岸及植被的特性。

图3-5　树根保护河岸避免侵蚀
(Geul 河(荷兰),图片来源于 Eva Migue)

　　(2)改变水流方向。植物的存在会增大局部水力糙率,因此水流易集中于没有植被的地方[Tsujimoto,1999;Pirim 等,2000;Rodrigues 等,2006]。植被间的水流流速减小,淤积增加,无植被区域由于流速增大而造成河床冲蚀。由于使水流流向对岸,岸栖植物加剧了对岸的河岸侵蚀。

（3）加速沉积河岸的垂向发育。植物有利于使细沙沉积于植被之间，造成有机物（落叶、枝条、枯树）的局部堆积，使得地面抬高，土壤黏结力和强度增强[Baptist，2005；Baptist和De Jong，2005；Baptist等，2005]。此外，在洪水期和河岸沉积的过程中，岸栖植物的存在可以加速局部自然河堤的形成。

（4）稳定沉积河岸，加速其横向发展。植物的此类作用通过占据低水位时保持干燥区域的表面来实现。蜿蜒弯曲河段内侧的点滩以及编织型河流的最小河道等低动力区域，适于植物占据生长。

Murray和Paola(2003)、Jang和Shimizu(2007)以及Samir-Saleh和Crosato(2008)利用数值模型的方法研究了岸栖植物对河流平面形态的影响。Murray和Paola研究了在洪泛平原上植被的存在增强了土壤强度从而对河流平面形态产生的影响，而Jang和Shimizu以及Samir-Saleh和Crosato则分析了水力糙率增大的作用。所有的研究成果表明，植被降低了河流系统的交织程度，甚至可能把交错编织河流系统转变为蜿蜒弯曲系统。

植物对河流形成过程的影响是多方面的、复杂的，且难以量化[Rinaldi和Darby，2005]。植物稳定河岸的能力部分地取决于其规模，它相对于河道的相对规模和绝对规模都很重要[Abernethy和Rutherfurd，1998]。植物的稳定作用对小水河道而言是最有效的。对相对较大的河流，水流过程则起着主导作用[Thorne，1982；Pizzuto，1984；Nanson和Hickin，1986]。而且，岸栖植物的影响随着植物的种类及生长阶段的不同也有差异[Allmendiger等，2005；Dijkstra，2003]。

岸栖植物的生长受数个因素的影响，其中最为重要的是气候、纬度、土壤特性、河流动力和洪水频率。较温暖湿润的气候适于较大生物密度和较快生长，从而使得植被更为有效地减少河岸侵蚀，并占据河岸。

植物在河岸上的生长通过数个演替阶段来实现，标志是演替过程中的主导物种。演替起始于由诸如侵蚀或大洪水等扰动导致某一区域部分或完全缺乏植物时。当物种组成不再随时间变化而变化时，演替停止，此时的群落被认为是顶极群落(Climax Community)。例如北卡罗莱纳州弃耕地上植物种类的演替。其先驱物种包括多种一年生植物，其后是多年生禾本科植物、灌木、软木树种和灌木，最后是硬木树种和灌木。从先驱物种到顶极群落的演替历时120年。植物群落会因为诸如悬移质特性和河流状况等河流类型而不同。Puhakka等(1992)观察到，编织型亚马孙河系的特点是拥有大量的新生演替植物，相对于河流规模而言，编织型河流演替地带的宽度要大于蜿蜒型河流。接近顶极群落的岸栖植物群落的出现标志着所在河流动力在某种有关程度上不再限制植物生长，蜿蜒弯曲河流常常如此。Simon和Hupp(1992)研究了利用岸栖植物作为命名河道过程的主要判别标准的可能性，他们发现在河宽拓宽速率最小的河岸，平均植物覆盖和物种数量都达到了极值。他们认为从最后一次河道改变算起，植物覆盖反映了演替时段。

假设在演替过程中植物生物量随着时间而增加，岸栖群落与顶极群落的接近程度可用现状单位植物生物量与顶极群落单位植物生物量的比值来表示。对于沉积河岸，采用出现在最远边缘处的植物群落。该比值的小值可能是交错编织河流的标志，数值接近1是自然蜿蜒弯曲河流的特点。即使在冰岛，当地顶极群生物量小（草地和芦苇），那些拥有覆以此类植物河岸的小河仍然是蜿蜒弯曲的。

Takebayashi 等(2006)采用岸栖植物密度 λ_v 取代生物量。他们假设密度随时间从 0 至 λ_{vmax} 呈线性增长：

$$\lambda_v = \lambda_{vmax}(t_d/T_v) \tag{3-9}$$

式中：λ_{vmax} 为岸栖植物最大密度，株/m^2；t_d 为生长植物区域保持干燥的历时，s；T_v 为岸栖植物达到最大密度所需的时间，s。

式(3-9)设计用于草地。对于其他植物种类，此密度并不必随着时间而增大[Hupp 和 Simon,1991]。

3.7　洪水频率

洪水会对岸栖系统形成自然干预，能扰乱岸栖生态系统、群落或种群结构，并改变其群落资源或物质环境[Resh 等,1988]。洪水频率、强度以及历时控制着岸栖植物的生长[Hupp 和 Osterkamp,1996]、沉积黏性泥沙的压实、崩岸频率以及河岸侵蚀率[Duan,2005;Perucca 等,2006]。

在低水位情况下，植物群落占据点滩以及河岸。所以，表述岸栖系统生态地理特性的重要参数是给定植物群落发育所需的时间 T_v，与足以毁灭该群落洪水的重现期 T_{fv} 的比值，这里的毁灭是力学破坏、掩埋以及持久的淹没[Phillips,1995,1999]。

$$\tau_v = \frac{T_v}{T_{fv}} \tag{3-10}$$

式中：v 为下标，指岸栖植物，Tal 和 Paola(2005)也引进了类似的参数；τ_v 为比率，用以判别岸栖生态地理系统是否受自然干预所控制，在此情况下，河流具有形成交错编织形态的趋势。

黏性土壤随着时间推移变得固结，并日益变得更加抗蚀[Schumm 和 Khan,1972]。因此，可以定义另外一个参数来描述淤积于洪泛平原及点滩顶部的黏性物质的稳定性。在这里，它是淤积物达到某一固结水平(剪应力强度)所需的时间 T_c 与洪水重现期 T_{fc} 的比值，其中 T_c 取决于淤积物类型和淤积条件，洪水应达到足以形成侵蚀的强度和历时。当洪水施加的剪应力大于淤积物所具有的抗剪应力时，侵蚀现象出现。

$$\tau_c = \frac{T_c}{T_{fc}} \tag{3-11}$$

式中：c 为下标，指固结物。

当 τ_v(式(3-10))与 τ_c(式(3-11))都小于 1 时，(强)洪水的频率太高，使河流不能形成足够稳定的河岸，这是蜿蜒弯曲河流平面形态发育所需的先决条件。

3.8　活动构造

影响河流平面形态形成的另一个因素是活动构造，尽管这一因素并没有包括在通用河流分类表中。但是，它是被广泛认可的，这是因为蜿蜒弯曲或交错编织的局部发展以及局部变宽或缩窄等河流平面形态异常都被作为活动构造的标志。活动构造的初始影响是局部变陡、坡度变缓或者横谷倾斜[Gregory 和 Shumm,1987]。图3-6 显示某活动上升区域的下切在没有植被的条件下形成了蜿蜒弯曲平面形态(尤他州科罗拉多河的支流圣胡安河)[Wolkowinsky 和 Granger,2004]。有趣的是,大型河流的下切加剧了构造的上升[Finnegan 等,2008;Allen,2008]。

图3-6 尤他州科罗拉多河支流圣胡安河在 Goosenecks 国家公园的蜿蜒弯曲
(图片来自 Thomas Wiewandt / www. wildhorizons. com)

第4章 河流蜿蜒变化模拟研究现状

4.1 概 述

长期以来,诸如河流工程学、数学、自然地理学、地质学和生物学等多种不同学科的科学家,从河流管理[Piégay 等,2006]、河流生态动力学[Crosato,1997；Payne 和 Lapointe,1997；Richter 和 Richter,2000；Richards 等,2002]、沉积矿床生成[Cojan 等,2005]等不同视角,对河流蜿蜒变化进行了大量的研究。过去的数十年间,对水流过程、泥沙输移过程、横断面形成过程以及河道平面变化过程[ASCE,1998a,1998b]的认识取得了很大进展。野外观测、室内试验和数学模拟为研究提供了相互验证的数据。Leopold 和 Wolman(1960)、Brice(1964,1974)、Hickin 和 Nanson(1975)、Carson 和 Lapointe(1983)、Hooke(1977,1980,2004)以及 Hooke 和 Redmond(1989)等在野外观测方面作出了重要贡献。Friedkin(1945)、Leopold 和 Wolman(1957)、Ackers 和 Charlton(1970a,1970b,1970c)、Martvall 和 Nilsson(1982)、Fujita 和 Muramoto(1982)、Smith(1998)以及 Tal 和 Paola(2005)等所做试验在室内试验方面发挥了重要作用。Seminara(2006)对已有研究进展进行了概括总结。

本章论述在蜿蜒型河流变化过程数学模拟研究方面取得的进展,概要介绍蜿蜒型河流长期平面形态变化模拟模型的现状,模型研究的空间尺度是数个弯曲段。这些模型称为蜿蜒迁移模型。

基于过程的蜿蜒迁移模型包括以下几个模块:

(1)弯曲河道水流流场和河床形态模块。

(2)河岸侵蚀模块。

(3)河岸淤积模块。

(4)河道裁弯模拟模块(可选择)。

下面逐一介绍各模块研究现状。

4.2 弯曲河道水流流场和河床形态模拟

描述弯曲、开放河道河床地形变化的模型包括水流模型及与之耦合的泥沙输移模型。Rozovskii(1957)首次对弯道水流进行了详细描述,他简化了 Navier-Stokes(纳维耶-斯托克斯)方程,获得了解析解。直到1961年其研究成果被译成英文[Prushansky,1961]后,他的研究才广为人知。传承 Rozovskii 的方法,De Vriend(1977)、Kalkwijk 和 De Vriend(1980)开发了 2-D 数学模型,该模型假设弯道曲率较小,用以模拟远离近岸区域的宽阔开放弯道的水流运动。随后,De Vriend(1981a,1981b)进行了 3-D 分析,把模拟范围扩展至弯道入口、出口及横断面的近岸区域,从而在完成了由二次流引起的主流再分布的完全模拟。目前,已有多个可进行小曲率河流水流模拟的 3-D 计算流体动力学(CFD)模型[Hervouet 和 Jankowski,2000;Stelling 和 Van Kester,2001;Olsen,2002;Rodriguez 等,2004]。

二次流强度在小曲率河道较弱,随曲率增大而增强。在蜿蜒型小河流(如 Geul 河)(见 9.4 节)常见的急变弯道处,除出现典型的螺旋环流外,在外侧河岸附近还可能出现一个或两个弱小反向环流圈(见图 4-1)。这些反向环流圈改变了水流速度的垂向和水平分布,并影响水流引起外侧河岸侵蚀。河宽与曲率半径的比率 γ 和宽深比 β(也称河道纵横比)是用以确定河道弯曲所产生的二次流量级的重要参数。小反向环流圈的形成取决于弯曲参数 β^*,该参数由 Blanckaert 和 De Vriend(2003)定义,是下述参数的函数:

$$\beta^* = C_f^{-0.275}(\gamma/\beta)^{0.5}(\alpha_s + 1)^{0.25} \tag{4-1}$$

式中:C_f 为摩擦系数;γ 为曲率,$\gamma = B/R_c$;β 为宽深比或纵横比,$\beta = B/h$;α_s 为表征与可能的涡流速度分布之间的偏离程度并随弯道变化的参数。

弯曲参数 β^* 与狄恩(Dean)数成正比:

$$De = Re(\gamma/\beta)^{0.5}$$

式中:Re 为雷诺数,$Re = uh/\nu$;ν 是水的运动黏度,m^2/s。

De Vriend(1981a)指出狄恩数是水流速度重新分配的最重要参数。

急弯开放河道水流描述是近期取得的一项成果[Blanckaert,2002;Blanckaert 和 De Vriend,2003,2004;Blanckaert 等,2003]。

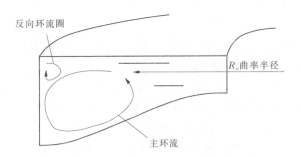

图 4-1   河道急弯水流及其横断面

Van Bendegom(1947)最早将水流和泥沙输移耦合起来开发了 2-D 弯曲河道河流形态模型,该模型考虑了环流的影响和河床横比降。Van Bendegom 还通过手工计算(当时计算机尚未出现)对河床演变进行了预测。他的著作起初以荷兰语出版,1963 年被翻译成英文,并获得了广泛认可[Nat. Res. Council Canada,1963]。大多数关于弯曲河道水流和河床形态的出版成果都基于小曲率、浅水深的简化条件,不适用于横断面的近岸区域,在该区域水流具有重要的垂向分量。Engelund(1974)、Kikkawa 等(1976)、Odgaard(1981)、Falcon 和 Kennedy(1983)、De Vriend 和 Struiksma(1984)、Struiksma 等(1985)、Olesen(1987)、Struiksma 和 Crosato(1989)、Mosselman(1992,1998)、Duan 等(2001)及Darby 等(2002)等学者都沿用该方法进行了研究。

假设河流曲率小、水深浅，则在以 s（水流方向）、n（横向）、z（纵向，向上为正）为轴向的曲线正交系统中，平均水深稳定流方程[Olesen，1987；Mosselman，1992]可以用下式表示：

$$u\frac{\partial u}{\partial s} + v\frac{\partial u}{\partial n} + \frac{1}{\rho}\frac{\partial p}{\partial s} + \frac{uv}{R_s} - \frac{v^2}{R_n} + \frac{gu^2}{hC^2} = 0 \tag{4-2}$$

$$u\frac{\partial v}{\partial s} + v\frac{\partial v}{\partial n} + \frac{1}{\rho}\frac{\partial p}{\partial n} + \frac{uv}{R_n} - \frac{u^2}{R_s} + \frac{guv}{hC^2} = 0 \tag{4-3}$$

$$\frac{\partial(hu)}{\partial s} + \frac{\partial(hv)}{\partial n} + \frac{hu}{R_n} + \frac{hv}{R_s} = 0 \tag{4-4}$$

式中：u、v 分别为水流方向、横向流速，分别为 s 和 n 方向，m/s；h 为水深，m；g 为重力加速度，m/s^2；p 为压强，Pa，$p = \rho g(z_b + h)$，z_b 为河床高程；C 为水力糙率的谢才系数，m$^{1/2}$/s；R_s 为沿水流方向坐标线 s 的曲率半径，m，如果弯曲中心在 n 方向上较小，R_s 取正值；R_n 为沿横向坐标线的曲率半径，如果弯曲中心在 s 方向上较小（发散水流），R_n 取正值。

式（4-2）、式（4-3）和式（4-4）必须与泥沙输移和泥沙平衡方程相结合，才能描述河流形态的变化。泥沙平衡方程如下：

$$q_{Ss} = q_{St}\cos\alpha \tag{4-5}$$

$$q_{Sn} = q_{St}\sin\alpha \tag{4-6}$$

$$\frac{\partial z_b}{\partial t} + \frac{\partial q_{Ss}}{\partial s} + \frac{\partial q_{Sn}}{\partial n} + \frac{q_{Ss}}{R_n} + \frac{q_{Sn}}{R_s} = 0 \tag{4-7}$$

式中：q_{St} 为单位河槽宽度的输沙量，m^2/s，含空隙；q_{Ss}、q_{Sn} 分别为单位河槽宽度输沙量沿 s 和 n 方向上的分量，m^2/s；α 为水流方向 s 与泥沙输移方向间的夹角。

一般来讲，泥沙输移方向与河道主流方向不一致，偏离的原因是受河床横比降和二次流的影响[Van Bendegom，1947；Engelund，1974]。

输沙量 S_t 计算可采用各种（经验）公式，每个公式各有其优点和限制条件[Meyer-Peter 和 Müller，1948；Einstein，1950；Engelund 和 Hansen，1967]，美国土木工程师协会 ASCE 工作委员会（1982）和 Van Rijn（1984a）对这些公式进行了概括总结。泥沙平衡方程（式(4-7)）中，可将河岸侵蚀产生的泥沙量作为一个来源项[Mosselman，1992]。

随着近期计算机技术的发展，3-D 形态学模型的应用已经越来越广泛[Olsen，2003；Lesser 等，2004]。Lesser 等开发的模型（Delft3D）假定自由表面流动是静止的（静水），这可能意味着它不能准确模拟靠近较陡河岸的水流，因为这里水流的垂向速率不能被忽略。Stelling 和 Zijlema（2003）提出了一种算法来弥补这个不足。

用于模拟河道水流和形态动力的另一种方法是（拉格朗日）离散元法，比如平滑粒子流体动力学模型[Liu 和 Liu，2003；De Wit，2006]、元胞自动机模型[Chopard 和 Droz，1998]及 Lattice Boltzmann 模型[Succi，2001]。这些模型描述大量基本单元的运动和相互间的作用，如（小）水体单元和泥沙颗粒，并把它们转换为大尺度结构[Heyes 等，2004]。其中，有些应用了欧拉网格，有些则没有。每个单一单元有质量、体积、密度、压力、位置和速度，这些数量随单元的运动而运动，只有受到外力作用时才会发生变化。

离散元模型在应用到河流形态动力模拟时，必须合理揭示由泥沙颗粒间微型尺度互动生成的宏观尺度和中等尺度结构。这就要求全尺度精确模拟这种物理现象,亦即从单个颗粒之间的碰撞,到大规模群体的质量、能量和动量守恒。

离散元法已经被应用于解决流体力学和泥沙输移方面的 2-D 和 3-D 难题[Heald 等,2004]。3-D 点阵 Boltzmann 晶体模型也已经用于模拟河弯处的河床发育[Dupuis,2002],但该模型缺乏相应的验证。

离散元模型最大的不足是计算时间太长,且对数值误差敏感[Richards 等,2004],这些缺点使离散元模型在大尺度河流形态变化方面的运用具有较强的局限性[Jagers,2003]。

4.3　河岸侵蚀和后退的模拟

对不同空间和时间尺度的河岸侵蚀问题(见 2.8.2 节)已经进行了广泛研究。河岸侵蚀可被辨别的最小空间尺度是水深范围,与之相应的时间尺度是单次洪水过程。在此空间尺度下,被侵蚀的河岸可以表示为垂直面上的水边际线(Side Water Margin)。此时考虑了河岸侵蚀垂向变化以及河岸溃决过程,后者在考虑单次洪水过程中数个局部可变因素(如地下水流)情况下,可被具体模拟[Thorne,1988,1990;Darby 和 Thorne,1996a,1996b;Rinaldi 等,1999;Dapporto 等,2003;Rinaldi 等,2004;Rinaldi 和 Darby,2005]。在河道宽度空间尺度下,河岸侵蚀简化为河流边线因河槽横向拓宽的水平变化,时间尺度则是长系列洪水[Osman 和 Thorne,1988;Mosselman,1992,1995,1998,2000;Darby 等,2002;Darby 和 Del Bono,2002]。在更大的空间尺度下,河岸侵蚀简化为退缩平均率,该指标常常用以表示洪泛滩地再造速率[Reinfelds 和 Nanson,1993;Interagency F. M. R. C.,1994;Hudson 和 Kesel,2000;De Moor 等,2007],其相应的时间尺度是数十年至数百年。对于河道宽度或者更大范围的空间尺度来讲,河岸侵蚀是指河岸后退。

造成河岸侵蚀的原因是河岸组成物质被水流直接冲移(水流挟带),以及地质力学上的不稳定引起的河岸破坏。黏性河岸与非黏性河岸侵蚀的差别见表4-1。

表4-1　河岸侵蚀机制

河岸组成物质	河岸侵蚀类型	
	水流挟带	河岸破坏
非黏性	部分颗粒输移	坍塌
黏性	部分颗粒输移:表层侵蚀 大量淤泥或黏土颗粒的输移:团块侵蚀	滑坡,塌落 侵蚀物质先临时堆积在岸基部位,其后发生岸基清除

蜿蜒型河流河岸的组成物质主要是细颗粒黏性沉积物,故本研究重点关注这一类型河岸的典型机制:表层侵蚀和团块侵蚀(水流挟带,见 4.3.1 节)、滑坡侵蚀和塌落侵蚀(河岸坍塌,见 4.3.2 节),以及河岸根部临时堆积物质侵蚀(见 4.3.3 节)。

4.3.1　水流挟带

Partheniades(1962,1965)和 Krone(1962,1963)最先对水流挟带引起的黏性土壤侵蚀率进行了研究,并创立了当前侵蚀模型广泛使用的关系式。他们假设黏性沉积物颗粒被挟带的条件是水流作用产生的剪切应力 τ_w 大于土壤抗剪力或剪切强度(也称为临界剪应力)τ_{cr},且侵蚀速率与剪应力与剪切强度之差 $\tau_w - \tau_{cr}$ 成正比。

当 $\tau_w > \tau_{cr}$ 时:

$$v = E\left(\frac{\tau_w - \tau_{cr}}{\tau_{cr}}\right)$$

当 $\tau_w \leqslant \tau_{cr}$ 时:

$$v = 0 \tag{4-8}$$

式中:E 为沉积物侵蚀系数,m/s;v 为侵蚀速率,m/s;τ_w 为水流作用产生的剪切应力,Pa;τ_{cr} 为临界剪应力或者土壤剪切强度,Pa。

土壤抗剪力或者临界剪应力(τ_{cr})由颗粒凝聚力产生,这种颗粒凝聚力取决于黏土和有机质的存在以及土壤的固结程度;也可以由表观凝聚力产生,这种表观凝聚力来自于毛管吸力或植物根系的黏结约束效应。Ariathurai 和 Arulanandan(1978)及 Arulanandan 等(1980)建立了一些公式来确定黏性土壤的临界剪应力 τ_{cr} 和侵蚀系数 E。近来,Winterwerp 和 Van Kesteren(2004)建议采用下式计算侵蚀系数:

$$E = \frac{\tau_{cr}}{10D_{60}(1 + p)}\frac{c_v}{c_u} \tag{4-9}$$

式中:c_u 为不排水抗剪强度,Pa;c_v 为固结系数,m^2/s;D_{60} 为占土壤 40% 以上颗粒的直径,m;p 为孔隙率或空隙比。

侵蚀的临界剪应力下限可通过阿特伯格极限确定,公式如下:

$$\tau_{cr} = 0.003\ 4PI^{0.84} \tag{4-10}$$

式中:PI 为塑性指数。

黏土侵蚀也可以表现为数厘米甚至更大规模的颗粒聚集体形式,这种形式的侵蚀归类于"团块侵蚀",其发生的条件为

$$\frac{1}{2}\rho(0.8u)^2 > c_u \tag{4-11}$$

式中:u 为边界层以外的水流速度,m/s;ρ 为水的密度,kg/m^3。

水流挟带现象产生的河岸后退速率可以用河道横断面上的平均水深侵蚀速率分量 v 来表示,或用侵蚀河岸顶部的侵蚀速率值表示。

4.3.2　河岸坍塌

对蜿蜒型河流而言,河岸后退的主要机制是河岸重力坍塌。在 Thorne(1982)的研究基础上,Darby 和 Thorne(1996b)开发了一个河岸坍塌模型,用以描述地质力学非稳定造成的河岸坍塌过程。他们的参照河岸断面见图 4-2。

图 4-2 中,FR 为阻力,FD 为作用于初期破坏块体的驱动力,当 $FS = \dfrac{FR}{FD} < 1$ 时,河岸

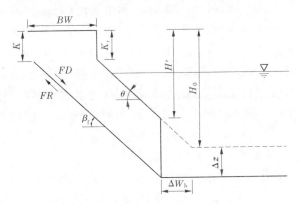

图 4-2   Darby 和 Thorne(1996b) 所用河岸断面示意图(BW 表示河岸后退,
可引起河岸坍塌的河床下切(Δz)和侧向岸基侵蚀(ΔW_b)共同作用形成了河岸变形)

变得不稳定。Darby 和 Thorne(1996b)研究发现:

$$FR = c_u L + W_t \cos\beta_f \tan\phi \tag{4-12}$$

$$FD = W_t \sin\beta_f \tag{4-13}$$

式中: c_u 为河岸组成物质的凝聚力,不排水抗剪强度,N/m^2; W_t 为单位厚度河岸坍塌块体的重量,N/m; L 为破坏面长度,m; β_f 为河岸破坏面角度(°); ϕ 为摩擦角(°)。

其中, W_t、L、β_f 按以下式计算:

$$W_t = \frac{\gamma_b}{2}\left(\frac{H^2 - K^2}{\tan\beta_f} - \frac{H'^2 - K_r^2}{\tan\theta}\right) \tag{4-14}$$

$$L = \frac{H - K}{\sin\beta_f} \tag{4-15}$$

$$\beta_f = \frac{1}{2}\left[\tan^{-1}\left(\frac{H}{H'}(1 - K^2)\tan\theta\right) + \phi\right] \tag{4-16}$$

式中: H 为受侵蚀河岸的高度,m; H' 为未侵蚀河岸的高度,m; K 为张裂缝的深度,m; K_r 为以往河岸坍塌的遗留裂缝深度,m; γ_b 为单位体积河岸组成物质的重量,N/m^3; θ 为未侵蚀河岸部分的夹角(°)。

侵蚀河岸的高度取决于近岸河床的冲刷深度:

$$H = H_0 + \Delta z \tag{4-17}$$

式中: H_0 为河岸的初始高度,m; Δz 为靠近岸河床的下切深度,m。

当存在横向岸基侵蚀时,未侵蚀河岸的高度将会降低(见图 4-2)。

$$H' = H - \Delta W_b \tan\theta \tag{4-18}$$

式中: ΔW_b 为横向岸基侵蚀,m。

根据 Partheniades 和 Krone 的方法,Darby 和 Thorne(1996b)假定横向岸基侵蚀与水流剪切应力和河岸组成物质抗剪强度之差成正比:

$$\Delta W_b = \chi(\tau_w - \tau_{cr})^m \Delta t \tag{4-19}$$

式中: Δt 为计算的时间步长; χ 为率定参数,N/(s · m^3)。

在其他所有几何参数确定的情况下,河岸破坏引起的水平退缩变量 BW 可以通过几何关系分析获得（见图 4-2）。Darby 和 Thornes 河岸坍塌模型是 Darby 和 Thorne（1996a）和 Darby 等（2000,2002）开发的形态动力学模型。Menéndez 等（2006）开发了类似的模型来模拟河床底部冲刷造成的河岸坍塌。Rinaldi 等（2004）对 Darby 和 Thorne 河岸坍塌模型进行了拓展，在模型中引入了孔隙水压力对河岸稳定性的影响。Rinaldi 和 Darby（2005）对河岸侵蚀模型进行了概括总结，并定性描述了植被对河岸稳定的作用。

Langendoen（2000）开发了另外一个同样基于稳定分析的河岸坍塌模型，并将其植入了用以模拟河流下切过程的 1-D 模型。随后，通过考虑孔隙水压力的影响，该模型得到进一步的拓展[Langendoen 和 Simon,2008]。

上述所列模型探讨了河岸坍塌机制，其空间尺度为河流深度范围、时间尺度为单次洪水过程。以此类推，长期河道平面变化的模拟，则需要采用局部河岸和水流特性函数来推算河岸平均后退速率。在这种情况下，时间尺度是连续多次洪水过程。这是一个典型的尺度升级过程[De Vriend,1991]，在这一过程中，局部短期过程的影响需在更大的空间和时间尺度上来评估。

岸基侵蚀引起长期连续不断的团块破坏，因此形成黏性河岸后退。这种情况下的长期平均后退速率，可用 Krone-Partheniades 型方程表示：

当 $\tau_w > \tau_{cr}$ 时：

$$\bar{v}_{br} = E_{flow}\left(\frac{\tau_w - \tau_{cr}}{\tau_{cr}}\right)$$

当 $\tau_w \leqslant \tau_{cr}$ 时：

$$\bar{v}_{br} = 0 \tag{4-20}$$

式中：E_{flow} 为水流侵蚀系数，m/s；$\bar{v}_{br}$ 为河岸长期平均后退速率，m/s，当河岸线向远离河道中心线方向移动时，该速率为正值。

Mosselman（1992,1998）沿用上述方法，对式（4-20）进行了扩展，方程中包含了非黏性物质崩塌过程项、团块破坏（取决于河岸高度）造成的河岸侵蚀项以及外部因素引起的河岸侵蚀项，如地下水流和船行波等：

$$\bar{v}_{br} = E_{flow}\left(\frac{\tau_w - \tau_{cr}}{\tau_{cr}}\right) - \frac{1}{\tan\varphi}\frac{\partial z_b}{\partial t} + E_{failure}\left(\frac{h_B - h_{Bc}}{h_{Bc}}\right) + F \tag{4-21}$$

式中：E_{flow} 为水流侵蚀系数，m/s；$E_{failure}$ 为河岸坍塌系数，m/s；F 为外部因素（模型中没有计入）产生的附加侵蚀速率，m/s；h_B 为河岸高度，m；h_{Bc} 为下部无团块破坏发生的河岸高度，m；z_b 为河床高程，m；φ 为岸坡角（°）。

许多蜿蜒迁移模型[例如：Ikeda 等,1981；Johannesson 和 Parker,1989；Abad 和 Garcia,2006]采用式（4-20）的简化形式来模拟大范围长时期的河道演变。他们假定河岸后退与局部近岸水流速度增量成正比，可视为式（4-20）的线性形式[Mosselman,1992]：

当 $U \geqslant 0$ 时：

$$\bar{v}_{br} = E_u U \tag{4-22}$$

式中：E_u 为侵蚀系数；U 为相对于断面平均水流速度的近岸水流速度增量（在 s 方向上），m/s，$U = u_b - u_0$，其中 u_b 为近岸水流速度，u_0 为断面平均水流速度。

Hasegawa（1989b）曾尝试通过分析方法确定 E_u，但他的公式更适应于河床而非河岸

[Mosselman 和 Crosato,1991]。

Crosato(1989)和 Odgaard(1989)也明确考虑了河岸高度在河岸坍塌过程中的作用,并建立了河岸后退速率与近岸水深增量之间的关系:

当 $(E_u U + E_h H) > 0$ 时:

$$\bar{v}_{br} = E_u U + E_h H \tag{4-23}$$

式中:E_h 为侵蚀系数,s^{-1};H 为相对于断面平均水深的岸边水深增量,m,$H = h_b - h_0$,其中 h_b 为近岸水深,h_0 为断面平均水深。

式(4-23)中,流速增量项 $E_u U$ 描述岸基处河流冲蚀的作用(挟带),这种作用由局部水流速度引起;水深增量项 $E_h H$ 描述地质力学不稳定性,考虑了河岸不稳定性随着近岸水深增加而增大的现象。当 $E_u U$ 和 $E_h H$ 小于或等于 0 时,河岸后退速率等于 0。当 $E_u U$ 和 $E_h H$ 中的一项等于 0 或小于 0 时,河岸后退速率取决于另一项的大小。对于垂直河岸($\varphi = 90°$)且没有外部侵蚀因素的情况下,式(4-23)可以看做是式(4-21)的线性形式。

除上述列举的基于物理学的模型外,还有一些经验模型已经开发完成,用以预测河岸后退速率,比如形态学模型 MIKE21(www. dhigroup. com),该模型经验性地把河岸后退速率与近岸河床下切和近岸平均水深泥沙输移建立关系。

4.3.3 侵蚀河岸物质组成的影响

河岸坍塌以后,其组成物质堆积在河岸基部,直至被水流输往下游,这种输移通常发生在下一次高水位期间。后退河岸基部沉积物的存在影响近岸水流速度和水深,进而影响局部河岸侵蚀以及对岸河岸的沉积。Darby 等(2002)利用 Darby 和 Thorne(1996a)河岸坍塌模型对 Mosselman(1992)开发的 2-D 形态学模型进行了扩展,考虑了岸基团块破坏产生的短期河岸残留物质堆积的影响。

河岸侵蚀也构成了整条河流另一个泥沙来源,这可能会对泥沙平衡产生重大影响。Mosselman(1992)认为,河岸组成物质进入河流,使河道局部变得较浅、较陡,从而增大了水流速度,加剧了河岸侵蚀,但他的结论认为:"只有在泥沙净输入量非常大的情况下,河岸侵蚀对 2-D 河床形态的影响才能达到可以估计的程度。对于具有低河岸且河宽基本不变的河流来讲,即使这些河流迁移较快,这种影响也不必计算在内。"Murshed(1991)对此在更大空间尺度进行了研究,得出了不同的结论。他把河岸侵蚀物质加入了本研究开发的数学模型(MIANDRAS,第 5 章)中的泥沙平衡公式。根据他的研究,河岸侵蚀物质对于具有恒定河宽的河流在形态动力方面可能具有重大的影响。然而,Murshed 高估了来自侵蚀河岸的净泥沙输入量,因为在泥沙平衡中没有考虑为了维持河道宽度不变而应堆积在淤积延伸河岸一侧的淤积量。

Mosselman 和 Murshed 均发现河岸侵蚀物质加入对河流形态动力的影响取决于其规模。河岸基部物质堆积对较小宽深比(对于河道宽度而言,河岸相对较高)河流的影响要大于对较大宽深比河流的影响。规模较小的河流通常宽深比较小,规模较大的河流宽深比则较大。此外,这种影响还取决于侵蚀河岸所产生的年泥沙输入量与河道年输沙能力之比,这个比率越小,河岸侵蚀物质的影响就越小。

4.4 河岸沉积与延伸的模拟

为了加深对河岸侵蚀的理解,目前做了相当多的研究工作[Partheniades,1962,1965;Krone,1962;Thorne,1982;Darby 和 Thorne,1996;Darby 等,2000,2002;Langendoen,2000;Simon 等,2000;Rinaldi 等,2004;Rinaldi 和 Darby,2005;Menéndez 等,2006],但是关于河岸沉积的科学文献是有限的,并且它们主要从地质学的角度研究与河流相关的沉积过程,通常是以寻找油田为目标[Mc Lane,1995;Page 等,2003;Clevis 等,2006;Cojan 等,2005]。

河岸沉积为河道演变[Nanson 和 Hickin,1983;Hasegawa,1989a;Mosselman,1995]和河流横断面形成提供了基本的条件。然而,在河流形态动力学研究方面,多数研究局限于对这一现象某些方面进行观察,比如凸岸边滩发育[Nanson,1980;Dietrich 等,1984;Dietrich和 Smith,1984;Reid,1984;Pyrce 和 Ashmore,2005]和岸边植被情况[Leopold 等,1964;Hupp 和 Simon,1991;Hupp,1992;Micheli 和 Kirchner,2002a,2002b;Micheli 等,2004;Allmendinger 等,2005],仍然缺少关于河岸沉积过程的综合模型研究,原因之一可能是河岸沉积过程复杂,受控于难以模拟的因素。例如,河岸沉积过程的模型必须考虑岸边植被动态变化(植被发育、植物群落生长、季节变化、演替等)和土壤压实。另一个原因很可能是河岸侵蚀比河岸沉积更令沿河居住人们担忧,因此关于河岸侵蚀方面的研究获得了更多的关注和资助。

与河岸侵蚀研究类似,河岸沉积可以从不同的空间尺度和时间尺度进行研究。河岸沉积是指在水流深度范围内的过程(即沿垂向的变化),而河岸延伸是指在河流宽度尺度范围或者更大空间尺度上的现象。在这种情况下,河岸沉积可用河流边线在河流横断面上的水平位移来表示,它引起河道变窄。与此相关的时间尺度可达数年甚至数百年。

Parker(1978)的文献是最先关于河岸沉积模型成果中的一个,其目的是计算冲积性河槽横断面的平衡状态。他采纳 Einstein(1972)的观点,认为河道宽度受河岸侵蚀和河岸沉积两种作用的控制,并假设河岸沉积机制是近岸细沙淤积。他认为在横向上泥沙是平衡的,河岸侵蚀物质颗粒的最粗部分以底沙的方式向河道中心移动,而最细部分则向沉积河岸移动。

Tsujimoto(1999)在实验室内研究了植被对河岸沉积和河道横断面形态的影响,并开发了一个平均水深数值模型,该模型能够重现植被存在条件下的水流和泥沙输移状态。按照 Tsujimoto 的观点,水流挟带发生的条件是水流流动产生的河床剪应力大于临界值。Tsujimoto 概念模型的关键因素是流量变化和低水期在河道横断面出露部分表面植被的占据和发育。Tsujimoto 发现大流量时期植被使水流偏向河流对岸,使该处沉积物被侵蚀,河床下切。河岸沉积按图4-3、图4-4 和图4-5 所示的步骤发展。

Tsujimoto 的模型没有考虑对岸发生的河岸侵蚀。他认为当植被地带边缘的水流速度等于泥沙挟带临界流速时,植被的发育和河岸沉积将会停止。必须指出的是,在植物丛中水流的临界速度通常较高,这是因为植物根部和有机质增加了土壤的黏结力。对于易侵蚀河岸,情况就不相同。在洪峰期,不仅会发生河床下切,同时也会发生河岸侵蚀,这种侵蚀主要发生在沉积河岸的对岸,其结果是导致河道产生侧向移动。对于侵蚀河岸来讲,

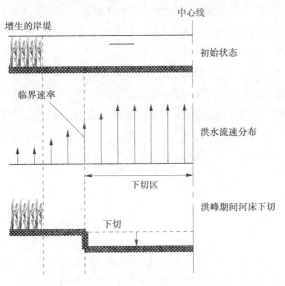

图 4-3　第一步,洪峰期:河床下切

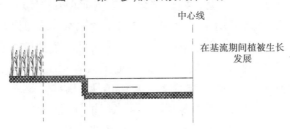

图 4-4　第二步,基流阶段:横断面出现新的植被

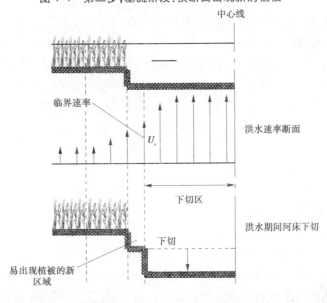

图 4-5　第三步,洪水期:河床下切(与第一步洪水阶段相比横断面上有一个更大的区域
为植被所占据,河道中没有植被的部分水流速度增加,其结果河床下切进一步加剧)

与第一阶段洪水相比,第二阶段洪水流速增加较小或不再增加,同时,由于河道横向的摆动,植被发育过程得以持续。此外,由于使水流偏向对岸,植被使对岸产生多余的侵蚀,并有利于本岸新的植被生长。在均衡状态下,河岸沉积速率与河岸后退速率相等,河道仅仅发生侧向摆动。由于在河岸侵蚀、河床下切与淤积以及植被定居等之间存在滞后现象,河流横断面经历着短期的变化,但无长期性变迁。

Mosselman 等(2000)对河岸延伸的模拟进行了研究,其目标是定量分析河岸延伸对河床横比降和河弯冲刷的影响。根据其研究成果,当水流产生的剪切应力 τ_w 小于临界值 τ_{ca} 时出现河岸延伸,并且与二者之差成正比。

当 $\tau_w < \tau_{ca}$ 时:

$$v_{ba} = E_a\left(\frac{|\tau_w - \tau_{ca}|}{\tau_{ca}}\right)$$

当 $\tau_w \geq \tau_{ca}$ 时:

$$v_{ba} = 0 \tag{4-24}$$

式中,当河岸线向河道中心线方向移动时,河岸延伸速率 v_{ba} 取正值。式(4-24)与 Osman 和 Thorne(1988)建立的河岸后退长期速率公式(式(4-20))相似。这种河岸延伸关系被应用于简化的形态学模型,可用于具有恒定弯曲半径的无限长河弯(轴对称方案),用以检验河岸保护措施对河床平衡横比降的影响。结果表明,除引起河道变窄外,河岸延伸使横向河床比降变大,并加剧河弯冲刷,而河岸后退则具有相反的作用。

许多现有的 2-D 和 3-D 形态学模型,如 Delft3D[Lesser 等,2004]和 SSIIM[Olsen,2002,2004],把河岸延伸处理为河床淤高,把河岸侵蚀处理为河床下切。河岸延伸被模拟为河道抬高边缘计算单元的"变干";河岸后退被模拟为沿侵蚀河岸计算单元的"变湿"。这些模型适用于河流岸坡没有植被且岸坡较陡的河道宽度变化。河宽变化速度与河床高程变化速度相同,这是编织型河流的典型特点。也有几个 2-D 形态学模型能够模拟河岸侵蚀,但不能模拟河岸沉积。如 Mosselman(1992)开发的 RIPA 模型及其进一步的扩展模型[Darby 等,2002]。这些模型均系统性地低估了深水区水深和河岸侵蚀速度,因而无法准确预估河道宽度。不能预测河岸延伸极可能是导致这些模型失灵的原因。

蜿蜒迁移模型间接地考虑了河岸延伸,简单地把河岸延伸速度与河道对岸河岸后退速度取等值[Ikeda 等,1981;Crosato,1989;Odgaard,1989;Chen 和 Duan,2006]。对于蜿蜒型河流而言,这是一个基本的、长期的要求。这些模型没有区分河岸沉积和河岸侵蚀过程,因此假定河岸沉积和河岸侵蚀受同样的因素控制。

4.5　裁弯取直模拟

裁弯取直可以划分为两类:颈部裁弯取直(Neck Cutoffs)和斜槽裁弯取直(Chute Cut-offs)(见图2-9)。颈部裁弯取直的预测比较直接:当连续弯曲的河岸相接时便会产生颈部裁弯取直。斜槽裁弯取直则难以预测,因为它们涉及跨越洪积平原的新河道的形成,这个过程受到平原局部情况(地形、土壤可蚀性、有无植被及其类型、水流约束条件如岩体及其结构)和水流阶段变化(洪水次序和强度)的强烈影响。因此,斜槽裁弯取直的模拟需要考虑许多可变因素。

在 Delft3D 软件[Lesser 等,2004]的基础上,Jagers(2003)用一个 2-D 模型对斜槽裁弯取直进行了研究。他采用孟加拉国贾木纳河(Jamuna River)的数据,模拟了河弯的裁弯取直。上游边界和下游边界各自具有变化的流量和水位。在洪峰流量期间,洪水漫滩,粗糙系数和沉积物的空间分布均一。根据数次数值检验,Jagers 得出结论,认为以下几个条件是促使裁弯取直形成的因素:

(1)下游水位低(泥沙输移速率具有较大梯度)。

(2)水流断面糙率大(大部分水流流过凸岸边滩)。

(3)泥沙输移启动阈值小(洪积平原上泥沙易于侵蚀)。

(4)泥沙输移对水流速度的非线性相关程度低(式(3-8)中的指数 b)。

Jagers 还断定,分汊角度对裁弯取直的形成是重要的参数,这一结论证实了 Klaassen 等(1993)和 Mosselman 等(1995)的观测。

对于大尺度问题和初步研究来讲,采取简单的专家规则要比使用 2-D 形态学模型计算更为便利。基于此,有数位工程师得出了发生斜槽裁弯的简单规则。Joglekar(1971)首次尝试引入了裁弯比的标准,裁弯比是关于裁弯取直发生前河弯长度的参数,被定义为弯曲长度与裁弯取直河道长度之比。其大小主要取决于洪积平原的可侵蚀性,而洪积平原的可侵蚀性受黏结物质、植被,以及河流水文情势的影响。按照 Joglekar 的观点,当裁弯比接近表征其河流特征的临界值时,发生裁弯取值现象的可能性不断增加,这里的临界值应根据该条河流的历史资料确定。蜿蜒型河道的裁弯比通常较大,以颈部裁弯取直为主;交错编织型河流的裁弯比较小,趋向于 1。对孟加拉国频繁变化、交错的贾木纳河而言,其裁弯比为 1~1.7[Klaassen 和 Masselink,1992],支流众多的密西西比河为 8~10[Joglekar,1971],弯曲型河流一般为 5~20[Jagers,2003]。

在假定裁弯取直河道不影响主河道水流的情况下,Klaassen 和 van Zanten(1989)得出了发生裁弯取直的解析判别标准,这种情况适合裁弯取直的初期阶段。他们的结果表明,相对平坦的洪积平原、大洪水和长距离河弯是发生裁弯取直的有利条件。

Howard(1996)提出了颈部裁弯取直和斜槽裁弯取直的区别。他认为当河流两个弯道中心线之间的距离不足河道宽度的 1.5 倍时,将发生颈部裁弯取直;随后,他利用基于概率分析的经验方法预测斜槽裁弯取直发生,提出斜槽裁弯取直发生概率的计算公式如下:

$$P = K_c R_c e^{(-K_d D_c - K_e E + K_a \cos\psi + K_v U)} \tag{4-25}$$

式中:D_c 为斜槽长度,m;E 为洪积平原的高程,m;K_c、K_d、K_e、K_a、K_v 为率定系数;R_c 为斜槽比降与原弯曲比降的比率,$R_c = \dfrac{\mu_c - 1}{\mu_c}$,$\mu_c$ 为裁弯比;U 为河岸附近水流速度增量,m/s;ψ 为现状河道与斜槽方向的夹角(°)。

式(4-25)需要对 5 个系数进行率定,因此其预测能力不高。

Wang 等(1995)揭示了原河道和新形成的裁弯取直河道中水流和输沙分配方式的重要性。某些分配方式形成其中一条分支由于泥沙淤积而堵塞的情况,而另外有些分配方式则导致两条分支均保持畅通的均衡状态。模拟分支河流水流和输沙分配仍是一个未解决的课题[Kleinhans 等,2006]。

4.6　蜿蜒迁移模拟

4.6.1　引言

蜿蜒迁移模型用于估算蜿蜒型河流的平面变化,模型计算的空间尺度是数个河弯,典型的时间尺度是以河道横向移动距离达到河流走廊宽度所需的时间。蜿蜒迁移模型可对由河岸后退和河岸延伸共同作用形成的河槽中心线横向移动进行逐时段、逐断面的计算。模型通常假定河道宽度保持常值,不随时间和空间发生变化,这种情况可以在强制河岸后退速率和对岸延伸速率相等时实现。图4-6 给出了大多数蜿蜒迁移模型所共有的迁移示意图。

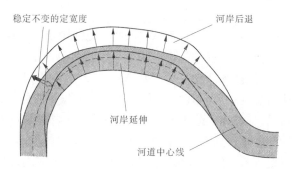

图4-6　迁移示意图(任一位置的河岸后退速率与河岸延伸速率相等)

蜿蜒迁移模型正越来越多地应用于河道恢复工程[Abad 和 García,2006;Richardson,2002;Larsen 等,2006],以及地形重建工程[Cojan 等,2005;Clevis 等,2006]。

4.6.2　回顾

Kinoshita(1961)、Daniel(1971)、Hickin(1974)和 Brice(1974)等最先对特定河流弯曲的几何演变做出了定性的解释。不久,Hickin 和 Nanson(1975)基于对加拿大不列颠哥伦比亚省 Beatton 河的研究,发现河道迁移速率和局部曲率之间存在某种关系。之后,Ferguson(1984)和 Howard(1984)首次开发了蜿蜒迁移模型,模型中河道横向移动与带有经验滞后距离的局部曲率成正比。该经验滞积距离是为了解释观察到的蜿蜒向下游方向的移动而引入的(见7.7 节)。因为涉及时间和几何变化,而没有涉及质量,这些模型可以归类为运动学模型。相反,动力学模型也对河道水流和河床形态进行了描述,而后者与河道的横向移动相关。Ikeda 等(1981)在他们的动力学模型中,从水流的动量和连续方程得到了局部曲率和河道移动之间的滞后距离,并由此提出了用以计算近岸流速增量的纵向修正项,包括 Bridge(1984)、Beck(1984,1988)、Johannesson 和 Parker(1985)、Parker 和 Andrews(1986)在内的不少研究者,广泛地把 Ikeda 等开发的模型用以现实河流的研究。Furbish(1988,1991)、Abad 和 Garcia(2006)、Richardson(2002)以及 Coulthard 和 van de Wiel(2006)后来也采用了相似的建模方法。Ikeda 等通过模型揭示了弯曲非稳定性的存在,亦即以特定波长为特征的弯曲随着时间的变化而增加的趋势,他们将此与蜿蜒的初期形成(见7.4节)相适应。起初,人们常把弯曲的初期发生归因于顺直河道中常见的另一现象的出现,称为点滩不稳定性,这是移动变化和重复形成的原因[Hansen,1967;Callander,1969;Engelund,1970]。

Ikeda等之后,后续理论研究[Blondeaux和Seminara,1985;Struiksma等,1985]表明了将水流的动量方程、连续性方程与输沙和泥沙平衡方程完全耦合的重要性。按照这种方法,形态动力学响应变为描述局部河道及其上游河道状态的函数。河道几何形状的微小变化,比如河道曲率的变动,可能产生形态动力方面的影响,这种影响以沿河道纵向形成驻留点滩的形式出现,称为过度响应或过度刷深[Struiksma等,1985;Parker和Johannesson,1989]。基于完全圣维南方程解的新一代蜿蜒迁移模型出现了[Crosato,1987;Johannesson和Parker,1989]。Howard(1992,1996)、Stølum(1996)、Sun等(1996)、Zolezzi(1999)随后开发的模型实质上采用了这种方法。

Blondeaux和Seminara(1985)揭示了共振现象的存在,当自由交替点滩与发育中的河弯具有相同的波长时,共振现象就会发生。此时,宽深比β_R和波长λ_R值均为临界值。具有较大宽深比的河道称为超共振河道,较小的则称为次共振河道。Blondeaux和Seminara认为在弯曲发生的初期,共振现象是将点滩不稳定性理论和河弯不稳定性理论统一起来的因素(见7.4节)。后来,Zolezzi和Seminara(2001)的线性分析认为,在超共振情况下,河道几何形状变异也会对上游产生影响。但是,由于超共振在宽深比较大的情况下发生,这是河道从蜿蜒向交错转变阶段的特征(见7.5节),Zolezzi和Seminara的分析方法对蜿蜒型河流平面变化模拟来讲,其理论影响要超过实用价值。

近年来,Lancaster和Bras(2002)通过曲率形成的横向河道比降,简便地把河道中心线的水平移动处理为与局部曲率成正比,开发了一种蜿蜒迁移模型。在没有自然规律基础的情况下,他们引进了经验扩散系数,取代滞后距离,来传递曲率变化对河岸侵蚀速率的影响。不过,遗憾的是,该扩散系数主导了模型的响应,致使不能利用该模型分析蜿蜒河流的物理行为。在实践中,这个模型属于20世纪80年代早期开发的运动学模型范畴。

基于对水流和河床地形的2-D描述,Mosselman(1990)、Darby和Delbono(2002)以及Darby等(2002)开发了他们的模型,用以模拟由于河岸侵蚀引起的河道断面形态变化和河道展宽,这些模型包含了一个河岸蚀退方程。这些模型能够再现河道局部平面变化,但由于缺乏河岸延伸的专用公式,尚不能对蜿蜒型河流的长期平面变化进行模拟。正因为如此,上述模型不能认为是蜿蜒迁移模型。

Olsen(2003)、Ruether和Olsen(2003)以及Lesser等(2004)的模型也属同样的情况。这些3-D模型将河岸延伸和河岸蚀退分别处理为河床淤积和河床下切,因此它们模拟河流形态变化更适于交错编织型而非弯曲型河流。此外,这些模型牵涉的细节处理较多,不便于进行长期的大尺度模拟。

Mosselman(1995)、Sun等(2001)和Camporeale等(2005)对河弯移动模型进行了比较,无相位滞后的运动学模型与有、无过度响应/过度刷深现象的动力学模型的比较参见7.7节、8.3节和9.3节。

4.6.3 河道横向移动的计算

假设河道宽度不变,那么在蜿蜒迁移模型中河道横向移动与河道一侧发生的河岸后退及河道另一侧发生的河岸延伸相一致(如图4-5所示)。基于此,为了简化起见,可以假定河道横向移动速率取决于局部河岸后退速率。在动力学模型中,河岸后退速率可假定为一个或多个水流变量的函数,而在运动学模型中,其可假设是河道几何特征参数的函数,例如局部河道中心线曲率。利用图4-7的坐标系统,描述河道中心线移动速率与河岸后退速率相等的公式如下:

$$\bar{v}_b = \frac{\partial n}{\partial t} \tag{4-26}$$

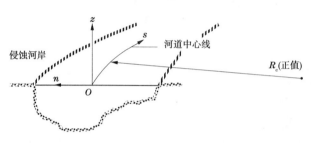

图4-7 坐标系统

在 Ikeda 等(1981)之后,河道蜿蜒模型[例如:Parker 等(1982)、Parker(1984)以及 Abad 和 Garcia(2006)]均假设河岸后退速率仅与近岸局部水流速度 U 相对于河段平均水流速度 u_0 的流速增量成正比关系,在此情况下:

$$\frac{\partial n}{\partial t} = E_u U \tag{4-27}$$

其中:

$$U = u_b - u_0 \tag{4-28}$$

式中:u_b 为近岸水流速度值,m/s;E_u 为比例系数。

后来,Crosato(1989)和 Odgaard(1989)又考虑了局部水深的影响,得出:

$$\frac{\partial n}{\partial t} = E_u U + E_h H \tag{4-29}$$

其中:

$$H = h_b - h_0 \tag{4-30}$$

式中:H 为局部近岸水深增量,m;h_b 为近岸水深值,m;h_0 为河段平均水深,m;E_h 为比例系数,s^{-1}。

式(4-28)、式(4-29)与式(4-22)、式(4-23)不一致,这是因为式(4-28)和式(4-29)反映的是河道横向移动速率而不仅仅是河岸后退速率。$\frac{\partial n}{\partial t}$值可以是正值,也可以是负值,表明河岸可以后退也可以延伸(见5.3节)。

4.6.4 　包含裁弯取直的蜿蜒迁移模型

一些现有的蜿蜒模型已包含了裁弯取直。Howard(1996)区分颈部裁弯取直和斜槽裁弯取直并使用了 4.5 节中的公式(式(4-25))。Larsen 等(2006)以 Joglekar(1971)(见 4.5 节)提出的裁弯取直条件为基础进行裁弯取直的预测。他们的模型在美国的 Sacra-mento(萨克拉门托)河进行了应用,取裁弯取直比 1.8 为临界值,大于 1.8 时河弯会被裁断[Avery 等,2003]。取直河道起点强制性定位于被裁河弯上游四分之一河弯处,结束点则位于河弯下游四分之一河弯处。由于 Howard 和 Larsen 等采用的裁弯取直条件源自经验性(不然就完全给定)考虑,因此其预测精度不高。

第 5 章　蜿蜒迁移模型 MIANDRAS

5.1　概　述

　　20 世纪 80 年代后期,在本研究的框架[CROSATO, 1987,1989]之下,蜿蜒迁移模型 MIANDRAS 开发完成了。迄今为止,MIANDRAS 模型在蜿蜒型河流迁移模拟方面仍处于领先水平,模型设计的出发点是模拟蜿蜒型河流大尺度、中长期的平面变化。大尺度是指包含数个河道弯曲的空间范围,中长期是指发生一个蜿蜒横向移动的时间尺度,该移动能够用河流走廊宽度来衡量,这就是所谓的河流工程尺度。

　　MIANDRAS 模型适用于河道宽度稳定不变的河流,即河岸侵蚀产生的横向移动速率与对侧河岸延伸产生的横向移动速率相等(见图 5-1),其数学描述的基础是假定水流主要通过主河槽输送。

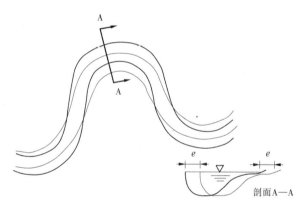

图 5-1　河流移动示意图 (e = 河岸蚀退 = 河岸延伸)

　　稳定交替滩的形成是因上游边界扰动而产生的形态响应,在考虑了稳定交替滩作用的基础上,MIANDRAS 模型能够模拟蜿蜒型河流的平面变化,如河道几何形状变化(过度响应或过度刷深)。MIANDRAS 模型这种基于物理的简化数学描述,使得利用它可以对一些特定问题寻求分析解,如蜿蜒弯曲的初始形成、平衡的河床地形和点滩位置等。

　　水流速度和水深数学描述的基础是弯道水流圣维南方程的求解方法。依照 Koch 和 Flokstra(1980), Struiksma(1983) 和 Olesen(1984)的方法,将水流动量方程和连续性方程与泥沙输移和泥沙平衡方程全部耦合,得到模型的控制方程组。动量方程中考虑了弯曲水流引起的弯道外侧水面超高的影响,而连续性方程中则忽略了水深因素(假设河道呈轻微弯曲)。遵循 Van Bendegom(1947)的方法,模型考虑了由于河床横向坡度导致的泥沙输移方向与河床剪应力方向之间的偏差。通过设置河床纵向摩擦力横向分力的权重,使二次水流对动量再分布的影响在模型中有所体现。

为了建立适用于河流工程尺度的河流演变预测简化模型,采取线性化、忽略影响最小项等方式对方程组进行了简化。最后,通过设定理想化的水流速度和水深横断面分布,将方程组转化为一维方程组(见图5-2)。该简化方程组仍然保留了对河流工程尺度蜿蜒型河流形态演变具有重要意义的主要物理指标[Crosato, 1990](见第7章和第8章)。

在 MIANDRAS 模型中,假定河岸后退是河岸根部河床侵蚀和河岸坍塌的结果。上述两个过程假定为局部近岸水流特征参数即水流速度和水深的函数。为更精确起见,按照 Ikeda 等(1981)创立,后经 Crosato(1989)扩展的方法,在均匀流条件下,认为河岸后退速率与近岸水流速度和水深增量成正比(见图5-2)。在中、长期分析中,认为两岸以相同的速率横向移动,以致于河道中心线的横向移动速率事实上与河岸后退速率相等。因此,河岸后退模型也可以模拟对岸的延伸过程。

本书5.2节详细阐述了水流速度和水深子模型的推导,5.3节描述了河岸后退 – 延伸子模型,5.4节论述了河弯裁弯取直模拟方法,5.5节介绍了河流走廊宽度的估算方法。

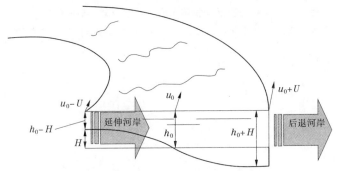

u_0—河段平均流速;h_0—河段平均水深;U—近岸流速相对于 u_0 的增量;H—水深相对于 h_0 的增量

图 5-2   MIANDRAS 模型设定的关于弯曲河道横断面的流速和水深变化

5.2   水流速度和水深的数学描述

5.2.1   基本方程

假定水流几乎全部通过主河槽输送是建立数学模型的基础,即假定河流平面形态变化由相对频繁的洪水控制,比如平滩流量(见2.5节)。这样做的主要目的是与模拟河岸沉积和斜槽裁弯取直的思路区分开来,因为河岸沉积过程极大地依赖水位变化和漫滩水流,而斜槽裁弯取直在洪水漫滩的情况下才会发生(见4.4节)。同时假定河道横向移动过程仅受河岸后退控制,而非河岸后退和河岸延伸共同作用的结果。

计算水流速度和水深的数学模型的基础是准稳定算法,即模型再现了稳定水流运动和随时间变化的河床高程自适应过程之间的互相作用。这种算法广泛地应用于计算具有中小弗劳德数水流引起的河床地形的(缓慢)变化[Jansen 等, 1979]。此外,还假定河道呈微弯形态。

通过对弯曲河道浅水条件下 2-D 平均水深稳定流连续方程和动量方程求解,可以获得水流流场。此时,河床剪应力与利用谢才公式计算的平均水深条件下的水流速度相关 [Struiksma 和 Crosato,1989]。图 5-3 给出了所采用的坐标系。

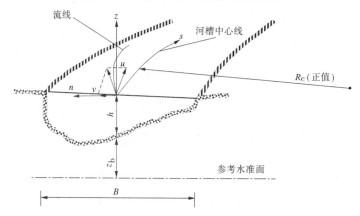

图 5-3　坐标系统,箭头指向下游的纵坐标轴 s 是一条曲线,
而横断面坐标轴 n 与垂直坐标轴 z 正交(河槽中心线方向与 s 轴方向一致)

水流的初始方程如下:

$$u \frac{\partial u}{\partial s} + v \frac{\partial u}{\partial n} + \frac{uv}{(R_c + n)} + g \frac{\partial z_w}{\partial s} + C_f \frac{u \sqrt{u^2 + v^2}}{h} = 0 \tag{5-1}$$

$$u \frac{\partial v}{\partial s} + v \frac{\partial v}{\partial n} - \frac{u^2}{(R_c + n)} + g \frac{\partial z_w}{\partial n} + C_f \frac{v \sqrt{u^2 + v^2}}{h} = 0 \tag{5-2}$$

$$\frac{\partial (hu)}{\partial s} + \frac{\partial (hv)}{\partial n} + \frac{hv}{(R_c + n)} = 0 \tag{5-3}$$

式中:u 为水深平均的全水流速度,m/s;v 为水深平均的横向速度,m/s;h 为水深,m;z_w 为水位,m;R_c 为河道中心线的曲率半径,m,当弯曲中心位于较小的 n 值时为正值;g 为重力加速度,m/s²;C_f 为摩擦因子,$C_f = g/C^2$,其中 C 是谢才系数,m$^{1/2}$/s。

弯曲河道 3-D 水流在两个水平方向的分量具有实际意义。在水深平均的水流理论 [Rozovskii, 1957]中,一次流和二次流是有区别的[De Vriend, 1981]。一次流流场的水深平均值与全三维流水深平均值相同,但一次流只有给定的垂向分布而没有垂向分量。二次流是介于全三维流与一次流之间的一种流场。一次流和二次流在 s 轴和 n 轴方向都有分量,此外,二次流还具有一个垂向分量。二次流代表一种环流,与一次流结合形成螺旋流(如图 2-7 所示)。

在浅水简化条件(隐含于水流的水深平均代表方程(见式(5-1)~式(5-3))下,水流与一次流是一致的(无垂向分量)。垂向动量方程简化为静水力学状态。因此,这种方法只适用于微弯河流,螺旋流可以被忽略,且弗劳德数小。由于水流垂向分量在近岸区域最大,所以该方法只适用于河道横断面的中央区域。为此,需要采取三维方法准确模拟近岸水流。在河道弯曲处,螺旋流造成主流速度向离岸方向的偏移。如果方程中不明确考虑螺旋流,其影响只能包含在参数中,在第 5.2.7 节采用了这种方式。

为了模拟弯曲水流与泥沙之间的相互作用,将式(5-1)~式(5-3)与随时间变化、深度

平均的泥沙平衡方程相结合,得到以下方程:

$$\frac{\partial z_b}{\partial t} + \frac{\partial q_{Ss}}{\partial s} + \frac{\partial q_{Sn}}{\partial n} + \frac{q_{Sn}}{R_c + n} = 0 \tag{5-4}$$

式中: z_b 为河床高程, m; t 为时间, s; q_{Ss} 为 s 轴方向上河道单位宽度体积输沙量, $q_{Ss} = q_{St}\cos\alpha$, 包括空隙, m^2/s; q_{Sn} 为 n 轴方向上河道单位宽度体积输沙量, $q_{Sn} = q_{St}\sin\alpha$, 包括空隙, m^2/s; q_{St} 为河道单位宽度体积输沙量, 包括空隙, m^2/s; α 为泥沙输移方向与 s 轴的夹角。

泥沙输移率 q_{St}, 可以采用容量公式进行计算, 比如 Meyer-Peter 和 Müller (1948) 公式及 Engelund 和 Hansen(1967) 公式。这里暗含了输沙率仅取决于局部水流条件的假定, 对模型的空间步长来讲, 如果悬移质泥沙的适应长度可以忽略的话, 这种假定是符合实际的。对于淤积较多的沙质河床河流来讲, 这种假设通常是正确的。

在河弯处, 外岸附近水深较深, 而内岸附近水深较浅, 表明河床存在较大的横向比降。由于重力作用于沿倾斜河床移动的泥沙颗粒, 使得输沙方向与河床剪应力方向不一致。因此, 输沙方向可沿河床剪应力方向设置一个反映河床横比降影响的修正项来得到, 而河床纵向比降的微小影响则可以忽略。河床横比降的影响取决于泥沙粒径、水流状况和河床形态等多种因素。按照 Bendegom(1947):

$$\tan\alpha = \frac{\sin\delta - G\frac{\partial z_b}{\partial n}}{\cos\delta} \tag{5-5}$$

式中: δ 为河床剪应力方向与 s 轴方向的夹角; G 为河床横比降系数, $G = \frac{1}{f(\theta)}$, 是水流条件和泥沙粒径的函数; θ 为希尔兹(Shields)参数, 无量纲, $\theta = \frac{u^2 + v^2}{C^2 \Delta D_{50}}$; $\Delta = \frac{\rho_s - \rho}{\rho}$ 为相对密度, ρ_s 为泥沙密度, kg/m^3, ρ 为水的密度, kg/m^3, D_{50} 为沙质中值粒径, m。

根据 Talmon 和 Wiesemann(2006) 的研究, 河床横比降系数 G 的取值范围为 0.4 ~ 4。权重函数 $f(\theta)$ 由 Zimmerman 和 Kennedy(1978) 的公式求得:

$$f(\theta) = \frac{0.85}{E}\sqrt{\theta} \tag{5-6}$$

根据 Talmon 等(1995)的研究, 对于自然河流:

$$E = 0.094\ 4\left(\frac{h}{D_{50}}\right)^{0.3} \tag{5-7}$$

在本研究的模型中, E 作为一个率定系数。河床剪应力方向与 s 轴方向的夹角 δ, 可以通过考虑螺旋流影响的表达式[Koch 和 Flokstra, 1980]获得:

$$\delta = \arctan\left(\frac{v}{u}\right) - \arctan\left(A\frac{h}{R_*}\right) \tag{5-8}$$

式中: A 为衡量螺旋流影响的权重系数; R_* 为水流流线有效局部曲率半径, m。

水流流线有效曲率半径 R_*, 视河槽的几何曲率和横向流速的纵向变化而定。螺旋流的惯性是这种变化的一个要素, 它在 MIANDRAS 模型中没有考虑。这意味着有效曲率半

径 R_* 近似于局部水流流线曲率半径 R_{sl}[De Vriend, 1981] :

$$\frac{1}{R_*} = \frac{1}{R_{sl}} \text{ 同时} \frac{1}{R_{sl}} = \frac{1}{R_c + n} - \frac{1}{u} \frac{\partial v}{\partial s} \tag{5-9}$$

式中, $\frac{1}{R_c + n}$ 项表示局部几何曲率, $-\frac{1}{u}\frac{\partial v}{\partial s}$ 项表示由于局部非均匀流造成的水流流线曲率与几何曲率之间的局部偏差。

式(5-9)表明,在河道弯曲的起始河段,水流流线曲率低于几何曲率(绝对值),这里的横向速率沿纵向逐步增大;而在河道弯曲结束河段,水流流线曲率高于几何曲率,这里的横向速率沿纵向逐渐减小。

如果螺旋流衰减长度远小于河床变形波长 L_b,那么忽略螺旋流的惯性是合适的。对于每一个河弯具有一个点滩的弯曲型河流来讲,河床变形波长与沿 s 轴方向量测的弯曲波长 L_M 是一致的。这种情况可以表示为: $Ch/\sqrt{g} \ll L_M$ [Struiksma 等, 1985] ,适用于具有大弯道的河流。

系数 A 可以根据下列表达式[Jansen 等, 1979] 求出,该式适用于水流流速的垂向轮廓线呈对数分布的情况:

$$A = \frac{2\alpha_1}{\kappa^2} \left(1 - \frac{\sqrt{g}}{\kappa C} \right) \tag{5-10}$$

式中: κ 为 Von Karman 常数; α_1 为率定系数。

结合式(5-8)和式(5-9),并假定 δ 值较小,则泥沙输移方向与 s 轴夹角的表达式(式(5-5))可简化为

$$\tan\alpha = \frac{v}{u} - \frac{Ah}{R_{sl}} - \frac{1}{f(\theta)} \frac{\partial z_b}{\partial n} \tag{5-11}$$

将式(5-1)~式(5-11)合并,获得构建数学模型所依据的方程组。通过交叉微分法,消除式(5-1)和式(5-2)中的水位项 z_w。交叉微分法采用以下求导原则:

$$\frac{\partial^2 z_w}{\partial n \partial s} + \left(\frac{1}{R_c + n} \right) \frac{\partial z_w}{\partial s} = \frac{\partial^2 z_w}{\partial s \partial n} \tag{5-12}$$

上述方法也适用于其他参数 h、u 和 v。弯道水流引起的弯曲外侧自由水面超高的影响以这种方式保留在动量方程中。将式(5-1)和式(5-2)合并,得到以下方程:

$$\frac{\partial}{\partial n}\left(u \frac{\partial u}{\partial s} \right) + \frac{\partial}{\partial n}\left(v \frac{\partial u}{\partial n} \right) + \frac{\partial}{\partial n}\left(\frac{uv}{R_c + n} \right) + \frac{\partial}{\partial s}\left(\frac{u^2}{R_c + n} \right) - \frac{\partial}{\partial s}\left(u \frac{\partial v}{\partial s} \right) - \frac{\partial}{\partial s}\left(v \frac{\partial v}{\partial n} \right) +$$
$$\left(\frac{1}{R_c + n} \right) u \frac{\partial u}{\partial s} + \left(\frac{1}{R_c + n} \right) v \frac{\partial u}{\partial n} + \left(\frac{1}{R_c + n} \right)^2 uv +$$
$$C_f \frac{\partial}{\partial n}\left(\frac{u \sqrt{u^2 + v^2}}{h} \right) + C_f \frac{\partial}{\partial s}\left(\frac{u \sqrt{u^2 + v^2}}{h} \right) + C_f \left(\frac{1}{R_c + n} \right) \left(\frac{u \sqrt{u^2 + v^2}}{h} \right) = 0 \tag{5-13}$$

将式(5-13)与式(5-3)(连续性方程)合并,并运用求导原则,得到以下方程:

$$u \frac{\partial^2 u}{\partial s \partial n} + v \frac{\partial^2 u}{\partial n^2} - \frac{u}{h} \frac{\partial h}{\partial s} \frac{\partial u}{\partial n} - \frac{v}{h} \frac{\partial h}{\partial n} \frac{\partial u}{\partial n} + \left(\frac{1}{R_c + n} \right) u \frac{\partial v}{\partial n} + \left(\frac{1}{R_c + n} \right) 2u \frac{\partial u}{\partial s} +$$
$$u^2 \frac{\partial}{\partial s}\left(\frac{1}{R_c + n} - \frac{1}{u} \frac{\partial v}{\partial s} \right) - \frac{\partial v}{\partial s} \frac{\partial v}{\partial n} - v \frac{\partial^2 v}{\partial s \partial n} + \left(\frac{1}{R_c + n} \right) v \frac{\partial u}{\partial n} +$$

$$C_{\mathrm{f}}\Big[u\Big(\frac{\sqrt{u^2+v^2}}{h}\Big)\Big(\frac{1}{R_{\mathrm{c}}+n}-\frac{1}{u}\frac{\partial v}{\partial s}\Big)\Big]+C_{\mathrm{f}}\Big[\Big(\frac{\sqrt{u^2+v^2}}{h}\Big)\Big(\frac{\partial u}{\partial n}-\frac{u}{h}\frac{\partial h}{\partial n}+\frac{v}{h}\frac{\partial h}{\partial s}\Big)\Big]+$$

$$C_{\mathrm{f}}\Big[\Big(\frac{h}{\sqrt{u^2+v^2}}\Big)\Big(\frac{u^2}{h^2}\frac{\partial u}{\partial n}+\frac{uv}{h^2}\frac{\partial v}{\partial n}-\frac{uv}{h^2}\frac{\partial u}{\partial s}+\frac{v^2}{h^2}\frac{\partial v}{\partial n}\Big)\Big]=0 \qquad (5\text{-}14)$$

式(5-14)是非线性的,描述了弯曲浅水河道的 2-D 稳定水流流场。

将二维平均深度水流连续性方程(式(5-3))与泥沙平衡方程(式(5-4))和描述泥沙输移方向的方程(式(5-11))合并,得到另一个方程,用以描述河床高程随时间的变化。

用 $q_{\mathrm{St}}\tan\alpha$ 代替式(5-4)中 q_{Sn},得到下列方程:

$$\frac{\partial z_{\mathrm{b}}}{\partial t}+\frac{\partial q_{\mathrm{Ss}}}{\partial s}+\frac{\partial q_{\mathrm{Ss}}}{\partial n}\Big[\frac{v}{u}-Ah\Big(\frac{1}{R_{\mathrm{c}}+n}-\frac{1}{u}\frac{\partial v}{\partial s}\Big)-\frac{1}{f(\theta)}\frac{\partial z_{\mathrm{b}}}{\partial n}\Big]+$$

$$q_{\mathrm{Ss}}\Big\{\frac{\partial}{\partial n}\Big(\frac{v}{u}\Big)-\frac{\partial}{\partial n}\Big[Ah\Big(\frac{1}{R_{\mathrm{c}}+n}-\frac{1}{u}\frac{\partial v}{\partial s}\Big)\Big]-\frac{\partial}{\partial n}\Big(\frac{1}{f(\theta)}\frac{\partial z_{\mathrm{b}}}{\partial n}\Big)\Big\}+$$

$$q_{\mathrm{Ss}}\Big\{\Big(\frac{1}{R_{\mathrm{c}}+n}\Big)\Big(\frac{v}{u}\Big)-\Big(\frac{1}{R_{\mathrm{c}}+n}\Big)\Big[Ah\Big(\frac{1}{R_{\mathrm{c}}+n}-\frac{1}{u}\frac{\partial v}{\partial s}\Big)\Big]-\Big(\frac{1}{R_{\mathrm{c}}+n}\Big)\Big(\frac{1}{f(\theta)}\frac{\partial z_{\mathrm{b}}}{\partial n}\Big)\Big\}=0$$
$$(5\text{-}15)$$

将上述方程与水流连续性方程(式(5-3))合并,得出:

$$\frac{\partial z_{\mathrm{b}}}{\partial t}+\frac{\partial q_{\mathrm{Ss}}}{\partial s}+\frac{\partial q_{\mathrm{Ss}}}{\partial n}\Big[\frac{v}{u}-Ah\Big(\frac{1}{R_{\mathrm{c}}+n}-\frac{1}{u}\frac{\partial v}{\partial s}\Big)-\frac{1}{f(\theta)}\frac{\partial z_{\mathrm{b}}}{\partial n}\Big]+$$

$$q_{\mathrm{Ss}}\Big\{-\frac{1}{h}\frac{\partial h}{\partial s}-\frac{1}{u}\frac{\partial u}{\partial s}-\frac{v}{hu}\frac{\partial h}{\partial n}-\frac{v}{u^2}\frac{\partial u}{\partial n}\Big\}+$$

$$q_{\mathrm{Ss}}\Big\{-A\frac{\partial h}{\partial n}\Big(\frac{1}{R_{\mathrm{c}}+n}-\frac{1}{u}\frac{\partial v}{\partial s}\Big)-Ah\frac{\partial}{\partial n}\Big(\frac{1}{R_{\mathrm{c}}+n}-\frac{1}{u}\frac{\partial v}{\partial s}\Big)\Big\}+$$

$$q_{\mathrm{Ss}}\Big\{-\frac{\partial z_{\mathrm{b}}}{\partial n}\frac{\partial}{\partial n}\Big(\frac{1}{f(\theta)}\Big)-\frac{1}{f(\theta)}\frac{\partial^2 z_{\mathrm{b}}}{\partial n^2}\Big\}+$$

$$q_{\mathrm{Ss}}\Big\{-\Big(\frac{1}{R_{\mathrm{c}}+n}\Big)\Big[Ah\Big(\frac{1}{R_{\mathrm{c}}+n}-\frac{1}{u}\frac{\partial v}{\partial s}\Big)\Big]-\Big(\frac{1}{R_{\mathrm{c}}+n}\Big)\Big(\frac{1}{f(\theta)}\frac{\partial z_{\mathrm{b}}}{\partial n}\Big)\Big\}=0 \qquad (5\text{-}16)$$

假定小、中弗劳德数,得到一个刚性盖近似公式:

$$\frac{\partial z_{\mathrm{b}}}{\partial n}=-\frac{\partial h}{\partial n}\ \text{同时}\ \frac{\partial z_{\mathrm{b}}}{\partial t}=-\frac{\partial h}{\partial t} \qquad (5\text{-}17)$$

利用刚性盖近似公式,弯曲水流引起的弯曲外侧自由水面超高的影响则不会保留在描述河床高程变化的方程中,方程变为

$$-\frac{\partial h}{\partial t}+\frac{\partial q_{\mathrm{Ss}}}{\partial s}+\frac{\partial q_{\mathrm{Ss}}}{\partial n}\Big[\frac{v}{u}-Ah\Big(\frac{1}{R_{\mathrm{c}}+n}-\frac{1}{u}\frac{\partial v}{\partial s}\Big)+\frac{1}{f(\theta)}\frac{\partial h}{\partial n}\Big]+$$

$$q_{\mathrm{Ss}}\Big\{-\frac{1}{h}\frac{\partial h}{\partial s}-\frac{1}{u}\frac{\partial u}{\partial s}-\frac{v}{hu}\frac{\partial h}{\partial n}-\frac{v}{u^2}\frac{\partial u}{\partial n}\Big\}+$$

$$q_{\mathrm{Ss}}\Big\{-A\frac{\partial h}{\partial n}\Big(\frac{1}{R_{\mathrm{c}}+n}-\frac{1}{u}\frac{\partial v}{\partial s}\Big)-Ah\frac{\partial}{\partial n}\Big(\frac{1}{R_{\mathrm{c}}+n}-\frac{1}{u}\frac{\partial v}{\partial s}\Big)\Big\}+$$

$$q_{\mathrm{Ss}}\Big\{+\frac{\partial h}{\partial n}\frac{\partial}{\partial n}\Big(\frac{1}{f(\theta)}\Big)+\frac{1}{f(\theta)}\frac{\partial^2 h}{\partial n^2}\Big\}+$$

$$q_{Ss}\left\{-\left(\frac{1}{R_c+n}\right)\left[Ah\left(\frac{1}{R_c+n}-\frac{1}{u}\frac{\partial v}{\partial s}\right)\right]+\left(\frac{1}{R_c+n}\right)\left(\frac{1}{f(\theta)}\frac{\partial h}{\partial n}\right)\right\}=0 \qquad (5\text{-}18)$$

式(5-14)、式(5-18)和水流连续性方程(式(5-3))共同构成数学模型的基本方程组。

5.2.2　方程组的简化

模型的基本方程组(式(5-3)、式(5-14)和式(5-18))均为非线性的。非线性方程一般比较复杂且难以求解。简化方程组的方法是线性化,可以运用微扰方法(摄动方法)来实现。线性表现可以在某一时刻或某一地点进行模拟,这个时刻或地点代表参照条件,或者是一个小的时间间隔。这意味着简化的线性化方程组只能严格地应用在与参照条件相近的情况下。

物理学模型的简化通常采用忽略模拟过程某些特性的方法,而线性化的方法则是忽略非线性的影响,将所有的非线性项近似为线性项。一般而言,线性逼近可用于再现系统的趋势性,而非线性则用以分析系统进一步调整的效应。也就是说,当系统接近参照条件时,线性模型可以完全描述系统的趋势,而无需考虑系统进一步演变时所产生的调整。

如果顺直河道的水沙运动受到扰动,比如曲率的改变,则可在方程中增加附加项,以体现扰动的影响。因此,我们能够假定描述受扰系统每个方程(E)可被写成如下形式:

$$E=E_0(u,h,\cdots)+\varepsilon E_1(u,h,\cdots)+\varepsilon^2 E_2(u,h,\cdots)+O(\varepsilon^3)=0 \qquad (5\text{-}19)$$

式中:$E_0(u,h,\cdots)$为零阶方程,描述初始未受扰动的系统;$\varepsilon E_1(u,h,\cdots)+\varepsilon^2 E_2(u,h,\cdots)+O(\varepsilon^3)$为扰动产生的微小修正项;$\varepsilon$为微小扰动参数,$\varepsilon\ll 1$。

由于式(5-19)必须容纳一系列ε值,这就产生了一系列方程$E_k=0$,式中k代表方程的阶。受扰系统的线性逼近(ε的线性)描述如下:

$$E(lin.)=E_0(u,h,\cdots)+\varepsilon E_1(u,h,\cdots)=0 \qquad (5\text{-}20)$$

式中:$E_1(u,h,\cdots)$为一阶方程,$E_1(u,h,\cdots)=0$。

通过线性化方法对模型进行简化,需要做以下定义:

(1)参照条件,通过零阶方程描述。

(2)扰动参数ε,作为扰动数量级的指标。

(3)扰动效应,通过一阶方程描述。

对于轻度弯曲的弯曲型河流,可假定未受扰系统代表无限长顺直河道内具有恒定流量的水流,适用于下述条件:

$$\frac{\partial(u_0,h_0,q_{s0},\cdots)}{\partial s}=\frac{\partial(u_0,h_0,q_{s0},\cdots)}{\partial n}=0 \qquad (5\text{-}21)$$

因此,零阶方程组描述均匀(正常)水流状态,其中各个变量之值相当于河段平均值。一阶方程组描述水流受到微小扰动产生的相对于正常水流的(微小)偏离。

此外,还假定通过以下两项之和来确定所有变量之值:河段平均值(零阶)加上一个微扰项。相对于河段平均值(一阶)而言,微扰项数值很小。在这种情况下:

$$\left.\begin{array}{l}h=h_0+H'\\u=u_0+U'\\q_{Ss}=q_{S0}+q'_{Ss}\end{array}\right\} \qquad (5\text{-}22)$$

式中:h_0、u_0、q_{S0} 为单位河道宽度的河段平均水深、流速和体积输沙率(零阶项);H'、U'、q'_{Ss} 为微扰(一阶)项,与河段平均值相比,假定其数值非常小。

各变量微扰项与河段平均项之间的比率具有如下的阶数 $O(\varepsilon)$:

$$\frac{H'}{h_0} = O(\varepsilon), \frac{U'}{u_0} = O(\varepsilon), \frac{q'_{Ss}}{q_{S0}} = O(\varepsilon), \text{且 } \varepsilon \ll 1 \qquad (5\text{-}23)$$

水流速度和泥沙输移横向分量的零阶项等于零。根据连续性方程和泥沙平衡方程(式(5-3)和式(5-4)),它们的扰动项与水流速度和泥沙输移纵向分量的扰动项属于同一数量级,因此可得:

$$\frac{V'}{u_0} = O(\varepsilon) \text{ 和} \frac{q'_{Sn}}{q_{S0}} = O(\varepsilon) \qquad (5\text{-}24)$$

在参照条件(无限长河道的均匀水流)下,泥沙输移方向与河道中心线方向一致($\alpha = 0$)。接近参照条件时,s 轴方向与泥沙输移方向的夹角很小,可以得到:

$$\tan\alpha \approx \alpha; \alpha = \alpha' \text{ 和 } q'_{Sn} = q_{Ss}\alpha' \qquad (5\text{-}25)$$

进而可假定河道宽度远大于水深(大的宽深比,浅水),且局部曲率半径远大于河道宽度,从而得到:

$$\frac{h_0}{B} = O(\varepsilon) \quad (浅水) \qquad (5\text{-}26)$$

$$\frac{B}{R_c} = O(\varepsilon) \quad (轻度弯曲河道) \qquad (5\text{-}27)$$

因而,$\frac{h_0}{R_c} = O(\varepsilon^2)$,其中 B 为河道宽度,m;R_c 为河道中心线的曲率半径,m。最后,假定比率 $\frac{h_0}{2C_f}$ 具有河道宽度的阶:

$$\frac{h_0}{2C_f} = \lambda_W = O(B) \qquad (5\text{-}28)$$

式(5-3)、式(5-14)和式(5-18)按照下面的方法进行线性化处理:方程中的所有项重写,用零阶项和一阶(微扰)项之和替代各个变量,忽略所有非线性项和 $O(\varepsilon^2)$ 项。主要的假设及结果将在下面的内容中给出。

5.2.3 零阶方程组:未受扰动的系统

零阶方程组描述的是参照条件下的系统表现:顺直无限长河道中的均匀水流。在这种情况下,变量值是河段的平均值,动量方程简化为谢才公式:

$$g\frac{\partial z_{w0}}{\partial s} + C_f \frac{u_0^2}{h_0} = 0 \qquad (5\text{-}29)$$

由于横向速度等于 0,连续性方程简化为:

$$\frac{\partial(u_0 h_0)}{\partial s} = 0 \qquad (5\text{-}30)$$

在适当的边界条件下,方程变为:

$$u_0 = \frac{Q_W}{h_0 B} \tag{5-31}$$

式中：Q_W 为水流的流量。

单位河道宽度河段平均体积输沙率 q_{S0} 与水流输沙能力相同，应是水流速度 u_0 的非线性函数：

$$q_{S0} \propto u_0^b \,(b > 3) \tag{5-32}$$

式中：b 为泥沙输移公式 $q_{S0} = q_{S0}(u)$ 的非线性度，是水流速度的函数：$b = \frac{u_0}{q_{S0}} \frac{dq_{S0}}{du_0}$，对于蜿蜒型河流，一般 $3 < b \leqslant 10$；q_{S0} 为每米河道宽度的零阶体积输沙量，m^2/s。

纵向的水位变化 $\partial z_{w0}/\partial s$ 与河床纵向坡度 $\partial z_{b0}/\partial s$ 相同。后者假定随时间变化而不同，是河道弯曲度的函数，保持河道比降不变。

$$\frac{\partial z_{b0}}{\partial s} = \frac{\partial z_{w0}}{\partial s} = \frac{i_v}{S} \tag{5-33}$$

式中：i_v 为河道比降；S 为河流弯曲度。

5.2.4　一阶方程：微扰系统

一阶方程组描述微扰水流的线性近似。根据 De Vriend(1981) 的研究，由于 $-\dfrac{1}{u_0}\dfrac{\partial V'}{\partial s}$ 项近似于由水流不均匀性引起的流线曲率，在这里用符号 C' 来表示：

$$C' = -\frac{1}{u_0}\frac{\partial V'}{\partial s} \tag{5-34}$$

一阶动量方程表示为

$$\frac{\partial^2 U'}{\partial s \partial n} + \frac{1}{\lambda_W}\frac{\partial U'}{\partial n} - \frac{u_0}{2\lambda_W h_0}\frac{\partial H'}{\partial n} + u_0 \frac{\partial C'}{\partial s} + \frac{u_0}{2\lambda_W} C' = 0 \tag{5-35}$$

式中：

$$\lambda_W = \frac{h_0}{2C_f} = 流速波动的适应长度　［De Vriend 和 Struiksma, 1984］$$

一阶河床方程由以下关系得出：

$$q'_{Ss} = q_{S0}\left(b\,\frac{U'}{u_0}\right) \tag{5-36}$$

从而：

$$\frac{h_0}{q_{S0}}\frac{\partial H'}{\partial t} + \frac{\partial H'}{\partial s} - \frac{h_0}{f(\theta_0)}\frac{\partial^2 H'}{\partial n^2} - (b-1)\frac{h_0}{u_0}\frac{\partial U'}{\partial s} + A h_0^2 \frac{\partial C'}{\partial n} = 0 \tag{5-37}$$

从式(5-3)推得的一阶水流连续性方程为［Crosato, 1990］

$$\frac{\partial C'}{\partial n} = \frac{1}{h_0}\frac{\partial^2 H'}{\partial s^2} + \frac{1}{u_0}\frac{\partial^2 U'}{\partial s^2} \tag{5-38}$$

其中 H'、U' 和 C' 分别代表 h、u 以及由水流非均匀性所产生的流线曲率的线性扰动，它们都是 s、n 和 t 的函数。因为假定为轻度弯曲河道，所有包含几何曲率的项都被忽略。也就是说，这些方程没有考虑河道曲率的强制作用，因而必须与考虑这些影响的其他线性方程组合应用。

5.2.5　近岸流速和水深的增量

在 MIANDRAS 模型中,将河岸后退作为近岸水流速度和水深增量的函数进行计算,即近岸扰动 U' 和 H' 之值。由此可以方便地得出一组直接描述 U' 和 H' 近岸变差的方程,作为关于纵坐标 s 的函数。为了达到这个目的,为水流和水深变化扰动设定一个河流横断面图,可表示为

$$\left.\begin{array}{l} H' = \hat{h}f_h(n) \\ U' = \hat{u}f_u(n) \\ C' = \hat{c}f_v(n) \end{array}\right\} \tag{5-39}$$

式中:$\hat{h}$、$\hat{u}$ 和 $\hat{c}$ 为随 s 和 t 变化的扰动振幅;$f_h(n)$、$f_u(n)$ 和 $f_v(n)$ 为描述 H'、U' 和 C' 曲线图的函数。

考虑到模型应能重现蜿蜒型河流的流场和河床地形,扰动的最佳横断面曲线图应是滩–池组合结构,这种结构出现于具有交替河弯的河流(见图5-4)以及具有交替滩的顺直或微弯河段。

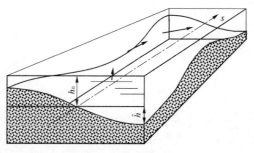

图5-4　交替滩引起的河床及水流变形(滩–池组合结构)

由于线性方程组的典型解是正弦和余弦,所以每一个解均可由一系列的正弦和余弦函数组成。

河流的不透水边墙限制了横向流速,由于河岸处 $(n = \pm B/2)$,$V' = 0$,而在河道中心线 $(n = 0)$,流速最大,因此 V' 的横断面曲线可以用下面的曲线描述:

$$V' = \hat{V}\cos(k_B n) \tag{5-40}$$

对于 C':

$$C' = \hat{C}\cos(k_B n),\ 而\ C' = -\frac{1}{u_0}\frac{\partial V'}{\partial s} \tag{5-41}$$

其中,$k_B = \dfrac{m\pi}{B}$,$m = 1,2,3,4\cdots$。此处 m 是决定横向形态和水流变形的方式的符号。当 $m = 1$ 时,扰动具有交替滩的形态,这是蜿蜒型河流的特点(见图5-4),而当 $m = 2$ 时,扰动来源于河道中间的滩;当 $m > 2$ 时,出现多种多样的滩,这是编织型河流的特点(见7.2.1节)。

根据连续方程(式(5-3))$u(n) \sim \frac{\partial v}{\partial n}$,因此横向水流速度变异表现为正弦函数形态,水深也呈现相同的特点。扰动 H' 和 U' 的横断面形态可以用下面的曲线描述:

$$H' = \hat{H}\sin(k_B n) \tag{5-42}$$

$$U' = \hat{U}\sin(k_B n) \tag{5-43}$$

振幅 $\hat{U}$、$\hat{H}$、$\hat{V}$ 和 $\hat{C}$ 都是 s 和 t 的函数。$\hat{U}$ 和 $\hat{H}$ 分别与近岸的水流速度和水深变异一致;$\hat{C}$ 是由不均匀流引起的流线曲率与几何曲率之间偏差的振幅,这样它就是河道中心线处(几何曲率为 0)流线曲率之值。将式(5-40)~式(5-43)中的 H'、U' 和 C' 代入式(5-35)、式(5-37)和式(5-38),可以得到关于 $\hat{H}$、$\hat{U}$ 和 $\hat{C}$ 的下列方程组:

$$\frac{\partial \hat{U}}{\partial s} + \frac{\hat{U}}{\lambda_W} - \left(\frac{1}{2\lambda_W}\frac{u_0}{h_0}\right)\hat{H} + \frac{u_0}{k_B}\frac{\partial \hat{C}}{\partial s} + \frac{u_0}{2\lambda_W k_B}\hat{C} = 0 \tag{5-44}$$

$$\frac{h_0}{q_{S0}}\frac{\partial \hat{H}}{\partial t} + \frac{\partial \hat{H}}{\partial s} + \frac{\hat{H}}{\lambda_S} - \frac{h_0}{u_0}(b-1)\frac{\partial \hat{U}}{\partial s} - Ah_0^2 k_B \hat{C} = 0 \tag{5-45}$$

$$\hat{C} = -\frac{1}{k_B}\left(\frac{1}{h_0}\frac{\partial^2 \hat{H}}{\partial s^2} + \frac{1}{u_0}\frac{\partial^2 \hat{U}}{\partial s^2}\right) \tag{5-46}$$

式中:λ_S 为水深扰动的适应长度(调整长度),$\lambda_S = \left(\frac{B}{m\pi}\right)^2\frac{f(\theta_0)}{h_0}$[De Vriend 和 Struiksma,1984],m。

式(5-44)~式(5-46)描述的扰动是由上游水流扰动所致,它代表了过度冲刷/过度刷深现象[Struiksma 等,1985;Parker 和 Johannesson,1989]。

严格来讲,上述方程仅仅适用于顺直或微弯河道。然而,描述蜿蜒型河流河床形态的方程组也应当考虑几何曲率 $\frac{1}{R_c + n}$ 的影响,这是因为蜿蜒型河流不能被界定为微弯。将本组线性方程叠加到一组描述无限长河弯的流速和河床形态的线性方程(5.3 节介绍)中去,将获得考虑几何弯曲影响的方程。

5.2.6 方程的轴对称解

对具有恒定曲率半径 R_c 和稳定流量 Q_W 的无限长河弯,水流流场在 s 轴方向上是稳定的,随时间变化也是稳定的,这意味着导数 $\partial/\partial s$ 和 $\partial/\partial t$ 都等于 0。由于边界条件使得泥沙不能透过河岸(不透水河岸)输送,所以整个横断面上总体输沙的横向分量为 0。对泥沙平衡方程式(5-4),可以认为(深度平均)横向输沙分量等于 0,泥沙输移方向等于 s 方向。同样道理,对于水流来讲:任意位置深度平均横向速度值等于 0。由这两种情况可以得出:$q_{Sn} = 0$,$\tan\alpha = 0$ 和 $v = 0$。在这种情况下,描述泥沙输移方向的式(5-11)可以简化为:

$$-\frac{Ah}{R_{sl}} - \frac{1}{f(\theta)}\frac{\partial z_b}{\partial n} = 0 \tag{5-47}$$

其中，流线曲率 R_{sl} 由式（5-9）给出。由于 $v=0$，式（5-47）变为

$$-\frac{Ah}{R_c+n} - \frac{1}{f(\theta)}\frac{\partial z_b}{\partial n} = 0 \tag{5-48}$$

应用刚性盖近似：

$$\frac{\partial h}{\partial n} = \frac{f(\theta)Ah}{R_c+n} \tag{5-49}$$

式（5-49）表示倾斜河床（均衡状态）泥沙颗粒的受力平衡，横向水深变异的表达式可以从式（5-49）中推导得出，结果是：

$$h = h_c \frac{(R_c+n)^{Af(\theta)}}{R_c^{Af(\theta)}} \tag{5-50}$$

式中：h_c 为河道中心线处的水深。

对于微弯河道，式（5-49）中的 n 与 R_c 相比可以忽略不计。在此情况下，水深变化可简化为：

$$h = h_c \exp\left[\frac{Af(\theta)}{R_c}n\right] \tag{5-51}$$

为了获得在充分发育河弯水流状态下的水流速度的表达式（方程的轴对称解），需要 2-D 动量方程（式（5-1）和式（5-2）），它们在此情况下简化为

$$g\frac{\partial z_w}{\partial s} + C_f\frac{u|u|}{h} = 0 \tag{5-52}$$

$$-\frac{u^2}{(R_c+n)} + g\frac{\partial z_w}{\partial n} = 0 \tag{5-53}$$

采用式（5-12）的求导原则，通过交叉求导消除水位 z_w，考虑 $\partial/\partial s = 0$，假设 $u > 0$，则得到式（5-54）：

$$\frac{\partial u}{\partial n} = \frac{u}{2h}\frac{\partial h}{\partial n} - \frac{u}{2(R_c+n)} \tag{5-54}$$

式（5-51）和式（5-54）线性化处理假设 $h = h_0 + h'$ 和 $u = u_0 + u'$，其中 u_0 和 h_0 为河段平均值，h' 和 u' 为河道弯曲产生的扰动项。相对于 R_c，忽略 n，得到下列方程组：

$$\frac{\partial h'}{\partial n} = A\frac{f(\theta_0)h_0}{R_c} \tag{5-55}$$

$$\frac{\partial u'}{\partial n} = \frac{u_0}{2h_0}\frac{\partial h'}{\partial n} - \frac{u_0}{2R_c} \tag{5-56}$$

近岸扰动项 $\hat{h}$ 和 $\hat{u}$（h'、u' 在 $n = B/2$ 处）可用式（5-55）和式（5-56）求出，这里假定河道中心线的水流速度和水深分别等于相关河段的平均值，并由下列方程求出：

$$h' = A\frac{f(\theta_0)h_0}{R_c}n \tag{5-57}$$

$$u' = \frac{u_0}{2h_0}h' - \frac{u_0}{2R_c}n \tag{5-58}$$

由此可得：

$$\hat{h} = A\frac{f(\theta_0)h_0}{R_c}\frac{B}{2} \tag{5-59}$$

$$\hat{u} = \frac{u_0}{2h_0}\hat{h} - \frac{u_0}{2R_c}\frac{B}{2} \tag{5-60}$$

将 $k_B = \dfrac{m\pi}{B}$、$\lambda_W = \dfrac{h_0}{2C_f}$ 和 $\lambda_S = \left(\dfrac{B}{m\pi}\right)^2\dfrac{f(\theta_0)}{h_0}$ 代入式(5-59)和式(5-60),则式(5-59)和式(5-60)变为

$$\frac{\hat{h}}{\lambda_S} - Ah_0^2 k_B \frac{1}{R_c}\left(\frac{m\pi}{2}\right) = 0 \tag{5-61}$$

$$\frac{\hat{u}}{\lambda_W} - \left(\frac{1}{2\lambda_W}\frac{u_0}{h_0}\right)\hat{h} + \frac{u_0}{2\lambda_W k_B}\frac{1}{R_c}\left(\frac{m\pi}{2}\right) = 0 \tag{5-62}$$

式中:$\hat{h}$ 为相对于正常水流状态的无限长河弯近岸水深扰动值;$\hat{u}$ 为相对于正常水流状态的无限长河弯近岸水流速度扰动值。

式(5-61)和式(5-62)仅仅描述无限长河道几何曲率造成的线性均衡水流速度和水深扰动(没有时间或纵向变异)。

5.2.7　稳态方程组

MIANDRAS 模型的基本方程组,用以描述蜿蜒型河道的水流流场和河床形态(水深),可通过式(5-61)与式(5-54)合并、式(5-62)与式(5-44)合并而得。令 $H = \hat{h} + \hat{H}$,$U = \hat{u} + \hat{U}$,$C = \hat{C}$,则方程组变为

$$\frac{\partial U}{\partial s} + \frac{U}{\lambda_W} = \left(\frac{1}{2\lambda_W}\frac{u_0}{h_0}\right)H - \frac{u_0}{k_B}\frac{\partial}{\partial s}\left(C + \frac{1}{R_c}\frac{m\pi}{2}\right) - \frac{u_0}{2\lambda_W k_B}\left(C + \frac{1}{R_c}\frac{m\pi}{2}\right) \tag{5-63}$$

$$\frac{h_0}{S_{s0}}\frac{\partial H}{\partial t} + \frac{\partial H}{\partial s} + \frac{H}{\lambda_S} = \frac{h_0}{u_0}(b-1)\frac{\partial U}{\partial s} + Ah_0^2 k_B\left(C + \frac{1}{R_c}\frac{m\pi}{2}\right) \tag{5-64}$$

$$C = -\frac{1}{k_B}\left(\frac{1}{h_0}\frac{\partial^2 H}{\partial s^2} + \frac{1}{u_0}\frac{\partial^2 U}{\partial s^2}\right) \tag{5-65}$$

联立上述两组线性方程,将几何曲率代入流线曲率与河道中心线曲率之间的偏差,即得到总流线曲率(式(5-9))。

该代入暗含几何曲率 $\dfrac{1}{R_c + n}$ 变为 $\dfrac{1}{R_c}\dfrac{m\pi}{2}$。

忽略 n 的结果是水流模型不再考虑横断面上流线的不同长度(沿外侧河岸流线比内侧长)。如果考虑这种差异,将减小弯道外侧和内侧之间的流速差。

式(5-63)~式(5-65)适用于具有可变中心线曲率半径 $1/R_c$(纵向)的蜿蜒型河道,其中 H 和 U 分别表示水深和流量的近岸总扰动,C 表示非均匀流引起的流线曲率与几何曲率的最大偏移量。总扰动量通过将局部几何曲率(轴对称解)引起的偏移量和上游扰动(过度冲刷现象)引起的偏移量求和而得,因此发生的横断面变形如图5-5所示。

进一步简化式(5-63)、式(5-64)和式(5-65),得到最终的方程组。简化过程中忽略的

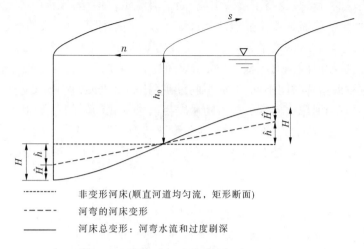

图 5-5　蜿蜒型河道水深变异示意图

- - - - - - - 非变形河床(顺直河道均匀流，矩形断面)
- - - - - 河弯的河床变形
———— 河床总变形：河弯水流和过度刷深

项有:①相对于几何曲率 $1/R_c$ 由非均匀流($C=0$)产生的流线曲率变化余量;②水深($\partial H/\partial t = 0$)(稳定状态方程)随时间的变化。忽略 C 对流场和河床形态预测的影响将在 7.2.1 节讨论。

最后,为包含次水流造成的动量再分配的影响,在河床摩擦项中增加一个系数($2-\sigma$),其重要性已被 Johannesson 和 Parker(1988)证明。

描述近岸水流速度和水深扰动的下游稳定变异的最终方程组变为

$$\frac{\partial U}{\partial s} + \frac{U}{\lambda_W} = \frac{1}{h_0 \lambda_W} \frac{u_0}{2} H - \frac{u_0}{2} \frac{\partial \gamma}{\partial s} - \frac{2-\sigma}{2\lambda_W} \frac{u_0}{2} \gamma \tag{5-66}$$

$$\frac{\partial H}{\partial s} + \frac{H}{\lambda_S} = \frac{h_0}{u_0}(b-1)\frac{\partial U}{\partial s} + \frac{A}{2}\left(\frac{h_0}{B}\right)^2 m^2 \pi^2 \gamma \tag{5-67}$$

在这里 $\gamma = \dfrac{B}{R_c}$ 为曲率比,式(5-65)可简化为 $C=0$。

稳态方程用以描述给定流量值条件下均衡的水流和河床状态。变量 H 和 U 分别表示与河岸侵蚀和延伸(见 5.3 节)有关的近岸增量,这些增量由河道几何曲率和过度刷深现象给出。

采用稳态方程模拟河道变迁意味着假定河道变迁受均衡态流速和水深影响,而与水流流速和水深的变化无关。如果河道横向移动的时间尺度远大于河床形态自适应的时间尺度,那么这种假定是合理的。这种情况适用于大多数河岸侵蚀性较小的蜿蜒弯曲型河流,这些河流由流量或河道调整引起的水流和河床形态调整要比河道平面变迁快得多。但是,如果河流流量发生急变,则应当考虑河床形态的时间变异,这是因为流量的快速变化会导致河床变形响应的滞后。针对上述情况为模型提供了一个简单的非耦合时间适应公式(见 5.2.8 节)。

5.2.8　河床横向变异的时间适应

MIANDRAS 模型的基础是假设一个恒定流量控制着河床形态变化和河道移动的发

展,这种流量的特点是忽略了漫滩水流,如平滩流量。但是,该模型也允许流量使用不同的量值。如果河流流量变化强烈,则对任何给定流量,河道中心线的移动速率与均衡状态的水流速度增量和水深增量无关,因为这种均衡状态可能永远无法形成。

过渡期持续时间是河床横向发展的时间尺度 T 的函数,并取决于输沙率。因此,流量不同,过渡期持续时间不同,河流不同过渡期持续时间也不相同,变化范围少则几天,多达数年。只有当河床横向发展的时间尺度与流量变化的时间尺度相差很小时,假设形态动力学平衡才是合理的。所以,对于流量变化快速情况下的河床横向变化计算,引入河床横向演变的时间适应是合适的。在这种情况下,运用稳定状态模型(式(5-66)和式(5-67))时,建议利用下面的公式计算近岸水深:

$$H(t) = H(\infty)(1 - e^{-t/T}) \tag{5-68}$$

式中:$H(t)$ 为 $t = t(m)$ 时,近岸水深变异值(差值),m;$H(\infty)$ 为由式(5-48)和式(5-49)计算出的稳态近岸水深,m;T 为河床形态横向演变的时间尺度,s。

时间尺度 T 可以运用时间依赖的式(5-63)和式(5-64)求解。联立这些方程,消除 U,得出 H 的二阶微分方程:

$$\frac{\partial^2 H}{\partial s^2} + \left(\frac{1}{\lambda_S} - \frac{b-3}{2\lambda_W}\right)\frac{\partial H}{\partial s} + \frac{H}{\lambda_S \lambda_W} + \frac{h_0}{S_{s0}}\frac{\partial^2 H}{\partial s \partial t} + \frac{h_0}{\lambda_W S_{s0}}\frac{\partial H}{\partial t}$$
$$= -\frac{h_0}{k_B}(b-1)\frac{\partial^2 \Gamma}{\partial s^2} + \left[Ah_0^2 k_B - \frac{(2-\sigma)(b-1)h_0}{2\lambda_W k_B}\right]\frac{\partial \Gamma}{\partial s} + \frac{Ah_0 k_B}{\lambda_W}\Gamma \tag{5-69}$$

其中:

$$\Gamma = C + \gamma\frac{k_B}{2} = C + \frac{1}{R_c}\frac{m\pi}{2} = \text{曲率参数}(\text{m}^{-1}) \tag{5-70}$$

如图5-6所示,假定为无限长蜿蜒型河道,流线曲率可以用以下这种方程描述:

$$\Gamma = \hat{\Gamma}\sin\left(\frac{2\pi}{L_M}s\right) \tag{5-71}$$

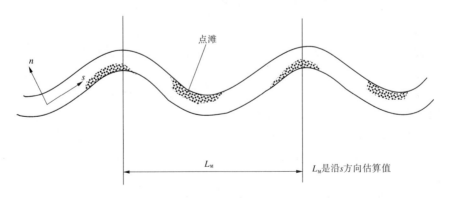

图5-6　无限长蜿蜒型河道示意图

式中:$\hat{\Gamma}$ 为曲率参数的最大值,m^{-1};L_M 为沿 s 方向量测的弯曲波长,m。

式(5-69)可以写成:

$$\frac{\partial^2 H}{\partial s^2} + \left(\frac{1}{\lambda_S} - \frac{b-3}{2\lambda_W}\right)\frac{\partial H}{\partial s} + \frac{H}{\lambda_S\lambda_W} + \frac{h_0}{S_{s0}}\frac{\partial^2 H}{\partial s\partial t} + \frac{h_0}{\lambda_W S_{s0}}\frac{\partial H}{\partial t}$$

$$= -\frac{h_0}{k_B}(b-1)\frac{\partial^2 \Gamma}{\partial s^2} + \left[Ah_0^2 k_B - \frac{(2-\sigma)(b-1)h_0}{2\lambda_W k_B}\right]\frac{\partial \Gamma}{\partial s} + \frac{Ah_0 k_B}{\lambda_W}\Gamma$$

$$= \hat{A}\Gamma\sin\left(\frac{2\pi}{L_M}s\right) + B\Gamma\cos\left(\frac{2\pi}{L_M}s\right) \tag{5-72}$$

以及

$$\left.\begin{aligned}\hat{A} &= \left[A\frac{k_B}{\lambda_W} + \frac{b-1}{k_B}\left(\frac{2\pi}{L_M}\right)^2\right]h_0 \\ \hat{B} &= \left[Ah_0 k_B - \frac{(2-\sigma)(b-1)}{2\lambda_W k_B}\right]h_0\frac{2\pi}{L_M}\end{aligned}\right\} \tag{5-73}$$

系统的内在运动符合方程的齐次部分：

$$\frac{\partial^2 H}{\partial s^2} + \left(\frac{1}{\lambda_S} - \frac{b-3}{2\lambda_W}\right)\frac{\partial H}{\partial s} + \frac{H}{\lambda_S\lambda_W} + \frac{h_0}{S_{s0}}\frac{\partial^2 H}{\partial s\partial t} + \frac{h_0}{\lambda_W S_{s0}}\frac{\partial H}{\partial t} = 0 \tag{5-74}$$

假定齐次部分(式5-74)的解可写成：

$$H = e^{-t/T_1}\hat{H}_1\sin\left(\frac{2\pi}{L_M}s\right) + e^{-t/T_2}\hat{H}_2\cos\left(\frac{2\pi}{L_M}s\right) \tag{5-75}$$

式中：T_1 和 T_2 为两种形式河床变形发展的时间尺度，s；$\hat{H}_1$ 和 $\hat{H}_2$ 为振幅，m。

将式(5-75)代入式(5-74)，可得下面的时间尺度：

$$T_1 = \frac{\lambda_S h_0}{S_{s0}}\left[\frac{1 - K\lambda_W}{(1 - K\lambda_W) + \frac{b-3}{2}\frac{\lambda_S}{\lambda_W}K\lambda_W - \frac{\lambda_S}{\lambda_W}(K\lambda_W)^2}\right] \tag{5-76}$$

$$T_2 = \frac{\lambda_S h_0}{S_{s0}}\left[\frac{1 + K\lambda_W}{(1 + K\lambda_W) + \frac{b-3}{2}\frac{\lambda_S}{\lambda_W}K\lambda_W - \frac{\lambda_S}{\lambda_W}(K\lambda_W)^2}\right] \tag{5-77}$$

式中：K 为弯曲波数，$K = \frac{2\pi}{L_M}$，m^{-1}。

式(5-76)和式(5-77)表明，两种时间尺度是不同的，这意味着两种形式转换之间存在着一个时间滞后。时间滞后的存在表明，河床变形由最大值向特定状态转变是一个逐步变化过程(当 $t = \infty$ 时，河床变形等于0，见式(5-75))。

根据 Leopld 和 Wolman(1960)的研究，天然河流沿 s 方向的弯曲计算波长近似为：$L_M = 10.9SB$，其中 S 为河道蜿蜒度(见2.3.2节)。这就是说，对于弯曲发育良好的蜿蜒型河道，$S > 2$，上述关系可写成 $L_M > 20B$ 和 $K < \frac{\pi}{10B}$。由于 $\lambda_W = O(B)$，所以 $K\lambda_W \leqslant 0.3$。

对于沙质河床河流，输沙公式中的非线性度 b 的值为 $3 \sim 10$。假设 $\frac{\lambda_S}{\lambda_W} \approx 1$，则式(5-76)和式(5-77)方括号中的项均接近于1。如果情况属实，河床发育的时间尺度则与弯曲波数

和发展模式无关, T_1 约等于 T_2 ,并约等于 T ,可表示为:

$$T = \frac{\lambda_s h_0}{q_{s0}} \tag{5-78}$$

对于长期的、大尺度蜿蜒迁移的模拟,采用式(5-68)和式(5-78)给定的纳入时间适应公式,在多数情况下更适用于完全时间依赖模型。这种方法保留了河床随时间变化而调整的方面,对于蜿蜒演变来讲,这种调整是非常重要的,并不需要增加过多的计算。

5.3 河岸后退与延伸的数学描述

河道迁移是由河岸后退和对岸延伸所致。假设河道宽度不变,根据图 5-1 和图 5-2 所示,则河岸延伸速率和河道中心线横向摆动速率在任何地点都等于侵蚀河岸的后退速率。

假设河岸后退由两种截然不同的过程:泥沙颗粒水流挟带引起的侵蚀和河岸坍塌。为了综合考虑上述两种过程,假定河岸后退速率与近岸流速和水深增量(U 和 H)成比例。其系数为 E_u 和 E_h ,这里提供 Ikeda 等(1981)的方法(为方便起见,此处重复了式(4-29)):

$$\frac{\partial n}{\partial t} = E_u U + E_h H \tag{5-79}$$

式中: $\frac{\partial n}{\partial t}$ 为河道中心线迁移速率,m/s; E_u 为率定系数; E_h 为率定系数,s^{-1} 。

式(5-79)中,等号右侧第一项 $E_u U$,考虑了受岸基侵蚀影响的黏性河岸的长期平均迁移速率。式(5-79)可看成是对 Osman 和 Thornes 的黏性河岸长期平均后退速率公式[Osman 和 Thorne, 1988](见 4.3.2 节)的线性化。等号右侧第二项 $E_h H$,考虑了河岸高度对垂直黏性河岸坍塌的影响,这一点对于具有陡峭黏性河岸的河流尤为重要[Crosato, 1989]。这里存在临界值,分别是水流速度和水深的深度平均值 u_0 和 h_0 ,当小于它们时则无河岸后退发生。

在 MIANDRAS 模型中,河道中心线迁移速率表示为 $\partial n / \partial t$,可以是正值或负值。 U 和 H 的符号决定了这些变量对横向河道正负迁移(发生于 n 的正方向时为正值)的贡献。如果 U 和 H 均为 0, $\partial n / \partial t$ 亦为 0。这种情况发生在某些特定的横断面上,比如在两个相对的弯道之间的顺直河道部分,或者水流为均匀流的情况。因此,应用式(5-79)时,在均匀流的情况下无河道迁移发生。

河道宽度保持恒定,不随时间变化,河道迁移率可由描述侵蚀河岸后退速率的式(5-79)计算,上述这些假设据称适用于蜿蜒型河道的长期性平面演变(见 2.8.1 节)。但是,这也隐含着假设长期河岸后退(见 2.8.2 节)的控制因素与长期河岸延伸(见 2.8.3 节)的控制因素相同,而这并非普遍正确。因此,该模型并没有引导我们进一步分析河岸延伸等于对岸后退的条件。就蜿蜒型平面形态的发展而言,这是一个基础性的问题。

式(5-79)中的系数 E_u 和 E_h ,尽管众所周知是侵蚀度或者侵蚀系数,这里仍称为迁移系数,因为它们包含了所有影响河岸后退、对岸延伸并总体影响河道横向摆动的因素,比如洪水期间的水流特性,以及一些数值选项(见8.3节),非影响因素均不考虑在内(见9.6节)。这意味着这些迁移系数起到综合参数的作用,因此无法仅仅根据河岸特性就预先确定其值的大小,总是需要再利用历史迁移资料通过有关图件资料、航空摄影或卫星影像的方式对这些系数进行率定。

河床坡度等于河谷坡度除以河流蜿蜒度(式(5-33))的假设,暗含指如果河道蜿蜒度增大,小于其值则不发生河岸侵蚀的水流速度临界值 u_0 将减小,而水深的临界值 h_0 则增大。这意味着需假定当蜿蜒规模和蜿蜒度增大时,河岸会越来越薄弱,但将更加稳定。河岸特性的这些绝对变化是不现实的。但是在实践中,计算出的迁移速率随着蜿蜒度的增大而减小,因为其值与水流速度和水深的近岸值与其零阶值之差成正比,这个差值随着蜿蜒度的增加而减小。它产生的原因是式(5-59)和式(5-60)中 Shields 数的减小以及宽深比的减小(更强的阻尼),并产生更小的近岸流速和水深扰动(纵向阻尼增加,见7.5.3节,式(7-23))。

现实中的河流对蜿蜒度增加的响应是复杂的。有可能假定较小的河道宽度,因而导致零阶数值较小的变化。此外,随着蜿蜒度的增加,平均曲率半径首先增加,然后下降,使得迁移速率先增大后变小(见9.3节)。

5.4 裁弯取直的模拟

蜿蜒型河道的平面变化受到裁弯取直的强烈影响(见4.5节)。这里我们将裁弯取直分为两种类型:颈部裁弯取直、斜槽裁弯取直(见图5-7)。

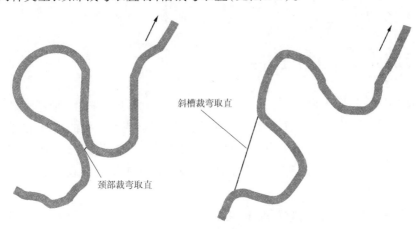

斜槽裁弯取直

颈部裁弯取直

图5-7　弯道裁弯取直

只有连续两个弯道之间河岸侵蚀产生的颈部裁弯取直才与主河道的水流特性相关。相反,斜槽裁弯取直的发生则取决于漫滩水流特性和洪积平原形态特征,比如古河道的存在(见9.5节)、植被覆盖变化和坚硬岩石存在等。如果不是基于具体详细的洪泛平原类型,那么斜槽裁弯取直模型必定是经验型的,否则必定是强制性的。

对模型进行预期的简化时,如果不将物理学模型转化为经验模型,将不可能实现对斜槽裁弯取直的自动模拟。

由于上述原因,斜槽裁弯取直并没有考虑在 MIANDRAS 模型中。因此,斜槽裁弯取直的预测在一定程度上可以根据上述分析由手工完成。要模拟斜槽裁弯取直,应先终止蜿蜒迁移模型,重新启动一个新的河流定位。

在工程尺度上应用时,这个过程不会有巨大的困难,虽然它考虑了将那些不易并入模型的条件(如古河道、岩性、植被覆盖变化等)。

相反,对由连续弯道之间河岸侵蚀引起的颈部裁弯取直的预测是可以实现自动化的。计算颈部裁弯取直的子程序可以方便地嵌入模型之中。例如,每当两个不连续断面之间的距离变得小于河道宽度时就强加一个裁弯。然而,河床坡度等于河道坡度除以河道蜿蜒度(式(5-33))的假设对裁弯取直的模拟来讲也具有一定的含义。随着河道蜿蜒度的增大,输沙量将减小。从上游进入河道的泥沙量逐步大于河道输沙能力,产生局部淤积。其结果是河流趋向于恢复到其初始(更大的)纵向河床坡度。所以,式(5-33)仅适用于河道蜿蜒度变化相对较小,或者河床纵坡调整的时间尺度远大于蜿蜒发展时间尺度的情况。关于时间尺度的假定,允许模型分别处理纵向河床坡度调整和弯曲迁移两个过程,这将极大地简化数学模型。

遗憾的是,对于大多数河流来讲,这两个过程的时间尺度相近,估算出的河道蜿蜒度的变化相对较小,因而这一结果就显得非常重要。裁弯取直导致河道蜿蜒度发生突然变化,把纵向河床坡度作为河流蜿蜒度的函数进行估算时要求在裁弯取直发生后纵向河床坡度要进行快速调整,这与纵向河床缓慢调整的假定相矛盾。基于这个原因,模型对颈部裁弯取直没有实现自动运算。

5.5　河流走廊宽度的估算

近年来许多河流管理策略都是基于一种思想,即河流需要一些生存空间来实现其自身的功能,这个空间称做河流走廊。它是一个人为维持的、时有淹没的、冲积的地带,河道在此地带范围内允许侵蚀自己的河岸,并处于一种受控的"自然"状态。因此,预测河流走廊宽度对河道恢复工程和河流管理具有重要意义。河流走廊宽度取决于河流蜿蜒幅度和河流裁弯取直两个方面。

计算无约束河流的河流走廊宽度 W 建议采用以下方法。在颈部裁弯取直阶段计算蜿蜒振幅 M,并将该宽度向河道左右两侧各扩展一个距离,该距离等于裁弯取直点与中线之间的平均距离 d(见图5-8)。河道走廊宽度 W 的计算结果为:

$$W = M + 2d \tag{5-80}$$

鉴于河道蜿蜒幅度和颈部裁弯取直位置的估算中有许多不确定因素(见8.3节),建议建立不同的模型进行多次重复计算,这样可以获得河流走廊宽度的系列值。

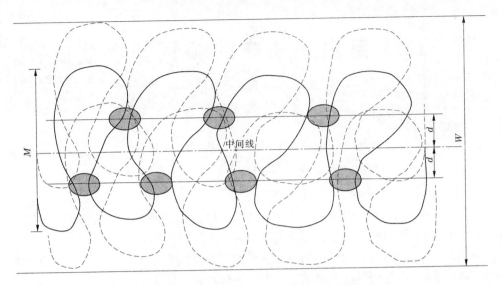

图 5-8　河流走廊宽度(W)估算,灰色表示颈部裁弯取直

第 6 章　自由滩形成的顺直型水槽试验

6.1　概　述

　　为了研究过度冲刷/过度刷深现象,1987 年 10 ~ 11 月,作者在荷兰代尔夫特水力学所水力学实验室的试验水槽中做了两项试验。Crosato(1988)、Struiksma 和 Crosato(1989)以及 Crosato(1990)曾发布过这些试验的测试结果。因为试验数据应用在第 7 章 MIANDRAS 的运行分析中,这里也对试验情况作一个简要介绍。

　　试验的目的是研究稳定交替滩的形成,作为对上游扰动的自由响应。为此,在具有动床的直槽的上段,通过阻隔部分横断面对水流施加扰动。结果形成了稳定和移动交替边滩。前者沿着整个水槽都有出现,而且越靠近阻隔断面越明显;后者只出现在水槽的后半部分。自由稳定滩的波长与自由移动滩的波长有着明显差异。这些差异的显著性揭示出两种现象的起源不同:对上游扰动的自由响应(稳定滩)和滩不稳定性(自由移动滩)。根据 Leopold 等(1964)的研究报告,稳定滩的波长与平均蜿蜒波长具有相同的量级,这一结论证实了 Olesen(1984)的理论研究成果。

6.2　试验准备

　　试验是在位于 De Voorst 的代尔夫特水力学所水力学实验室的试验水槽中完成的。图 6-1 给出了水槽的侧视图。

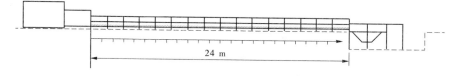

图 6-1　试验水槽的侧视图

水槽长 24 m,宽 0.6 m。动床采用的泥沙为细沙,颗粒级配如下:

$$D_{10} = 0.162 \text{ mm}$$
$$D_{50} = 0.216 \text{ mm}$$
$$D_{90} = 0.271 \text{ mm}$$

试验过程中,通过两台水泵循环加载水和沙。

　　横挡板设置在水槽上游边界附近,用以减小横断面宽度。这样就对水流速度和水深产生了持续的扰动(见图 6-2)。

　　在每次试验中,流量和纵向坡度的值经过精心选择,以便获得形态动力系统的无弱化的自由响应(见 7.1 节),最大可能地形成稳定交替滩。实际上,如果该系统受到弱化,它

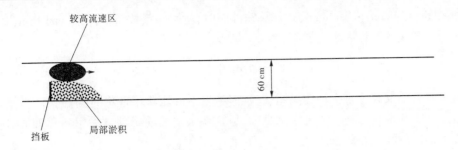

图 6-2　水槽平面图(挡板在上游边界处减小了横断面,
产生对水流速度和水深的扰动)

形成的自然振荡主要靠近挡板;如果系统处于初期状态(负阻尼),则交替滩可能是不稳定的(见 7.5 节),某些断面可能出现不止一个稳定滩(见 7.5 节)。

　　本次共完成两组试验:T1 和 T2。水流主要水力和形态特征值见表 6-1 和表 6-2。在每次试验中,流量保持不变。

表 6-1　水流特征值试验测试

试验	流量 Q_W (L/s)	坡度 i_0 (‰)	平均水深 h_0(m)	平均流速 u_0(m/s)	谢才系数 C(m$^{1/2}$/s)	弗劳德数 Fr	Shields 数 θ_0	输沙量 Q_S (m^3/h)
T1	6.45	2.95	0.045	0.24	20.7	0.36	0.373	*
T2	6.85	3.00	0.044	0.26	22.6	0.39	0.370	0.000 64

注:*表示未测。

表 6-2　形态参数

测试	水流调整长度 λ_W(m)	河床调整长度 λ_S(m)*	次水流调整长度 λ_P(m)**	交互作用参数 $\alpha = \dfrac{\lambda_S}{\lambda_W}$
T1	0.99	0.84	0.39	0.85
T2	1.14	0.86	0.41	0.75

注:* $f(\theta) = 1.7\sqrt{\theta_0}$,$E = 0.5$(式(5-7));**(Struiksma 等(1985)模型的相关参数)$\beta = 1.3$。

　　利用 Engelund 和 Hansen(1967)以及 Meyer-Peter 和 Müller(1947)输沙能力公式计算输沙率,计算结果见表 6-3。

表 6-3　输沙率计算结果

试验	输沙公式	指数 b	单宽输沙率 q_S(m^2/s)	每小时输沙率 Q_S(m^3/h)
T1	E 和 H	5.00	0.395×10^{-5}	0.008 5
	M-P 和 M	5.29	0.261×10^{-5}	0.005 6
T2	E 和 H	5.00	0.462×10^{-5}	0.010 0
	M-P 和 M	4.84	0.358×10^{-5}	0.008 0

利用 Meyer-Peter 和 Müller 公式计算输沙率时,就谢才系数而言,采用 van Rijn(1984)建议使用的公式计算粒度水力糙率,令 $D_{50} = 2D_{90}$:

$$C' = 18\log\left(\frac{12h_0}{6D_{50}}\right) \tag{6-1}$$

同时进行了没有上游扰动的参照试验,但结果不可能获得理想的(时间平均)平坦槽床。这是由于获得相当均一的入流有难度,尽管在水槽的前半部分采用一套管道对水流进行矫正,且设置浮动海绵抑制了大部分波动。

试验过程中,在距边壁每隔 10 cm 间距定期测量槽床纵断面和水位。每 25 cm 间距测一个槽床高度,每 100 cm 间距测一个水位。输沙量和水流流速仅在 T2 试验中进行测量。流速是用微型螺旋桨来测量的,测点在水面以下 2 cm 深处,沿两侧边墙每 50 cm 设一监测断面,每个断面沿横断面方向每 10 cm 间隔设一个测点。在水槽下游末端设置一个收集泥沙的袋子,每隔一定时间对输沙率进行测量。

6.3　试验 T1

该试验的特征是入口关闭 50%,通过在水槽右侧边墙靠近上游端附近设置一个横向挡板来实现(见图 6-3)。结果在自由出流的半个断面上产生局部冲刷,在另一侧紧靠挡板的下游则形成了大量的泥沙淤积。

图 6-3　试验 T1 水槽上游段平面图

稳定滩和移动交替滩均在水槽中形成(见图 6-4),后者仅在水槽的后半部分出现。初次观察难以区分这两种滩型。需要通过对大量的、不同时间的槽床水平量测数据进行平均处理,才可以将移动滩分离出来。

试验开始约 2 d(2 天)后,系统达到动态平衡。然后按常规时间间隔(1 d 两次)进行了 12 次纵向槽床水平量测,每隔 25 cm 设观测断面,距离两侧边壁 10 cm 设测点。遗憾的是,这 12 次测量数据不足以将移动交替滩完全分离出来,其结果是水槽后半段的时间平均纵向槽床曲线有一些不规则的形状,这里正是移动滩产生的地方。不管怎样,依然清晰可见稳定沙丘沿水槽下游方向 s 呈规则阻尼振荡分布(见图 6-5)。

用局部近岸槽床高减去断面平均槽床高之值表示局部近岸水深扰动值 H(见图 5-2)。对受阻稳定滩,H 值的纵向分布可用如下表达式描述:

$$H(s) = H(0)\exp\left(-\frac{s}{L_D}\right)\sin\left[\frac{2\pi}{L_P}(s + s_P)\right] \tag{6-2}$$

式中:$H(0)$ 为上游边界处近岸水深扰动,m;$H(s)$ 为距上游边界 s 处近岸水深扰动,m;s_P 为滞后距离,m;$2\pi/L_P$ 为稳定滩的波数,下标"P"代表扰动深,m^{-1};L_P 为稳定滩的波长,m;L_D 为稳定滩的阻尼长,下标"D"代表阻尼,m;$1/L_D$ 为稳定滩的阻尼系数,m^{-1}。

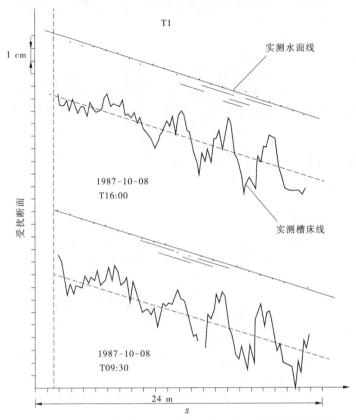

图 6-4　距右侧槽壁 10 cm 处槽床高与槽水位瞬时纵断面图

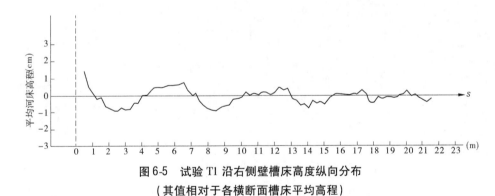

图 6-5　试验 T1 沿右侧壁槽床高度纵向分布

(其值相对于各横断面槽床平均高程)

稳定滩的平均波长 L_P 为 5.8 m，阻尼系数 $1/L_D$ 为 0.02 m^{-1}。水流调整长度与波长的比值 λ_W/L_P 为 0.171。

试验 T1 中形成的下游移动交替滩见图 6-6。它们的平均波长为 3.85 m（约为稳定滩波长的 2/3），平均振幅为 2.9 cm，波速为 2.14×10^{-5} m/s，相当于 7.7 cm/h。因此，一个完整的交替滩的传播时间为 50 h。

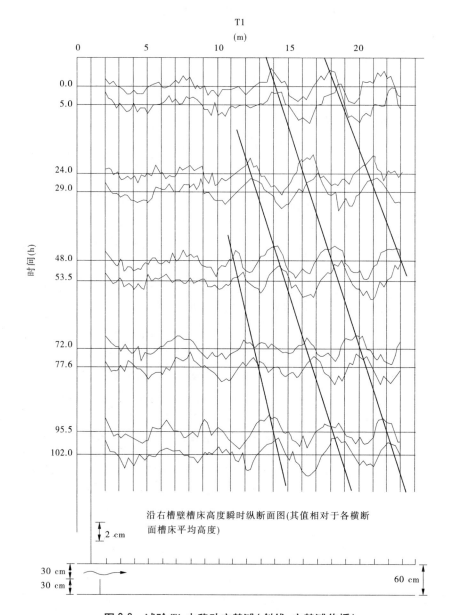

图 6-6　试验 T1 中移动交替滩(斜线:交替滩传播)

　　水槽中移动滩和稳定滩的波长和位置均有明显不同。稳定滩因上游扰动(横挡板)
而产生,移动滩由于不稳定现象而形成[如 Hansen,1967;Callander,1969;Olesen,
1984]。稳定滩的波长大约是槽宽(60 cm)的 10 倍,这与 Leopold 等(1964)报告已经提出
的平均波长是槽宽的 10.9 倍同属一个数量级。这一结果支撑了 Olesen(1984)的意见,
Olesen 基于理论上的分析,将河流蜿蜒的初始形成归因于稳定滩的形成而非移动滩的形
成(见 7.4.1 节)。

6.4 试验 T2

该试验在进口处附近关闭 66%，紧靠水槽左侧边墙设置横向挡板。为减少湍流，安装了一个导流板（见图 6-7）。

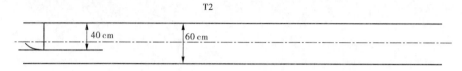

图 6-7 试验 T2 水槽上游段平面图

该试验上游边界处的扰动比试验 T1 更剧烈，结果在入口无控制断面靠近右侧边墙处产生了更深的冲刷，而在靠挡板下游的另一侧形成更多的沙淤积。沿水槽所形成的稳定振动更为显著。

在试验 T2 中也形成了波痕和移动交替滩，尽管移动滩只在水槽后半部分出现。系统达到动态平衡后，每隔一定间隔（一日两次）对纵向近岸槽底平面形态进行了 20 次量测。沿纵向方向每隔 25 cm、距每侧边壁 10 cm 处进行量测。量测的数据量足以将移动交替滩令人满意地分离出来。这样，时间平均的槽底平面形态仅呈现出由于上游扰动（横挡板）引起的稳定波动，如图 6-8 所示。（测得的）平均波长 L_P 为 6.6 m，阻尼系数 $1/L_D$ 为 0.09 m^{-1}。水流调整长与波长的比值 λ_W/L_P 为 0.173。

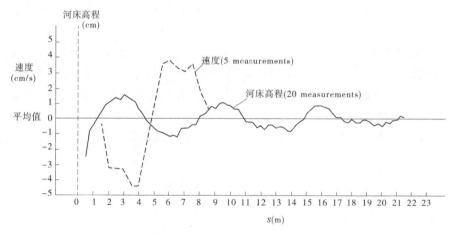

图 6-8 试验 T2 水槽右侧的时间平均槽床高程和流速纵向分布
（相对于平均槽床平均高程和流速）

水流速度用一个微型螺旋桨进行测量，螺旋桨放置在水槽上半段水面以下 2 cm 处，这里没有移动滩形成。沿纵向进行了五个测量，测点纵向间距为 50 cm，与两侧壁距离为 10 cm。沿右侧边墙的时间平均纵向流速标绘于图 6-8，与水槽槽底平面形态放在一起。流速与水深的振荡具有差不多的波长，但呈现出一个相位滞后，这是由于流速对变化中的槽床地形的延迟适应引起的。（测得的）空间滞后距离 s_U 为 0.5 m，相当于无量纲空间滞后 s_U/L_P 为 0.076。

对离挡板 80 cm 的横断面上的流速也进行了测量，这里槽床近乎平坦。共测量 5 个点，间距为 10 cm，测点在水面以下 2 cm。平均流速等于 25.3 cm/s。图 6-9 所示为横向流速分布。

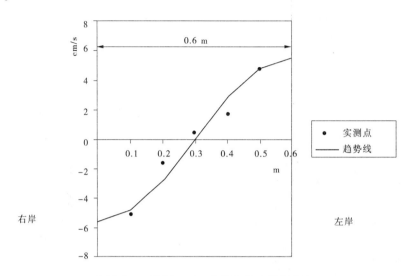

图 6-9　距挡板 80 cm 全断面流速横向分布

（与同一断面测得的平均流速值的相对值，平均流速值等于 25.3 cm/s）

图 6-10 所示为水槽后半部分所形成的移动交替滩。它们的平均波长为 3.94 m，振幅为 2.2 cm。平均波速为 2.9×10^{-5} m/s，相当于 10.4 cm/h。一个完整的交替滩的传播时间为 38 h。

同样，移动滩和稳定滩明显不同。移动滩波长约为稳定滩波长的 3/5。

测得的体积输沙率（$Q_S = 0.000\,64$ m³/h，见表 6-1）远小于用 Engelund 和 Hansen 以及 Meyer-Peter 和 Müller 输沙能力公式的计算值（见表 6-3）。这就是说使用这些输沙公式计算会高估形态改变的速度。

应用 Simons 等（1965）关于河床质输送和沙丘的方法，输沙率可以作为测得的沙丘波速的函数来计算。

$$q_S = (1 - p)c\beta h_b \tag{6-3}$$

式中：q_S 为输沙率除以槽宽，m²/s；p 为空隙率；c 为槽床扰动传播波速，m/s；β 为考虑滩形的系数，$0.55 < \beta < 0.6$；h_b 为沙滩高度，m。

将测定的（平均）滩波长和滩高代入式（6-3），并假定空隙率 $p = 0.4$，$\beta = 0.6$（Van Den Berg，1987），输沙率计算结果为 $q_S = 1.26 \times 10^{-7}$ m³/s，且 $Q_S = 0.000\,5$ m³/h。该值与实测值为同一数量级。

也利用 De Vries（1965）建立的无限小槽床扰动公式，用滩波速对输沙率进行了计算。

$$q_S = \frac{ch_0(1 - Fr)^2}{b} \tag{6-4}$$

式中：Fr 为弗劳德数；h_0 为水深，m；b 为以流速为函数输沙的非线性度。

式（6-4）给出了同样的结果：$Q_S = 0.000\,5$ m³/h。

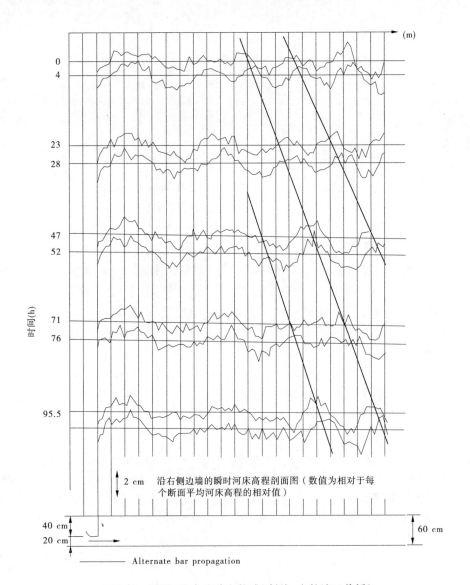

图 6-10   试验 T2 中移动交替滩(斜线:交替沙丘传播)

第 7 章　模型表现分析

7.1　概　述

通过对模型公式的理论分析,可以深入掌握模型的基本运行情况。在本章中,采用分析研究法和试验数据对比法,分析 MIANDRAS 模型模拟多种野外观测现象的能力,并与其他蜿蜒迁移模型进行比较。

7.2 节分析模型模拟水流干扰下游的自由稳定滩形成的能力。根据 Olesen(1984)的观点,这种现象叫做过度响应[以 Struiksma 等(1985)的命名]或者过度刷深[以 Parker 和 Johannesson(1989)的命名],能够增强冲刷池处的河岸侵蚀和点滩顶部的河岸沉积,从而引起河流的蜿蜒弯曲。此外,这种现象还使许多蜿蜒迁移模型采用的无限长河弯的河床轮廓发生变化。最终,自由稳定滩的形成可以说明长河弯或长河段相对河岸间小规模水流循环形成的原因。

根据直型水槽试验 T2(见6.4 节),水流速度对空间地形变化的适应存在滞后现象,和近岸水流速度与水深变化之间的滞后关系相同。由于河岸侵蚀与此有关,所以滞后距离会影响河道迁移。因此,分析 MIANDRAS 模型模拟近岸水流流速和水深变化相对位置的能力具有重要意义(见7.3 节)。

长期以来,河流蜿蜒变化的起始过程引起了几代科学家的研究兴趣,目前仍是持续讨论的命题。7.4 节研究 MIANDRAS 模型模拟顺直河道由于上游干扰而开始产生蜿蜒变化的能力。形成于河流断面上自由稳定滩的数量,可用以作为判别河流向蜿蜒弯曲或者交错编织演变的一个指标,该部分内容将在 7.5 节中进行论述。

在 7.6 节中,分析模型预测点滩位置相对于河弯顶点变化的能力,作为河弯大小的函数。随着河流蜿蜒的发展,点滩位置的不断变化可以部分地解释所观测到的沿上游方向上最大弯曲的滞后现象[Parker 等, 1982]。

最后,7.7 节将 MIANDRAS 模型与其他现有的河流蜿蜒迁移模型进行了比较。

7.2　近岸水流流速和水深变化

7.2.1　理论分析

理论分析用以评价 MIANDRAS 模型能否模拟水流扰动引起的下游自由稳定滩的形成(过度响应或者过度刷深现象),模拟结果与试验数据的比较将在下一个小节讨论。

在第 5 章中已经介绍,从描述近岸水流流速和水深纵向变化的方程(式(5-66)和式(5-67))能够导出一个二阶微分方程,可以用 H 或 U 来表示。以 H 或 U 表示的两个方程的区别在齐次部分,而不在源项。以 H 表示的公式(式(5-69)),取 $C = 0$(式(5-70)中采用)并取 $k_B = \dfrac{m\pi}{B}$,则有:

$$\frac{\partial^2 H}{\partial s^2} + \left(\frac{1}{\lambda_{\mathrm{S}}} - \frac{b-3}{2\lambda_{\mathrm{W}}}\right)\frac{\partial H}{\partial s} + \frac{H}{\lambda_{\mathrm{S}}\lambda_{\mathrm{W}}}$$

$$= -\frac{h_0}{2}(b-1)\frac{\partial^2 \gamma}{\partial s^2} + \frac{h_0}{2}\left[Ah_0 k_B^2 - \frac{(2-\sigma)(b-1)}{2\lambda_{\mathrm{W}}}\right]\frac{\partial \gamma}{\partial s} + \frac{h_0}{2}\left(\frac{Ah_0 k_B^2}{\lambda_{\mathrm{W}}}\right)\gamma \tag{7-1}$$

系统的自由表现由齐次部分的分析来推断,而非齐次部分则描述了河道中心线弯曲(以曲率 γ 来表示)所引起的外力作用。式(7-1)中齐次部分的通解有如下的形式:

$$H(s) = C_1 \mathrm{e}^{R_1 s} + C_2 \mathrm{e}^{R_2 s} \tag{7-2}$$

式中:C_1 和 C_2 为常数,R_1 和 R_2 为特征方程的根:

$$ak^2 + bk + c = 0 \tag{7-3}$$

其中

$$a = 1$$

$$b = \frac{1}{\lambda_{\mathrm{S}}} - \frac{b-3}{2\lambda_{\mathrm{W}}}$$

$$c = \frac{1}{\lambda_{\mathrm{S}}\lambda_{\mathrm{W}}}$$

当 R_1 和 R_2 为实数时,式(7-1)中的齐次部分的解是纯指数的,条件如下:

$$\left(\frac{1}{\lambda_{\mathrm{S}}} - \frac{b-3}{2\lambda_{\mathrm{W}}}\right)^2 - \frac{4}{\lambda_{\mathrm{S}}\lambda_{\mathrm{W}}} > 0 \tag{7-4}$$

当特征方程的根为复数时,其解是调和的,条件是:

$$\left(\frac{1}{\lambda_{\mathrm{S}}} - \frac{b-3}{2\lambda_{\mathrm{W}}}\right)^2 - \frac{4}{\lambda_{\mathrm{S}}\lambda_{\mathrm{W}}} < 0 \tag{7-5}$$

在此情况下,根表示如下:

$$R_1 = \phi + \mathrm{i}\sigma$$
$$R_2 = \phi - \mathrm{i}\sigma \tag{7-6}$$

考虑到:

$$\mathrm{e}^{\mathrm{i}\sigma s} = \cos(\sigma s) + \mathrm{i}\sin(\sigma s)$$
$$\mathrm{e}^{-\mathrm{i}\sigma s} = \cos(\sigma s) - \mathrm{i}\sin(\sigma s) \tag{7-7}$$

调和解也可写为如下形式:

$$H(s) = C_1 \mathrm{e}^{\phi s}\cos(\sigma s) + C_2 \mathrm{e}^{\phi s}\sin(\sigma s) \tag{7-8}$$

其中:

$$\phi = -\frac{b}{2a}$$

$$\sigma = \frac{\sqrt{4ac - b^2}}{2a} \tag{7-9}$$

调和解描述的是近岸水深波动 H 在 s 方向的衰减空间振荡:

$$H(s) = H(0)\exp\left(-\frac{s}{L_D}\right)\sin[k_0(s + s_P)] \tag{7-10}$$

式中:$H(0)$ 为上游边界处(上游扰动)的近岸水深波动,m;$H(s)$ 为距上游边界距离为 s 处的近岸水深波动(沿河道中心线量测),m;s_P 为空间滞后值,m;$k_0 = 2\pi/L_P$ 为波动的波数,m^{-1};L_P 为波动的波长,m;L_D 为波动的衰减长度,m;$1/L_D$ 为波动的阻尼系数,m^{-1}。其中:

$$k_0 = \frac{1}{2\lambda_W}\left[(b+1)\frac{\lambda_W}{\lambda_S} - \left(\frac{\lambda_W}{\lambda_S}\right)^2 - \frac{(b-3)^2}{4}\right]^{1/2} \quad （波数） \tag{7-11}$$

$$\frac{1}{L_D} = \frac{1}{2\lambda_W}\left(\frac{\lambda_W}{\lambda_S} - \frac{b-3}{2}\right) \quad （阻尼系数） \tag{7-12}$$

通解代表了河流系统对上游扰动的自由响应(Free Response),在模型中用 $H(0)$ 来表示。自由响应有两种形式,要么是波动的纵向振动,要么是波动的指数性衰减。自由响应是稳定的。

如果是调和解,自由响应是下游方向上的(阻尼)振动,这里称为本征振荡(Eigen-Oscillation),代表河槽内自由稳定滩的形成。这种在扰动下游处所形成的稳定振动也被称做过度冲刷或过度刷深现象。如果横向振动模数 m 等于1(见5.2.5节),则每个断面只有一个滩,此时下游响应形式是衰减的交替滩(见图7-1)。在实际计算中,每个断面的滩数量是 m 的函数:当 $m = 2$ 时,也存在一个中央滩;当 $m > 2$ 时,则每个断面的滩数将大于2。

如果阻尼系数 $1/L_D$ 较大,则滩会受到强阻尼的制约,并且从扰动起点开始在较近距离以内就消失了。如果阻尼系数 $1/L_D$ 等于0,则滩既不衰减也不增长。在下面的条件下,阻尼系数 $1/L_D$(式(7-12))为负数:

$$\frac{\lambda_S}{\lambda_W} > \frac{2}{b-3} \tag{7-13}$$

阻尼系数 $1/L_D$ 为负值表示下游方向有滩存在。在实际的河流中,滩的发育会受到一定的限制。在本模型中,这个限制由被忽略的非线性项来描述,也就是说在该参数范围之内不能利用线性模型。

如果式(7-1)齐次部分的解是指数的,那么自由响应就是波动的指数性递增或递减,没有任何下游方向上的振动(见图7-2)。

本征振荡的波数和阻尼系数(式(7-11)和式(7-12))乘以 λ_W,可变成无量纲形式:

$$\lambda_W k_0 = \lambda_W\frac{2\pi}{L_P} = \frac{1}{2}\left[(b+1)\frac{1}{\alpha} - \left(\frac{1}{\alpha}\right)^2 - \frac{(b-3)^2}{4}\right]^{1/2} \tag{7-14}$$

和

$$\frac{\lambda_W}{L_D} = \frac{1}{2}\left(\frac{1}{\alpha} - \frac{b-3}{2}\right) \tag{7-15}$$

其中:

$$\alpha = \frac{\lambda_S}{\lambda_W} = \frac{2}{\pi^2}\frac{1}{m^2}\beta^2 C_f(\theta_0) \tag{7-16}$$

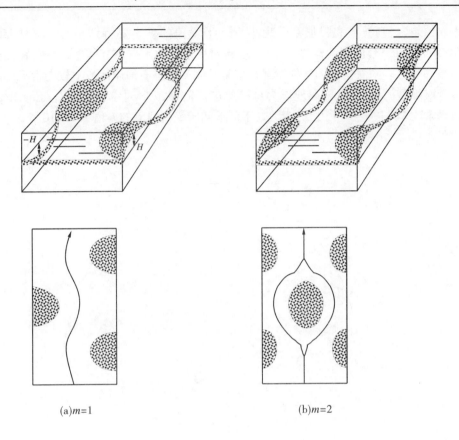

(a)$m=1$ (b)$m=2$

图 7-1 由点滩引起的河床和水流的典型变化形态

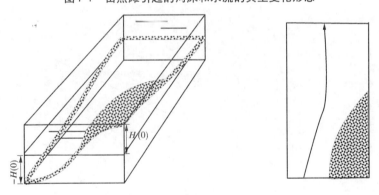

图 7-2 由上游扰动引起的波动的指数性衰减

式中:L_P 为振动的波长;β 为宽深比,$\beta = B/h_0$。

水深波动适应长度(式(5-46))与流速波动适应长度(式(5-35))的比率为参数 α,称为相互作用参数(Interaction Parameter)[De Vriend 和 Struiksma,1984]。该参数与宽深比的平方成正比,与横向振动模数 m(每个断面滩的数量)的平方成反比。相互作用参数既是 Shields 系数 θ_0 的函数,又是摩擦系数 C_f 的函数。对于给定的 m,该参数随着河道宽深比的增大而增大。

波动的波数和阻尼系数是无量纲的,它们对于 b 值的变化相当敏感(见图 7-3(a)、

(b))。b 值越大,则波数和阻尼系数越小。因此,b 值的确定要特别小心。根据 Meyer-Peter 和 Müller(1948)的泥沙输移公式,b 是 Shields 系数的函数,它可以为大值,在接近初始起动条件下可以剧烈变化。这种情况在多呈编织型的砾石河床河流上较为常见。对于沙质河床蜿蜒型河流,大部分泥沙作为悬移质进行输移,b 值通常在 5 左右[Engelund 和 Hansen 输移公式(1967)]。由此推断,处于低地的蜿蜒型河流的 b 值为 3 ~ 10。

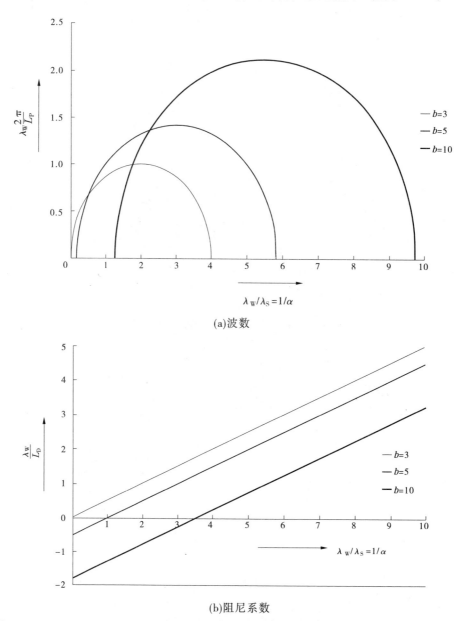

(a)波数

(b)阻尼系数

图 7-3　无量纲波数和阻尼系数与相互作用参数倒数的关系

在有关文献中,稳定本征振荡的波数和阻尼系数通常以 α 的函数来取代 $1/\alpha$ 的函数。因为相互作用参数随着宽深比的增大而增大,所以对于任何给定的横向波动模数,α

反映了河流对扰动的响应随着 β 增加所产生的变化(见图7-4)。β 值增大,导致阻尼系数减小。此外,解的周期变幅也与宽深比有关。

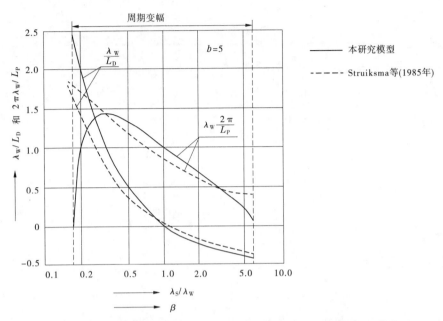

图7-4 $b=5$ 的条件下,无量纲波数和阻尼系数与相互作用系数 α 的关系
(本研究开发模型和 Struiksma 等开发模型的计算结果对比)

图 7-4 显示了作为 α 的函数[Engelund 和 Hansen 的传输公式]和 $b=5$ 的情况下,由 Struiksma 等(1985)开发的更完整的线性模型所获得的本征振动的无量纲波数和阻尼系数。Struiksma 等的模型保留了 C**❶** 中的有关项(式(5-63)~式(5-65))、纵向河床坡度对输沙率的影响和 R_*(式(5-8))中螺旋流的惯性。通过对比,可以对忽略这些项的影响进行评估。由图 7-4 可以看出,当 α 大于 0.25 时,两个模型的计算结果具有很好的一致性。即使对于较小的 α 值,一致性也是不错的,这是因为较大值的阻尼系数会使所有扰动在较短的距离之内衰减并消失。

7.2.2   与试验数据的比较

将模拟计算结果与试验数据进行比较,用以检验模型模拟稳定河流对上游扰动响应的能力。为此,利用水流、泥沙的相关参数和直槽试验 T1 和试验 T2 的几何数据(见表6-1和表6-2),运行 MIANDRAS 模型。试验中,横板形成的上游扰动,转换成边界条件 $H(0)$ 和 $U(0)$。计算采用 Engelund-Hansen(1967)或 Meyer-Peter 和 Müller(1948)的传输公式,α_1(式(5-10))和 E(式(5-7))都等于0.5。表 7-1 列出了形成于横板下游的稳定河床振动的观测参数,表 7-2 和表 7-3 分别列出了试验 T1 和试验 T2 计算得到的参数。

---

❶ 由非均匀流引起的主流线弯曲。

表 7-1　试验数据

试验	波长(m)	阻尼系数(m⁻¹)
T1	5.80	0.02
T2	6.60	0.09

表 7-2　试验 T1 流速条件下计算的自由稳定(交替)滩参数和泥沙输移规律的非线性度

输移公式	指数 b	波长(m)	阻尼系数(m⁻¹)
Engelund-Hansen	5.00	5.75	0.09
Meyer-Peter 和 Müller	5.29	5.63	0.01

表 7-3　试验 T2 流速条件下计算的自由稳定(交替)滩参数和泥沙输移规律的非线性度

输移公式	参数 b	波长(m)	阻尼系数(m⁻¹)
Engelund-Hansen	5.00	6.29	0.15
Meyer-Peter 和 Müller	4.84	6.37	0.18

　　尽管阻尼系数稍大而波长较小,但计算得到的稳定振动的波长值和阻尼系数值与试验数据相当一致。Meyer-Peter 和 Müller 传输公式计算结果最好。计算的近岸波动纵向轮廓线和实测的结果见图 7-5(试验 T1)和图 7-6(试验 T2)。

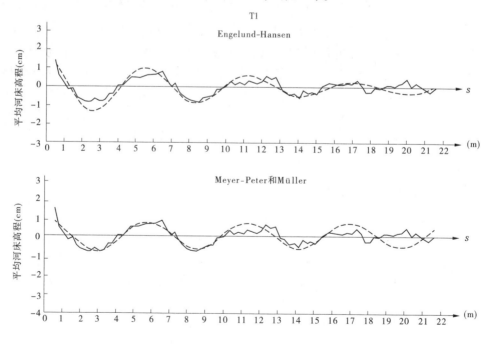

图 7-5　试验 T1 计算(虚线)和实测(实线)的近岸水深波动(见 6.3 节)

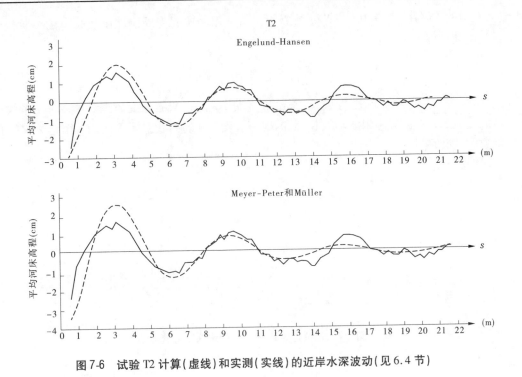

图 7-6　试验 T2 计算(虚线)和实测(实线)的近岸水深波动(见 6.4 节)

7.3　水流流速滞后

7.3.1　理论分析

在稳定状态(无时间变化)情况下,水流流速对于水深变化的适应具有一定的空间滞后。对于蜿蜒型河流,常见具有任意波长稳定交替滩的顺直河道,在上述简化状态,滞后距离应予以考虑。取弯曲率 γ 等于零(顺直河道),式(5-66)转化为

$$\frac{\partial U}{\partial s} + \frac{U}{\lambda_{\mathrm{W}}} = \frac{1}{h_0 \lambda_{\mathrm{W}}} \frac{u_0}{2} H \tag{7-17}$$

在这种情况下,近岸水流流速波动 U 仅受水深波动 H 的影响。假定后者在下游方向 s 上呈谐波波动,可视为具有稳定交替滩的河道:

$$H = \hat{H} \sin\left(\frac{2\pi}{L_{\mathrm{b}}} s\right) \tag{7-18}$$

分析考虑了任何稳定交替滩,即波长 L_{b} 为任意值,不仅仅是第 7.2.1 节描述的系统的本征振动。交替滩类型的一般振动,包含本征振动在内,用下标"b"(滩)来标识。如果有必要从一般振动中区分出本征振动,与 7.2 节一样,本征振动用下标"P"来标识。水流流速与水深一样具有相同的周期性表现,但存在相位差:

$$U = \hat{U} \sin\left[\frac{2\pi}{L_{\mathrm{b}}}(s - s_{\mathrm{U}})\right] \tag{7-19}$$

在式(7-19)中,s_{U} 代表水流流速和水深变化之间的滞后距离,见图 7-7。将 U

（式(7-18)）和 H（式(7-19)）代入式(7-17)，可导出经典的受周期性函数胁迫的一阶松弛系统的相位滞后的解：

$$\frac{s_U}{L_b} = \frac{1}{2\pi}\mathrm{atan}\left(\frac{\lambda_w}{L_b}2\pi\right) \tag{7-20}$$

式(7-20)中，水流流速与水深之间的滞后距离，除以滩波长变为无量纲，s_U/L_b 依赖于水流适应长度 λ_w 与河床波动波长 L_b 的比率。图 7-8 的曲线显示了 s_U/L_b 作为 λ_w/L_b 的函数的变化情况。

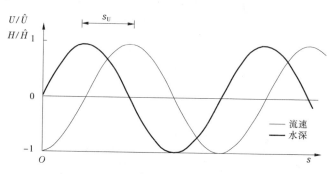

图 7-7　相位迟滞等于 π/2 的水深和流速波动

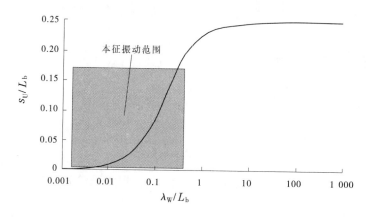

图 7-8　水流流速与水深波动间的无量纲滞后距离作为水流适应长度与波动波长比率的函数

如果 λ_w/L_b 的值小，水流的流速会在相当短的距离内适应河床地形。如果 λ_w/L_b 趋于 0，无量纲滞后距离也趋于零。在此情况下，在水深最大的地方流速的波动达到最大。

如果 λ_w/L_b 的值大，无量纲滞后距离趋于 0.25（见图 7-7，相位滞后等于 π/2）。在此情况下，水流流速波动在下一个滩交叉处（下游）达到最大。

现在我们用系统的本征振荡代替具有任意波长 L_b 的一般振荡，即波长为 L_P 的情况下河流对水流扰动的自由响应。对于蜿蜒型河流，本征振荡的无量纲波长 λ_w/L_P 处于 $0\sim0.3$ 的范围内（见图 7-3(a)）。对于该范围内的值，水流流速和水深变化之间的无量纲滞后距离为 $0\sim0.17$（见图 7-8）。这说明水流流速在最大水深处和下游的滩交叉之间的某一位置达到最大，最大的相位滞后略大于 π/4（47°）。

7.3.2   与试验数据的比较

6.4 节所述的直槽试验 T2 中,实测稳定振荡的波长等于 6.6 m,水流适应长度等于 1.14 m。在此情况下,$\lambda_W/L_P = 0.173$。水流流速和水深波动之间的实测平均滞后距离 s_U 为 0.5 m,s_U/L_P 等于 0.076。

当 $\lambda_W/L_P = 0.173$ 时,由式(7-20)计算出的 s_U/L_P 为 0.132,那么 s_U 的推算值为 0.87 m。这种计算高估了流速和水深之间的滞后距离,计算值是实测值的 1.74 倍(计算值是 0.87,实测值是 0.5),这使得滩的波长缩减了 5.6%。绘制计算流速和实测流速的纵向轮廓线,包括实测波长、阻尼系数和相位滞后等参数值,见图7-9。

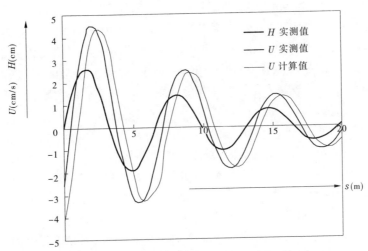

图 7-9   直槽试验 T2 右岸的计算流速和实测流速纵向轮廓线和水深波动
(仅实测值,本征振荡)($s=0$ 的位置距离扰动横板 1.2 m)

7.4   河流蜿蜒的形成

7.4.1   历史背景

关于为什么河流会发生蜿蜒的问题,有很多的解释[例如,Eaton 等,2006;Da Silva, 2006]主要包括:

(1)顺直河道河床的小波动演变成移动交替滩,称为滩不稳定性(Bar Instability) [Hansen,1967]。

(2)极小河流弯曲的侧向发展,称为弯曲不稳定性(Bend Instability)[Ikeda,Parker 和 Sawai,1981]。

(3)河床波动(变化)与交替河弯之间的共振作用(Resonance)[Blondeaux 和 Semi-nara,1985]。

(4)过度响应/过度刷深现象(Overshoot/Overdeepening Phenomenon)(上游干扰引起

的稳定水流和河床波动)[Olesen,1984]。

　　(5)大规模的紊流(Large-Scale Turbulence)[Yalin,1977]。

　　在众多的研究中,Hansen(1967)、Callander(1969)、Engelund(1970,1975)、Parker(1976)和 Fredsøe(1978)关于稳定性的分析,揭示了由于形态动力系统的内在不稳定性引起的自由移动滩的发展,称为滩不稳定性(Bar Instability)。

　　Ikeda 等(1981)通过分析具有弯曲河道中心线河流的平面变化,发现存在弯曲不稳定性,并据此推断,具有一定波长的河弯随着时间的推进会不断发育。临界波长 λ_c 是区分弯曲发育和弯曲衰退的重要参数。Ikeda 等提出,河道蜿蜒弯曲源于弯曲的不稳定性,波长大于或等于临界波长 λ_c 的交替滩规定了起始河道的蜿蜒度。

　　随后,Blondeaux 和 Seminara(1985)发现了共振现象(Resonance Phenomenon),当河道中出现的交替滩与发育中的河弯具有相同的波长时,会发生共振现象。临界宽深比 β_R 和临界波长 λ_R,标志着随着时间推移或沿下游方向既不发育也不衰减的滩的临界状态。宽深比较大的河道称做超级共振(Super - Resonant),宽深比较小的河道称做次级共振(Sub - Resonant)。共振被认为是将关于蜿蜒起始发展的滩不稳定性理论和弯曲不稳定性理论联系起来的因素。

　　考虑到自由移动交替滩的迁移速率远远大于河道弯曲的缓慢发展过程,以至于不能对其造成影响,Olesen(1984)认为,河流蜿蜒弯曲更多地是由于河流系统对上游干扰产生自由响应,从而形成稳定的水流和河床波动,称做过度响应/过度刷深现象(Overshoot/Overdeepening Phenomenon)(我们称为本征振荡)。这个观点得到了 Friedkin(1945)的试验观测结果以及野外观测结果的支撑(见图7-10,图中上游扰动指河流的急弯)。研究发现由上游干扰引起的稳定河床波动与按照弯曲不稳定理论(Ikeda 等,1981)计算的起始蜿蜒波长的量级和规模相近,即比自由交替滩波长大2～3倍。后续的理论和试验研究进一步证实了 Olesen 的假说,Crosato(1989)利用 MIANDRAS 模型(本研究)、[Johannesson 和 Parker(1989)]利用类似的模型,再现了上游水流扰动情况下从非常顺直的河道发展演化而成的稳定弯曲平面形态。1990 年,Tubino 和 Seminara(1990)发现,如果河道变宽,自由移动滩会减缓,直至最终停止移动。此时,滩的存在导致局部河道侧向发育和弯曲的发展[Seminara 和 Tubino,1989a]。后来,Federici 和 Paola(2002)等在实验室中观察到了这种现象。由于移动滩通过河道变宽最终导致河弯发展,所以这个理论归入了滩和弯曲不稳定理论的范畴(参见 Seminara(1998)的稳定性理论综述)。

　　Seminara 和 Tubino 的发现支持这样的观点,即是以移动滩为代表的固定干扰而不是短暂的干扰引起了初始河道蜿蜒弯曲,同时也表明固定干扰产生于滩不稳定性,但只能通过河流变宽形成。近年来,Hall(2004)利用理论模型揭示了周期性的大流量和小流量交替变化会导致稳定滩的形成,而这可能会影响到河流平面形状的变化。因此,看起来能够形成稳定河床波动的扰动并不局限于以前所认为的几何因素。

　　近期的研究显示,共振条件可能是区分上游蜿蜒移动和下游蜿蜒移动的标志。根据 Zolezzi 和 Seminara(2001)[也见 Seminara 等(2001)]的推论,在次级共振条件下,滩向下游移动,在超共振条件下,向上游移动。最近,Lanzoni 等(2005)的研究表明,在次级共振和超共振条件下,上游或下游扰动均可启动河道蜿蜒。在没有扰动的情况下,越来越多的

图 7-10　由于稳定交替滩的发展,影响河岸侵蚀,从而在
水流方向发生急转的河道下游,产生蜿蜒弯曲形态的发展。
一场洪水后的洛杉矶河,箭头方向为水流方向(图片来自 Garyarker)

蜿蜒弯曲河段变为顺直。

　　本研究框架内的分析结果似乎表明,非常小的、快速的和随机变化的水流干扰,或者谐和变化的扰动,如移动交替滩的出现等,能够引起具有本征振荡波长的稳定河床振动(见8.4.2节)。如果这是事实,那么滩不稳定性和过度响应/过度刷深现象两者共同作用,能够引起河道蜿蜒变化,这支持了河流蜿蜒变化不需要外部因素的观点。

　　另一不同学派将河道蜿蜒变化的初始形成归因于大尺度干扰[Yalin,1977]。然而,用于说明扰动对河岸侵蚀影响[Da Silva,2006]的水平突变的时间尺度远远小于蜿蜒发展的时间尺度。

7.4.2　MIANDRAS 模型的蜿蜒起始形成

　　根据本研究的模型,稳定交替滩会引起下游方向上的流速和水深的连续稳定扰动,从而导致河流开始蜿蜒变化[Crosato,1989]。初始蜿蜒的特性取决于顺直河道内形成的稳定滩的波长(本征振荡,式(7-10)),因此它也受到河流水力学特性和形态学特性以及形成稳定交替滩的条件等因素的控制。发育充分的蜿蜒弯曲,其特性也受河流水力学特性和形态学特性控制,但在一定程度上与造成滩形成条件及蜿蜒初始形成的条件无关(见8.4节)。

　　根据第7.3节的分析,如果水流适应长度和交替滩波长的比率 λ_w/L_b 较小(滩的波长大),水流速度波动在水深最大的位置达到最大值。由于移动速率与近岸水流流速和水深波动(式(5-79))相关,所以河道移动(变迁)速率在滩顶点位置最大,而在滩交叉处等于0。这说明初期河弯发育表现为规模的增大(见图7-11),促进了初始滩的发展,但河弯不会移动。

　　在实际河流中,这种表现将对迁移模型(式(5-79))所使用的移动系数 E_h 和 E_u 的率定产生重要影响。由于 U 和 H 同相,所以不可能基于河道迁移记载来区分 E_h 和 E_u,这两个参数只能通过河岸特性分析来确定。

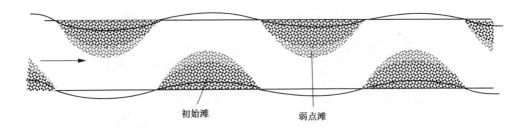

图 7-11　小 λ_W/L_b 值、具有交替滩的初始时顺直河道的初始蜿蜒，
河道宽度不变，即假定河岸保持相同的侧向移动

λ_W/L_b 比值大（即滩的波长小）的系统，呈现出不同的表现。对该系统，流速和水深之间的无量纲滞后距离趋近于 0.25（见图 7-8），说明水流速度波动在滩交叉处达到最大值。如果移动速率仅是 U 的函数（式（5-79）中 $E_h=0$），那么最大的移动速率也发生在滩交叉处。这种情况下，初始蜿蜒发生移动，但不会增长（见图 7-12）。这个结果正是 Ikeda（1981）、Johannesson 和 Parker（1989）、Howard（1992）、Sun（1996）以及 Abad 和 Garcia（2006）等的预测结果。与 MIANDRAS 模型处理一样，如果移动速率是 U 和 H 二者的函数，那么最大的移动速率发生在弯顶点和滩交叉处之间。在上述两个案例中，蜿蜒的初期发展导致初始滩轻微地向下游移动，而这是由于嫩弱的点滩的形成所致（见图 7-12）。

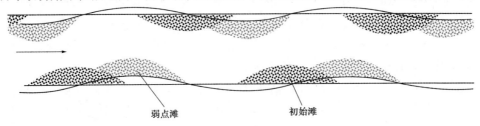

图 7-12　在 $E_h=0$，交替滩 λ_W/L_b 的值大时，顺直河道的初始移动，
假设河宽不变，即相对河岸移动相同

因上游扰动（系统的本征振荡）自由响应而形成的稳定交替滩，其特点是水深和流速之间的无量纲滞后距离为 0～0.17（见 7.3 节）。这意味着水流流速在水深最大处或在水深最大处和滩交叉之间某处达到最大。因此，由上游扰动所引起的初始蜿蜒要么属于如图 7-11 所示的情况（λ_W/L_b 值小），要么属于如图 7-11 和图 7-12 所示情况的中间状态。

图 7-13 表示上游持续扰动情况下，初始为顺直河道的蜿蜒弯曲发展。其初始条件如 T2 直槽试验（见 6.4 节、表 6-1 和表 6-2，计算条件见 8.3 节、表 8-1 和表 8-2）。在此情况下，初始（计算的）水深和流速之间的无量纲滞后距离是 0.132（见 7.3.2 节）。图 7-13 所示的不同发展阶段的时间间隔相同。

从图 7-13 可以看出，在初始阶段，蜿蜒弯曲趋于向下游方向移动，而不是趋于增长。随后，其侧向增长变得显著。这种情况的出现，是因为蜿蜒弯曲的波长随着时间变化而增大。假定每个河弯存在一个点滩，蜿蜒波长的增大将导致流速和滩之间的相位滞后减小（见 7.3 节）。最大流速及由此产生的最大侵蚀速率逐渐靠近滩顶，从而造成显著的弯曲侧向发育。

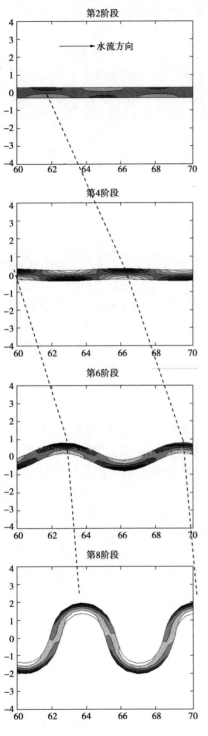

(a)初始状态。由于扰动产生上游边界处的水流和水深波动,因此形成稳定交替滩。滩加剧冲刷池(较深灰色)处的河岸侵蚀,引起初始阶段的河流蜿蜒弯曲

(b)初始蜿蜒变化。滩的强烈下移(虚线)和初期的河弯。点滩形成于河弯顶点稍下游处

(c)随着河道蜿蜒的发展,滩向下游移动减弱,点滩在弯曲顶点逐步发展。蜿蜒继续增长,在河弯顶点上游处点滩形成

图7-13　$\lambda_W/L_b = 0.173, E_h = 0$(直槽试验 T2,6.4 节),距上游边界较远处,具有交替滩(自然波动)顺直河道的初始移动(灰度越大表示水深越大,虚线指示滩向下游方向的移动)

在试验水流［Friedkin，1945］和实际河流中（见图7-10），都发现稳定交替滩能够影响河岸侵蚀和初始蜿蜒弯曲。随着这种现象的发展，如果相对河岸的延伸速率与侵蚀速率相当，那么河流将演变成蜿蜒弯曲平面形态。如果一侧河岸的延伸速率小于对岸的侵蚀速率，则河道变宽，点滩最后被消减［Friedkin，1945］，进而河流向分汊或编织形态发展（见图1-1）。MIANDRAS模型假设河道宽度不变，因而总是给出蜿蜒型平面形态。因此，不能应用本模型研究预测开始蜿蜒弯曲的河道是否向蜿蜒型、编织型或分汊型平面形态演化。

7.5 蜿蜒弯曲和交错编织

7.5.1 概述

一直以来，关于河流平面形态形成的控制因素的界定得到了极大的关注，目前仍是如此（第3章）。许多科学家把河流平面形态类型与许多流域尺度的河流特性相关，比如河谷坡度、流量和泥沙补给等［如 Leopold 和 Wolman（1957）、Schumm（1977）、Van Den Berg（1995）、Bledsoe 和 Watson（2001）］；其他的科学家则认为河流平面形态类型还与一些另外的局部河流特性有关，比如河岸侵蚀度［Ferguson，1987］、岸边植物生长等［Millar，2000］。

Hansen（1967）和 Callander（1969）及其他研究人员开展的稳定性分析，界定了控制河道自由滩发展的条件，发现在宽深比较大的河道会形成多重滩而非交替滩。自 Leopold 和 Wolman（1957）开始，交替滩的出现与河流形成蜿蜒弯曲的趋势相关，而多滩的出现则与河流形成交错编织相关。可惜的是，稳定性分析需要搞清楚河道宽深比，因此不能仅仅根据一些流域尺度的河流特性参数就直接利用稳定性分析来预测河流的平面类型。另外，尽管对于特定类型的河流已有经验性的预测器（Predictor），但是目前还没有形成把宽深比作为流域尺度和局部小尺度河流特性函数的通用的预测方法［如 Parker 等，2007］。

目前，替代的直接预测河道断面上自由稳定滩最可能数量的新预测方法已经出现。应用该方法需要了解河道宽深比，所以只有在河道断面已知的情况下，如对河流整治或者河流恢复工程等，才能运用该方法预测河流的平面形态类型。与移动滩相比，稳定滩更能对缓慢的河流平面形态变化产生影响，所以该简单方法仍然包含了控制河流平面形态形成的主要因素。

7.5.2 工作回顾

关于宽深比对河道断面自由滩形成数量的作用问题，Seminara 和 Tubino（1989）进行了研究。他们的线性分析确定了一条临界线，对两类不同状态进行区分：一类是交替滩或者多重滩趋于形成与发展的状态，另一类是相同的滩受到阻尼而不能形成的状态，第二类状态用其模数 m（判定每个断面上滩的数量）和无量纲波数 λ 来定义。在涉及的相关参数中，宽深比 $\beta = B/h_0$ 看起来属于控制性参数；其他相关参数是 Shields 参数 θ_0 和无量纲泥沙粒径 $d_s = D_{50}/h_0$。把滩视为周期性（和谐）现象，Seminara 和 Tubino（1989）用下式确定无量纲波数：

$$\lambda = \pi B / L_b \qquad\qquad (7\text{-}21)$$

式中：L_b 为滩的波长。

他们把临界线绘制在 $\beta \sim \lambda$ 坐标平面上，将滩趋向于增长的状态与同样滩的衰减条件区分开来。对于给定的 Shields 参数值、无量纲粒径值和颗粒雷诺数值，临界线本身表示滩既不增长也不衰减，属于二者的中间情况。图 7-14 给出了交替滩（$m=1$）的一个典型中间曲线。

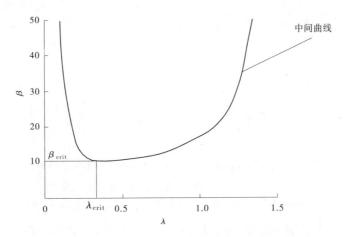

图 7-14　交替滩（$m=1,\theta_0=0.3,d_s=0.01$）的典型中间曲线[Seminara 和 Tubino(1989)]

从图 7-14 可以得到临界值 β_{crit}，即中间曲线上 β 的最小值。该值是宽深比的临界值，大于该值会形成交替滩。这些交替滩的无量纲波数取 λ_{crit}。当 β 值较大时，认为河道中形成的滩的波数是具有最大发展速度（Highest Development Speed）的波数。

具有较大模数（$m>1$）滩的中间曲线在图中逐渐升高：m 值越大，$\beta \sim \lambda$ 坐标平面中间曲线越高。说明河道断面上可能形成的滩的数量随着宽深比的增大而增多。因此，如果已知河道的宽深比及其他一些参数，就有可能预测到河床地形（滩数量）。然而，模型的局限性又限制了其预测的可能性。尤其是在参数组指示可能产生多滩的情况下，模型并不能计算出滩的精确数量。这是因为模型中没有考虑非线性相互作用，而这些非线性相互作用有助于减少滩的数量。因此，此时应说明模型结果反映的是每个断面上形成一个以上滩的可能性。Toffolon 和 Crosato（2007）给出了如何将这个假设应用到潮汐河流的例子（见图 7-15）。

7.5.3　新预测方法

判定河道断面自由滩数量的传统方法，是在不同的区域之间确定一个分离器（Separator），区分具有一定滩数量的河流形态在区域内是线性稳定的还是不稳定的（7.5.2 节）。Seminara 和 Tubino（1989）的线性理论定义了一个中间曲线（分离器），区分了每个断面相同滩数量（滩模数）条件下滩数增长、衰减两种状态，该方法应用困难，难以应用于解决实际问题。

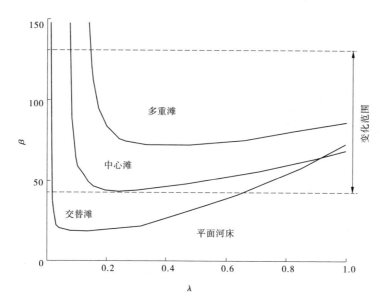

图 7-15　不同 m 值($\theta_0 = 0.65, d_s = 0.000\,017$ 和 $Re^* = 9$)时，

Scheldt 河(比利时)潮汐河段自由滩形成的域值，

本图同时标出了该河段 β 值的变化范围，Toffolon 和 Crosato(2007)

一种接近或局限于自由稳定滩的替代方法，可以从 MIANDRAS 模型基础公式[Crosato 和 Mosselman，2008 年提出]推导出来。稳定滩比移动滩更能影响缓慢的河流平面形态变化，所以尽管该方法简单，它仍然包括了控制河流平面形态形成的有关因素。

这种方法基于一种新的方式，不需要设定分离器来区分稳定和不稳定状态，而是直接确定河道断面上自由滩的最有可能数量的估计值。

在 MIANDRAS 模型的基础数学模型中，发育于水流干扰(本征振荡)下游的稳定滩的波数和纵向阻尼，取决于相互作用参数 α(式(7-11)、式(7-12))，它是滩模数 m 和河流宽深比 β 的函数(式(7-16)，为便于阅读，重列公式)：

$$\alpha = \frac{2}{\pi^2} \frac{1}{m^2} \beta^2 C_f f(\theta_0) = f\left(\frac{\beta}{m}\right)^2 \tag{7-22}$$

设想一条具有固定宽深比 β 的河道，其本征振荡的阻尼系数 $1/L_D$(式(7-12))随着滩模数 m 值的增大而增大，说明 $m+1$ 模数滩比 m 模数滩受到的阻尼更大。

$$\frac{\lambda_W}{L_D} = \frac{1}{4}\left[\frac{\pi^2}{C_f f(\theta_0)}\left(\frac{m}{\beta}\right)^2 - (b-3)\right] \tag{7-23}$$

只有当式(7-1)的解处于调和区间(7.2.1 节)时，m 模数滩才能在河道中形成。这种情况下，相互作用参数 α(式(7-22))处于以下范围：

$$\frac{b+1-\sqrt{(b+1)^2-(b-3)^2}}{2} \leqslant \frac{1}{\alpha} \leqslant \frac{b+1+\sqrt{(b+1)^2-(b-3)^2}}{2} \tag{7-24}$$

假定输沙公式的非线性度 b、摩擦系数 C_f 和 Shields 参数 θ_0 与滩模数无关，那么具有更大模数(更大 m 值)滩的调和区间就要求有更大的宽深比。这一点在将 α 的表达式(式(7-22))代入式(7-24)后变得清晰：

$$\frac{b + 1 - \sqrt{(b + 1)^2 - (b - 3)^2}}{2} \leqslant \frac{\pi^2}{2C_f f(\theta_0)} \left(\frac{m}{\beta}\right)^2 \leqslant \frac{b + 1 + \sqrt{(b + 1)^2 - (b - 3)^2}}{2}$$

$$(7\text{-}25)$$

在解的调和区间以外,摩擦系数既可能是正值,也可能是负值。对于正值的阻尼,河流对上游扰动的响应是波动的指数性衰减,不会形成自由滩,如图 7-2 所示,此时:

$$\frac{\lambda_W}{L_D} > \frac{1}{4} \left[\frac{b + 1 + \sqrt{(b + 1)^2 - (b - 3)^2}}{2} - (b - 3)\right] \qquad (7\text{-}26)$$

对于负值的阻尼,河流对上游扰动的响应是波动的指数性增加,此时:

$$\frac{\lambda_W}{L_D} < \frac{1}{4} \left[\frac{b + 1 - \sqrt{(b + 1)^2 - (b - 3)^2}}{2} - (b - 3)\right] \qquad (7\text{-}27)$$

例如,对于 $b = 5$ [Engelund 和 Hansen 传输公式,适应于沙性河床],当 $\lambda_W / L_D > 0.95$ 时,指数性递减发生;当 $\lambda_W / L_D < -0.45$ 时,指数性增加发生。

通常情况下,$\lambda_W / L_D = 0$ 的对应点总是落在调和区间以内。此外,如果 $\lambda_W / L_D = 0$,则 m 模数滩没有阻尼,亦即它们在下游方向的发展不会发生改变。基于这个原因,认为 $\lambda_W / L_D = 0$ 的条件代表 m 模数滩的形成,在此情况下:

$$\alpha = \frac{2}{b - 3} \qquad (7\text{-}28)$$

把 α 的表达式(式(7-22))代入式(7-28),得到下面的宽深比 β_m:

$$\beta_m = m\pi \sqrt{\frac{1}{(b - 3)f(\theta_0)C_f}} \qquad (7\text{-}29)$$

在式(7-29)中,β_m 代表了 m 模数滩的宽深比的特征值(Characteristic Value)。根据式(7-29),在宽深比是 $m = 1$ 滩(交替滩)宽深比的 2 倍时,形成 $m = 2$ 滩(中心滩)。

利用式(7-25),可以推导形成 m 模数滩(式(7-1)的解处于调和区间之内)所要求宽深比之值的范围:

$$\beta_{1m} \leqslant \beta \leqslant \beta_{2m}$$

其中:

$$\left.\begin{aligned} \beta_{1m} &= m\pi \sqrt{\frac{1}{f(\theta_0)C_f[b + 1 + \sqrt{(b + 1)^2 + (b - 3)^2}]}} \\ \beta_{2m} &= m\pi \sqrt{\frac{1}{f(\theta_0)C_f[b + 1 - \sqrt{(b + 1)^2 - (b - 3)^2}]}} \end{aligned}\right\} \qquad (7\text{-}30)$$

如果河道宽深比小于 β_m 而大于 β_{1m},那么 m 模数滩的阻尼系数是正值,说明在下游方向上 m 模数滩受到阻尼(减小)。当 β 值小于 β_{1m} 时,m 模数滩位于调和区间以外,说明 m 模数自由滩不会发展。在此情况下,一旦河道宽深比落在调和区间以内,较低模数 $(m - 1)$ 滩就会立即出现。

如果河道宽深比大于 β_m 而小于 β_{2m},那么 m 模数滩的阻尼系数是负值,说明在下游方向产生 m 模数滩易于发展。考虑到非线性项会限制滩的增长[Seminara 和 Tubino,1992],以及在公式中该项曾经被忽略,可以假设当阻尼系数为负值时,在下游方向也会

生成 m 模数滩,但始终处在和谐区间内。当 β 值大于 β_{2m} 时, m 模数滩位于和谐区间以外,说明它们不再发展。更高模数 $(m+1)$ 滩一旦落入和谐区间内时,就会开始发展。

对于给定宽深比 β 的实际河流,可以利用式(7-29)确定河道内生成的滩模数 m 值:

$$m = \frac{\beta}{\pi} \sqrt{(b-3)f(\theta_0)C_f} \tag{7-31}$$

假设 b、θ_0 和 C_f 是常数,式(7-30)可以看出,当 b 大于3而小于10(沙质河床河流)时,对于 $\beta_{2m} \leqslant \beta \leqslant \beta_{1m+1}$,连续滩模数的调和区间重叠。对于任意给定的 β 值,模数值越大,阻尼系数越大(阻尼系数越大指下游方向上的衰减率越大)。由于这个原因,利用式(7-31)预测河道中形成的滩的模数,就等同于假定河道中形成的自由滩就是具有阻尼最小特征的滩。

根据出版资料,已经对许多现有河流进行了平滩流量条件下的滩模数 m 进行了计算,目的是探讨计算的滩模数 m 值是否可以用于预测河流属于何种类型:蜿蜒型、编织型或者过渡型。假设:

● 典型的蜿蜒型河流要么只有点滩,要么是点滩与交替滩共存 $(m \leqslant 1.5)$。尽管已发现稳定交替滩对蜿蜒弯曲初始形成至关重要,但是发育充分的蜿蜒型河流可能不存在自由滩,而仅仅存在受控的点滩 $(m < 1)$。这说明了下述假设:随着河流蜿蜒度的逐渐增加,河床纵比降和河道宽深比将减小,以致于达到某一特定的点,河流的状态落在调和区间(式(7-30))以外。此时,在河道内不再生成自由滩(本征振荡, $m = 1$)。

● 对具有明显的蜿蜒弯曲,但局部存在一个以上过流河槽的过渡性河流,其每个断面存在一至两个滩 $(1.5 < m < 2.5)$。

● 典型的编织型河流呈现出多个滩 $(m \geqslant 2.5)$。

给定滩模数过分依赖于输沙公式的非线性度的情况,计算 $b = 4$(沙质河床河流)和 $b = 10$(砾质河床河流)的 m 值。Shields 参数的函数根据 $E = 0.5$(5.2节式(5-7))推导。将计算的 m 值与文献中的河流平面形态类型(蜿蜒型、编织型或过渡型)的观测结果进行了比较,结果见表7-4。预测结果与实际观察的河道平面形态类型是一致的。

综上所述,根据式(7-31),最大发育滩模数值 m 是下面几项的函数:

(1)河流宽深比 β;

(2)与水流速度相关的输沙能力的非线性度 b;

(3)摩擦系数 C_f(式(5-1));

(4)Shields 参数 $f(\theta_0)$(式(5-6))。

需要注意的是, m 表示自由稳定滩(稳定系统的本征振荡)的模数。而受控滩,比如河弯内的点滩,不属于这个范畴。一般认为对只有点滩的河流,假定其 $m < 1$。在河道宽深比增加,以及输沙的非线性度 b、河床糙率 C_f 及 Shields 参数 θ_0 增加的情况下,冲积性河流自由滩的数量都会增加。特别是砾质河床河流的输沙非线性度要大于沙质河床河流的输沙非线性度[Jansen 等,1979]。Shields 参数是衡量水流输移泥沙颗粒能力的指标,可以认为其代表水流强度。如果纵向坡度增加,则 Shields 参数就会增大。因此,河床的纵向坡度越大,滩的数量就越大。砾质河床河道的糙率通常大于沙质河床。由式(7-31)可知,在相同宽深比的条件下,坡度陡的砾质河床河流的滩数要大于坡度稍缓的沙质河床

表 7-4　计算的各断面滩数量(式(7-25))与实测河流平面类型的比较

河流	Q_W (m³/s)	B (m)	h_0 (m)	坡度	D_{50} (mm)	θ_0	m ($b=4$)	m ($b=10$)	预测	实测
Geul 河 Echelen 河段 (荷兰)(Miguel,2006)	22	8	2.0	0.002 4	25	0.12	—	0.4	M	M
Moulins 上游 Allier 河段 (法国)(Blom,1997)	325	65	2.4	0.000 83	5	0.24	—	1.4	M	T
Ranoli(印度) (Struiksma 和 Klaassen,1988)	400	287	0.9	0.000 78	0.11	3.80	9.8	—	B	B
BeaverCreek(美国) (Struiksma 和 Klaassen,1988)	276	1 280	0.3	0.006 6	29.6	0.04	—	375.8	B	B
Ohua 河(新西兰) (Struiksma 和 Klaassen,1988)	378	450	0.6	0.006 5	20	0.11	—	63.9	B	B
Savannah(美国) (Struiksma 和 Klaassen,1988)	860	107	5.2	0.000 11	0.8	0.43	0.3	—	M	M
Jamuna(孟加拉国) (Struiksma 和 Klaassen,1988)	40 000	5 000	6.0	0.000 06	0.22	0.99	15.4	—	B	B
Big Fork 河 Koochiching 县河段(美国) (MacDonald 等,1992)	155	55	2.7	0.000 63	6.5	0.10	—	2.1	T	T
Minnesota 河的 Nicollet 和 Blue Earth 县 河段(美国) (MacDonald 等,1992)	314	43	4.7	0.000 24	0.5	1.36	0.3	—	M	M
Rice Creek 的 Anoka County 县河段(美国) (MacDonald 等,1992)	12.9	13.4	0.5	0.001 75	0.9	0.659	0.5	—	M	M

注:M = 蜿蜒弯曲型;

　　B = 编织型;

　　T = 过渡型(明显的蜿蜒弯曲,但某些地方有不只一个河槽);

　　资料指平滩水位情况。

河流,这与 Henderson(1963)、Schumm(1977)、Ackers(1982)和 Van Den Berg(1995)等提出的经验关系是吻合的,他们把河流平面形态类型与水流强度和泥沙粒径相联系。

但是,已经发现河岸的可侵蚀性、水边植物生长、洪水频率甚至活动地质构造等对河流平面形态的形成也有一定的影响(见 3.2 节)。式(7-31)中不包含这些因素,尤其是没有包括对河宽形成最有影响力的因素,例如河岸的可侵蚀性、河岸植物的生长及其特点、洪水频率等。事实上,式(7-31)要求河流宽深比值为已知条件。

相关研究已经对式(7-31)预测现有河流滩数量的能力进行了分析。图 7-16 比较了平滩流量条件下 $\beta < 100$ 的许多沙质和砾质河床河流的计算 m 值和实测 m 值,误差不超过 1,结果令人满意。相反,当 $\beta > 100$ 时,预测高估了滩数量[Crosato 和 Mosselman,2008年提出],其原因是对基本方程的线性化(5.2.2 节)。非线性影响的结果是减少了滩数量,多滩的情况下尤其如此,此时滩趋向于合并[Seminara 和 Tubino,1989]。

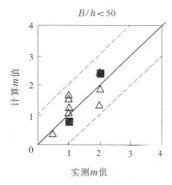 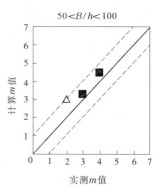

图 7-16 宽深比小于 100 河流的计算 m 值和实测 m 值对比(沙质河床河流(黑色方块)
计算值假设 $b = 4$、砾质河床河流假设 $b = 10$(三角形))
(实线:符合很好,虚线:误差为 ± 1)[Crosato 和 Mosselman,2008]

如果河道宽深比不超过 100,可以利用式(7-31)估算河流断面上形成自由稳定滩的数量。同时,在给定任何宽深比值的情况下,也可以利用式(7-31)预测河流平面形态。但无法从分汊型河流中区分出编织型河流,这是因为这两种河流都具有宽深比较大的特点。该公式可以用于分汊河流的每个分支河流。

如果缺乏输沙公式关于水流速度的非线性度 b 的资料,建议沙质河床河流采用 $b = 4$,卵石河床河流采用 $b = 10$。

在天然河流中,宽深比是水位的函数,因而宽深比在全年内是不断变化的。在低水位时,河流形态上活跃部分的宽深比大于高水位时的宽深比[Dietrich 等,1984],说明低水位时,在蜿蜒弯曲河流也可以观测到较高模数的滩,例如中央滩和多滩。然而,对大多数河流而言,最高水位水流输送最多的泥沙,而在低水位时河道的输沙率很小。这意味着小水流时,河床需要相当长的时间达到平衡状态,而多数情况下,在此之前高水位水流已经发生。在高水位水流情况下,由于输沙率显著增大,河床地形会更快地适应这个水流条件。所以,低水位条件比高水位条件对河道形态的影响要小。因此,建议平滩水流情况下采用式(7-31)进行计算。

7.6 点滩移动和弯曲增长

7.6.1 通常情况

在实际河流中,点滩顶部相对于河道弯曲顶点的位置变化与弯曲规模大小和河道宽深比相关。预测点滩顶部的位置是至关重要的,这是因为通过它就可以正确识别最大水深位置和最大水流速度位置,它们影响着河道的迁移过程。特别是只有当点滩顶部位于弯曲顶点的上游时,向上游方向的河弯移动才会发生。

在 MIANDRAS 模型中,相对于均匀水流而言,迁移速率与水流速度增量 U 和水深增量 H 有关(式(5-79))。如果点滩的顶部位于河道弯曲顶点的上游,则水深的最大值,也位于河道弯曲顶点的上游,即位于河流断面上点滩顶部的另一侧位置。而水流速度的最大值将位于更下游一定距离的位置(见7.3节)。假设每个河弯存在一个点滩,那么对于大的弯曲波长值,最大水流速度位置接近于滩的顶部;而对于小的弯曲波长值,最大流速位置在下游的弯曲交叉附近。

利用 MIANDRAS 模型预测点滩位置时,将其作为弯曲大小与其他河流特性的函数进行分析,在某些方面,这种做法类似于 Hasegawa 和 Yamaoka(1983)采用的方法。

式(7-1)描述的是受河道弯曲 γ 影响而产生的近岸水深波动 H 的下游变量。

$$A_1 \frac{\partial^2 H}{\partial s^2} + A_2 \frac{\partial H}{\partial s} + A_3 H = B_1 \frac{\partial^2 \gamma}{\partial s^2} + B_2 \frac{\partial \gamma}{\partial s} + B_3 \gamma \tag{7-32}$$

其中:

$$A_1 = 1 \tag{7-33}$$

$$A_2 = \frac{1}{\lambda_S} - \frac{b-3}{2\lambda_W} \tag{7-34}$$

$$A_3 = \frac{1}{\lambda_S \lambda_W} \tag{7-35}$$

$$B_1 = -\frac{h_0}{2}(b-1) \tag{7-36}$$

$$B_2 = \frac{h_0}{2}\left[Ah_0 k_B^2 - \frac{(2-\sigma)(b-1)}{2\lambda_W}\right] \tag{7-37}$$

$$B_3 = \frac{h_0}{2}\left(\frac{Ah_0 k_B^2}{\lambda_W}\right) \tag{7-38}$$

其中 $k_B = \pi/B$(交替滩,$m=1$)。

对于有多个交替弯曲的蜿蜒型河道,假设弯曲率沿 s 方向调和变化:

$$\gamma = \hat{\gamma}\sin\left(\frac{2\pi}{L_M}s\right) \tag{7-39}$$

式中:L_M 为蜿蜒波长(沿 s 方向测量);$\hat{\gamma}$ 为弯曲振荡的振幅。

点滩顶部的位置可用河弯最高点的位置来代表,这个点位于河道断面上最深点的另一侧。因此,点滩顶部与最深点在下游方向上具有相同的坐标,后者用 $\hat{H}$ 所表示,亦即水深波动的振幅。假设每个弯曲有一个点滩,那么水深波动就有了蜿蜒波长 L_M,它与弯曲顶点之间有一个相位差。这种情况有如下表述:

$$H = \hat{H}\sin\left[\frac{2\pi}{L_\mathrm{M}}(s - s_H)\right] \tag{7-40}$$

式中:s_H 为水深和弯曲间的滞后距离;$\hat{H}$ 是水深振幅,相对点滩顶部的最大水深。

为简便起见,弯曲波数用 K_M 表示:

$$K_\mathrm{M} = \frac{2\pi}{L_\mathrm{M}} \tag{7-41}$$

把式(7-39)和式(7-40)代入式(7-32)中,同时考虑到:

$$\sin\left[K_\mathrm{M}(s - s_H)\right] = \sin(K_\mathrm{M}s)\cos(K_\mathrm{M}s_H) - \cos(K_\mathrm{M}s)\sin(K_\mathrm{M}s_H) \tag{7-42}$$

$$\cos\left[K_\mathrm{M}(s - s_H)\right] = \cos(K_\mathrm{M}s)\cos(K_\mathrm{M}s_H) + \sin(K_\mathrm{M}s)\sin(K_\mathrm{M}s_H) \tag{7-43}$$

得到如下条件:

$$\left[(A_3 - A_1 K_\mathrm{M}^2)\cos(K_\mathrm{M}s_H) + (A_2 K_\mathrm{M})\sin(K_\mathrm{M}s_H)\right]\sin(K_\mathrm{M}s) = \frac{\hat{\gamma}}{\hat{H}}(B_3 - B_1 K_\mathrm{M}^2)\sin(K_\mathrm{M}s)$$

$$\left[(A_2 K_\mathrm{M})\cos(K_\mathrm{M}s_H) - (A_3 - A_1 K_\mathrm{M}^2)\sin(K_\mathrm{M}s_H)\right]\cos(K_\mathrm{M}s) = \frac{\hat{\gamma}}{\hat{H}}(B_2 K_\mathrm{M})\cos(K_\mathrm{M}s)$$

$$\tag{7-44}$$

滞后距离 s_H 由下面的公式给出:

$$s_H = \frac{1}{K_\mathrm{M}}\mathrm{atan}\left[\frac{(A_2 K_\mathrm{M})(B_3 - B_1 K_\mathrm{M}^2) - (B_2 K_\mathrm{M})(A_3 - A_1 K_\mathrm{M}^2)}{(B_3 - B_1 K_\mathrm{M}^2)(A_3 - A_1 K_\mathrm{M}^2) + (A_2 K_\mathrm{M})(B_2 K_\mathrm{M})}\right] \tag{7-45}$$

$\sin^2(K_\mathrm{M}s_H) + \cos^2(K_\mathrm{M}s_H) = 1$,通过式(7-39)也得到 $\hat{H}$ 的表达式:

$$\hat{H} = \hat{\gamma}\left[\frac{(B_3 - B_1 K_\mathrm{M}^2)^2 + (B_2 K_\mathrm{M})^2}{(A_3 - A_1 K_\mathrm{M}^2) + (A_2 K_\mathrm{M})^2}\right]^{1/2} \tag{7-46}$$

7.6.2　忽略螺旋流的无阻尼系统

为了简便起见,考虑一个 $1/L_\mathrm{D} = 0$(式(7-12))的无阻尼系统,并假设螺旋流的影响可忽略不计($\sigma = 0$ 和 $A = 0$)。在此情况下,A_2 和 B_3 都等于零,$B_2 \doteq B_1/\lambda_\mathrm{W}$,由此式(7-45)简化为

$$s_H = \frac{1}{K_\mathrm{M}}\mathrm{atan}\left(\frac{1}{\lambda_\mathrm{W} K_\mathrm{M}}\right) \tag{7-47}$$

处理为无量纲后,水深波动和河道中心线弯曲之间的滞后距离是 $\lambda_\mathrm{W}/L_\mathrm{M}$ 比值的函数:

$$\frac{s_H 2\pi}{L_\mathrm{M}} = \mathrm{atan}\left(\frac{L_\mathrm{M}}{\lambda_\mathrm{W} 2\pi}\right) \tag{7-48}$$

图7-17的曲线表示 s_H/L_M 是 $\lambda_\mathrm{W}/L_\mathrm{M}$ 的函数。

综上所述,如果 $\lambda_\mathrm{W}/L_\mathrm{M}$ 值大(小的弯曲波长),那么水深和河道弯曲趋于同相位,说明最深点和点滩顶部位于弯曲顶点。在此情况下,最大水流速度在下一个弯曲交叉处达到

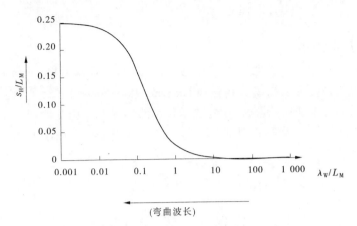

图 7-17　水深振幅和河道弯曲之间无量纲滞后距离 s_H/L_M，

代表点滩顶部和河弯顶点之间的滞后距离，该滞后距离是 λ_W/L_M 的函数

最大值。

　　如果 λ_W/L_M 值小（大的弯曲波长），无量纲滞后距离趋于 0.25（相位差等于 $\pi/2$）。在此情况下，最深点和点滩顶部位于下一个弯曲交叉处。水流速度与水深相位相同（见7.3 节）。

7.6.3　阻尼的影响

　　系统的纵向阻尼（自由响应下游方向的衰减）是宽深比的函数（式(7-23)）。小宽深比河流的特点是阻尼系数大，而大宽深比河流的特点是阻尼系数小，甚至可以忽略不计。因此，研究不同阻尼系数对点滩顶部与弯曲顶点之间的相位滞后的影响，是评价宽深比影响的一个间接方法。它可以通过分析忽略螺旋流（$A=0, \sigma=0$）而 $1/L_D \neq 0$ 的状态得到。例如，在弯曲较缓的河段和蜿蜒初始形成阶段，螺旋流可以忽略不计。在此情况下，$B_3=0$ 和 $B_2 = B_1/\lambda_W$，式(7-45)简化为

$$s_H = \frac{1}{K_M}\mathrm{atan}\left[\frac{\lambda_W K_M(A_2 K_M) + (A_3 - A_1 K_M^2)}{\lambda_W K_M(A_3 - A_1 K_M^2) - A_2 K_M}\right] \tag{7-49}$$

　　在式(7-49)中，括号中的分子为负的条件是：

$$\lambda_W K_M(A_2 K_M) + A_3 < A_1 K_M^2 \tag{7-50}$$

　　将系数 A_1、A_2 和 A_3 的表达式（式(7-33)、式(7-34)和式(7-35)）代入式(7-50)，并考虑 $A_2 = 2/L_D$（式(7-12)），可以得到：

$$(\lambda_W K_M)^2 > \frac{\lambda_W}{\lambda_S}\frac{1}{\left(1 - \dfrac{\lambda_W}{\lambda_S} + \dfrac{b-3}{2}\right)} \quad （式(7-49)中分子为负值的条件） \tag{7-51}$$

　　在式(7-49)中，括号中的分母为负的条件是：

$$A_2 > \lambda_W(A_3 - A_1 K_M^2) \tag{7-52}$$

　　将系数 A_1、A_2 和 A_3 的表达式（式(7-33)、式(7-34)和式(7-35)）代入式(7-52)，并取 $A_2 = 2/L_D$（式(7-12)），可以得到：

$$(\lambda_W K_M)^2 > \frac{b-3}{2} \quad (式(7\text{-}49)\text{分母为负的条件}) \tag{7-53}$$

7.6.3.1　零阻尼：共振系统

无阻尼点($1/L_D = 0$)与可能导致共振的条件相符合[Parker 和 Johannesson,1989]。所以,对于零阻尼,系统可以描述为共振[Blondeaux 和 Seminara,1985]。在此情况下,如果初始弯曲波长等于本征振荡波长,则弯曲增长和滩形成二者相互增强。按照 Zolezzi 和 Seminara(2001)的观点,如果是正阻尼,系统定义为次共振,而在负阻尼时,系统被定义为超共振。

当$\dfrac{\lambda_W}{\lambda_S} = \dfrac{b-3}{2}$时,$1/L_D = 0$,分子和分母的符号总是相同。因此,点滩顶部和河道弯曲顶点之间的相位滞后总是正值,也就是说,点滩顶部总是位于弯曲顶点的下游,而这证明了图7-17 的曲线。

7.6.3.2　正阻尼：次共振系统

从式(7-51)可知,当$\dfrac{\lambda_W}{\lambda_S} > \dfrac{b-1}{2}$时,分母总是负值,这对应于$\dfrac{2\lambda_W}{L_D} > 1$的条件。正阻尼,亦即$\dfrac{2\lambda_W}{L_D} > 0$,需要$\dfrac{\lambda_W}{\lambda_S} > \dfrac{b-3}{2}$。可以区分以下两种情况:

(1)低至中等阻尼,$\dfrac{b-3}{2} < \dfrac{\lambda_W}{\lambda_S} < \dfrac{b-1}{2}$,由此得出$0 < \dfrac{2\lambda_W}{L_D} < 1$;

(2)强阻尼,$\dfrac{\lambda_W}{\lambda_S} > \dfrac{b-1}{2}$,由此得出$\dfrac{2\lambda_W}{L_D} > 1$。

对于低至中等阻尼,$\dfrac{\lambda_W}{\lambda_S} \dfrac{1}{\left(1 - \dfrac{\lambda_W}{\lambda_S} + \dfrac{b-3}{2}\right)} > \dfrac{b-3}{2}$(在式(7-51)中)。

如果$(\lambda_W K_M)^2 < \dfrac{b-3}{2}$

或者

$$(\lambda_W K_M)^2 > \frac{\lambda_W}{\lambda_S} \frac{1}{\left(1 - \dfrac{\lambda_W}{\lambda_S} + \dfrac{b-3}{2}\right)} \tag{7-54}$$

那么,式(7-49)的分子和分母符号相同,即点滩顶部位于弯曲顶点的下游。

对于强阻尼的情况,分子总是负值(式(7-51)总是适用的)。在此情况下,如果同时满足式(7-53),那么分子和分母符号相同,而且相位滞后为正(点滩顶部在弯曲顶点的下游)。综合这两种情况,如果:

$$\frac{b-3}{2} < (\lambda_W K_M)^2 < \frac{\lambda_W}{\lambda_S} \frac{1}{\left(1 - \dfrac{\lambda_W}{\lambda_S} + \dfrac{b-3}{2}\right)} \quad 且 \quad \frac{b-3}{2} < \frac{\lambda_W}{\lambda_S} < \frac{b-1}{2}$$

或者

$$(\lambda_W K_M)^2 < \frac{b-3}{2} \quad 且 \quad \frac{\lambda_W}{\lambda_S} > \frac{b-1}{2} \tag{7-55}$$

那么对于可忽略螺旋流和正阻尼的情况而言,点滩位于河道弯曲顶点的上游。

7.6.3.3　负阻尼:超共振系统

按照 Zolezzi 和 Seminara(2001),对于负阻尼,相当于 $\dfrac{\lambda_W}{\lambda_S} < \dfrac{b-3}{2}$,系统称为超共振。在

此情况下,$\dfrac{\lambda_W}{\lambda_S}\dfrac{1}{1-\dfrac{\lambda_W}{\lambda_S}+\dfrac{b-3}{2}} < \dfrac{b-3}{2}$(式(7-51))。对于:

$$(\lambda_W K_M)^2 < \frac{\lambda_W}{\lambda_S}\frac{1}{1-\dfrac{\lambda_W}{\lambda_S}+\dfrac{b-3}{2}}\quad\text{或者}\quad(\lambda_W K_M)^2 > \frac{b-3}{2} \tag{7-56}$$

式(7-49)的分子和分母符号相同(点滩顶部位于河道弯曲顶点的下游)。

对于可忽略的螺旋流和负阻尼,点滩很少位于弯曲顶点的下游。对于中值的蜿蜒波数而言,点滩位于上游,尤其是当下述条件成立时:

$$\frac{\lambda_W}{\lambda_S}\frac{1}{1-\dfrac{\lambda_W}{\lambda_S}+\dfrac{b-3}{2}} < (\lambda_W K_M)^2 < \frac{b-3}{2}\quad\text{及}\quad\frac{\lambda_W}{\lambda_S} < \frac{b-3}{2} \tag{7-57}$$

点滩位于上游时,对于较大的 b 值,其蜿蜒波数的范围也较大,说明与超共振的沙质河床河流相比,超共振的砾质河床河流的点滩多位于河弯上游。无论如何,由于点滩并非总是出现在河弯顶点的上游,超共振系统中河弯并非总是向上游移动。

7.6.4　螺旋流的影响

螺旋流的强度(用系数 A 表示)是弯曲曲率的函数,在河流蜿蜒度较小的情况下,随着弯曲的发展而增大(见9.3节)。所以,对于较小的河流蜿蜒度,研究不同螺旋流强度的影响,也就间接研究了不同河弯曲率对点滩顶部相对于河弯顶点位置的影响。通过分析 $\sigma = 0$、$1/L_D = 0$ 而 $A \neq 0$ 的情况,能够评价螺旋流对点滩顶部和弯曲顶点之间的相位滞后的影响。在此情况下,$A_2 = 0$,$B_2 = \lambda_W B_3 + B_1/\lambda_W$。式(7-45)简化为

$$S_H = \frac{1}{K_M}\text{atan}\left[\frac{(\lambda_W B_3 + B_1/\lambda_W)K_M}{B_1 K_M^2 - B_3}\right] \tag{7-58}$$

在式(7-58)中,如果:

$$B_3 < -B_1/\lambda_W^2 \tag{7-59}$$

则括号中的分子为负值。

将系数 B_1 和 B_3 的表达式(式(7-36)和式(7-38))代入式(7-59),并考虑蜿蜒型河流 $k_B = \pi/B$,则式(7-59)变成:

$$A\lambda_W\frac{\pi^2}{h_0}\left(\frac{1}{\beta}\right)^2 < (b-1) \tag{7-60}$$

对蜿蜒弯曲河流而言,式(7-29)给出了 $m = 1$ 时的宽深比的典型值 $\beta = B/h_0$,以 $\lambda_W = \dfrac{h_0}{2C_f}$(式(2-4))代入 λ_W,如果:

$$A\frac{f(\theta_0)}{2} < \frac{b-1}{b-3} \tag{7-61}$$

那么式(7-58)中的分子变为负值。

假设 $b = 5$，式(7-61)适应于发育充分的河流弯曲，此种情况下，在河床剪切力的方向上，螺旋流的影响较大，其影响权重用系数 A 表示。如果：

$$B_3 > B_1 K_M^2 \tag{7-62}$$

那么式(7-58)中的分母为负值，代入相关表达式后，式(7-62)成为

$$\frac{A\pi^2}{\lambda_W}\frac{1}{\beta} > -(b-1)K_M^2 \tag{7-63}$$

式(7-63)的关系始终成立，意味着式(7-58)中的分母总是负值。因此，只有当式(7-60)或式(7-61))满足时，点滩顶部与弯曲顶点之间的相位滞后才为负值。说明发育充分的沙质河床河弯的点滩顶部位于弯曲顶点的上游；在其他情况下，点滩顶部位于弯曲顶点的下游。

由9.3节内容可知，随着河弯弯曲的发展，弯曲的曲率增加，接着螺旋流强度也增大，然后都会轻微减小（见图9-12）。这说明，在蜿蜒弯曲初始形成阶段，点滩顶部由弯曲顶点的下游向上游移动，然后在河道弯曲度达到某个临界值之后，点滩顶部又向下游朝着弯曲顶点轻微移动。

如果 $A = 0$，式(7-58)可以简化为

$$S_H = \frac{1}{K_M}\mathrm{atan}\left(\frac{1}{\lambda_W K_M}\right) \tag{7-64}$$

这与式(7-47)是一致的。

7.6.5　复合影响

螺旋流和阻尼系数复合影响的分析比较复杂，其结果取决于它们所在的系统。因此，给定一条顺直并逐渐弯曲的河道，采用数值方法对其进行研究，以分析复合影响的效果。在数值试验中，阻尼系数随河道弯曲率的增大而增大，以便使系统从弱阻尼向强阻尼演变。利用直槽试验 T2（第6章，表6-1 和表6-2），$b = 5$、$\alpha_1 = 0.5$、$E = 0.5$ 和 $\sigma = 2$，获得如图 7-18 所示的曲线。

分析图 7-18，可以得到以下结论。对于直槽试验 T2 的条件而言，初始弯曲的波长与本征振荡的波长相同。此时 $\lambda_W/L_M = 0.173$（见 7.3.2 节）。在弯曲初始形成阶段，点滩顶部与弯曲顶点之间的无量纲滞后距离 s_H/L_M 是正值，且等于0.101。表明点滩顶部最初位于弯曲顶点的下游。由于滞后距离的存在，水流流速的最大值出现在下游更远的地方（见 7.3 节），首先使得弯曲向下游移动，造成弯曲较小程度的侧向增长（见 7.3 节）。

随着弯曲的不断增长，弯曲的波长 L_M 增大，点滩顶部与弯曲顶点的无量纲滞后距离 s_H/L_M 不断减小，直至等于 0，此时 $\lambda_W/L_M = 0.145$。在这种情况下，点滩顶部位于弯曲顶点。弯曲继续发展，造成点滩顶部出现在弯曲顶点的上游，引起弯曲变形，增大了弯曲侧向增长的速率（见图 7-13）。当 $\lambda_W/L_M = 0.086$ 时，最小滞后距离出现。Colombini 等（1991）在试验中观测到，随着弯曲波长的不断增加，点滩顶部与弯曲顶点之间的相位差

不断减小,其符号由正值变为负值。

随着弯曲波长和纵向阻尼(由于宽深比的逐渐减小所致)进一步增大,滞后距离又开始增加,其数值逐步趋近于0,而符号不变。点滩向下游方向产生的小幅度移动,是螺旋流强度(在达到临界蜿蜒度之后开始减小,见图9-12)、纵向阻尼(与河流长度的发展有关)和弯曲波长等相互作用的结果。

Colombini 等(1991)发现,相位滞后随着宽深比的增加而稍有减少,表明阻尼系数减小将引起相位滞后减小。他们也发现,在达到最大波长时,会形成两个点滩,说明对于大的弯曲波长,不能假设每个弯曲只有一个点滩。

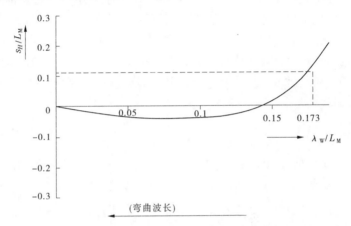

图 7-18　水深振幅和河道弯曲率之间的无量纲滞后距离 s_H/L_M,

显示了直槽试验 T2 条件下点滩顶部和弯曲顶点之间的滞后距离,

它是 λ_W/L_M 的函数,矩形表示弯曲发展过程中的数据(计算的)的变化范围

7.7　与其他类型蜿蜒迁移模型的比较

通过对基本公式不同程度的简化,可以推导出三种不同复杂程度的蜿蜒迁移模型:

(1)非滞后运动学模型。该模型河道移动速率仅与局部河道曲率成比例,不存在滞后距离。

(2)Ikeda 类模型。该模型河床地形与局部河道曲率成比例(轴对称解,见5.2.6节)。

(3)MIANDRAS 模型,即本书所论的模型。该模型河床地形取决于局部和上游条件。

7.7.1　非滞后运动学模型

将式(5-61)、式(5-62)和式(5-79)($E_h = 0$)合并,可以得到非滞后运动学模型,该模型河道移动速率仅与局部河道曲率成比例。使 $\hat{u} = U$、$\hat{h} = H$,考虑到对蜿蜒弯曲河流 $k_B = \pi/B(m = 1)$,则基本方程组就变为

$$\frac{H}{\lambda_S} = \left(A\, \frac{\pi^2}{2} \right) \left(\frac{h_0}{B} \right)^2 \gamma \tag{7-65}$$

$$\frac{U}{\lambda_W} = \frac{1}{h_0 \lambda_W} \frac{u_0}{2} H - \frac{2 - \sigma}{2\lambda_W} \frac{u_0}{2} \gamma \tag{7-66}$$

$$\frac{\partial n}{\partial t} = E_u U \tag{7-67}$$

式中：γ 为弯曲曲率，$\gamma = \dfrac{B}{R_c}$。

在非滞后运动学模型中，近岸水深与河道中心线曲率成简单正比关系（式(7-65)），近岸水流流速与水深也成简单正比关系（式(7-66)）。同样，河岸侵蚀率也变得仅与河道中心线曲率成正比（式(7-67)）。换言之，非滞后运动学模型没有相位滞后，水流流速和水深（最大流速出现于最大水深处）之间、点滩顶部和弯曲顶点之间都不存在滞后。在没有相位滞后的情况下，最大侵蚀率发生在弯曲顶点处，而在弯曲交叉处侵蚀率为 0，其结果是只有弯曲发展，而没有弯曲移动。为了能够模拟下游方向的弯曲移动，现有运动学蜿蜒迁移模型设定了经验相位滞后［Ferguson，1984；Howard，1984］或者经验扩散系数［Lancaster 和 Bras，2002］。

7.7.2　Ikeda 类模型

Ikeda 类模型类似于 Ikeda 等（1981）开发的模型，这里称做 Ikeda 类模型。使式(5-79)中 $E_h = 0$，并利用式(5-61)描述下游近岸水深增量，利用式(5-66)描述流速增量，便得到了 Ikeda 类模型。令式(5-61)中 $\hat{u} = U$、$\hat{h} = H$，对于蜿蜒弯曲河流取 $k_B = \pi/B$（$m = 1$），则 Ikeda 类模型的基本公式为

$$\frac{H}{\lambda_S} = \left(A \frac{\pi^2}{2} \right)\left(\frac{h_0}{B} \right)^2 \gamma \tag{7-68}$$

$$\frac{\partial U}{\partial s} + \frac{U}{\lambda_W} = \frac{1}{h_0 \lambda_W} \frac{u_0}{2} H - \frac{u_0}{2} \frac{\partial \gamma}{\partial s} - \frac{2 - \sigma}{2\lambda_W} \frac{u_0}{2} \gamma \tag{7-69}$$

$$\frac{\partial n}{\partial t} = E_u U \tag{7-70}$$

与运动学模型相同，Ikeda 类模型水深仅与河道中心线曲率（式(7-68)）成正比关系，但是水流流速存在对地形变化的滞后适应。也就是说，在 Ikeda 类模型中，流速 U 和水深变化 H 之间存在距离滞后，但点滩与弯曲顶点之间不存在滞后。根据 7.3 节的分析，U 和 H 之间的相位滞后随着弯曲波长变化而变化。Ikeda 类模型与 MIANDRAS 模型一样，具有同样的 U 和 H 之间的相位滞后。因此，Ikeda 类模型可以预测河流蜿蜒发育及向下游方向的移动。

7.7.3　MIANDRAS 模型

MIANDRAS 模型不仅考虑了水流流速对扰动的滞后适应项，而且包含了水深对扰动的滞后适应项，所以 MIANDRAS 模型能够模拟过度响应/过度刷深现象。MIANDRAS 模型由式(5-66)、式(5-67)和式(5-79)组成（方便起见重新列出）：

$$\frac{\partial H}{\partial s} + \frac{H}{\lambda_S} = \frac{h_0}{u_0}(b - 1) \frac{\partial U}{\partial s} + \left(A \frac{\pi^2}{2} \right)\left(\frac{h_0}{B} \right)^2 \gamma \tag{7-71}$$

$$\frac{\partial U}{\partial s} + \frac{U}{\lambda_{\mathrm{W}}} = \frac{1}{h_0 \lambda_{\mathrm{W}}} \frac{u_0}{2} H - \frac{u_0}{2} \frac{\partial \gamma}{\partial s} - \frac{2 - \sigma}{2\lambda_{\mathrm{W}}} \frac{u_0}{2} \gamma \qquad (7\text{-}72)$$

$$\frac{\partial n}{\partial t} = E_u U + E_h H \qquad (7\text{-}73)$$

正如 7.6 节所述,MIANDRAS 模型给出了水流流速与水深之间、点滩顶部与弯曲顶点之间的相位滞后。所以,它可以预测蜿蜒弯曲的发育和移动,以及相对于弯曲顶点的点滩位置变化。Johannesson 和 Parker(1989)、Howard(1992,1996)、Stølum(1996)、Sun 等(1996)以及 Zolezzi(1999)等开发的模型也都是基于上述方法。

7.7.4　近岸水深的纵向曲线

图 7-19 所示为不同模型计算的同一弯曲沿弯曲外侧河岸的典型河床高曲线。

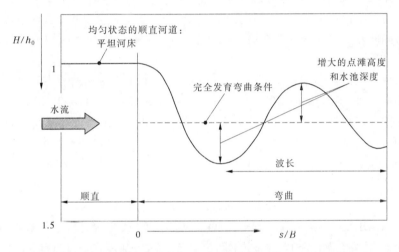

**图 7-19　沿具有顺直入流断面的环形弯曲外侧河岸的纵向水深曲线,
在弯曲入口处河道中心线曲率的变化是一个外部干扰,引起了水流流速和水深的下游波动**

对非滞后运动学模型和 Ikeda 类模型,如果河道弯曲半径是常数,则弯曲内侧近岸水深波动也是常数。河床高程始终低于弯曲外侧河岸附近的顺直河道的河底高程(冲刷池:图 7-19 中的虚线),高于弯曲内侧河岸附近的河底高程(点滩)。这些模型计算了完全发育弯曲在每个点上的水流波动(轴对称解,5.2.6 节),仅是局部河道弯曲半径的函数,而忽略了弯曲入口和出口的影响。

在 MIANDRAS 模型中,弯曲入口处河道中心线曲率的变化是一种扰动,可能会导致产生下游振动(过度响应/过度刷深现象),进而在完全发育的条件下(图 7-19 的连续线),造成点滩高度和水池深度的增加。如果阻尼系数 $1/L_{\mathrm{D}}$ 小(7.2 节),则振动在弯曲入口下游一个较长的范围内持续传播。振动振幅大小与完全发育弯曲水流情况下的扰动振幅具有相同的数量级,以致于有可能在外侧河岸处形成边滩而在内侧河岸处形成冲刷池。在弯曲出口的下游还会形成另一个稳定的振动。对于阻尼系数为正值且数值较大,并且处于周期性解的范围以外时,例如,如果 $b = 5$ 和 $\alpha < 0.17$(见图 7-4),那么振动受到强烈的阻尼并会在短距离内消失。在此情况下,河床高程微变会逐渐演变成为完全发育弯曲

水流情况下的状态,MIANDRAS 模型的表现变得与 Ikeda 类模型相同。在 MIANDRAS 模型中,依据式(7-1)中传播项,河道弯曲变化的影响在很小程度上是可以感知的,方向也为上游,发生于变化位置附近。该传播项可由式(7-71)和式(7-72)联立求得。

7.7.5　蜿蜒弯曲的初始发育和发展

只有与 MIANDRAS 模型同类的包括过度响应/过度刷深现象的模型,才能够模拟从完全顺直河道开始的蜿蜒弯曲的初始形成现象。如果冲积河流的水流受到扰动(外部干扰能够产生扰动,7.4.2 节),这种现象就会发生。由于水流对于河床地形的空间滞后响应,以及随着弯曲增长点滩与不断变化的弯曲顶点之间空间滞后的存在,这些模型可以模拟蜿蜒弯曲规模的增长,还可模拟与此同时发生的向下游或上游的蜿蜒移动。移动的方向取决于点滩的位置(7.6 节)和稳定交替滩(本征振荡)的出现。

只有当初始的河道平面已经呈现弯曲时,非滞后运动学模型和 Ikeda 类模型才能够模拟蜿蜒弯曲的发展。这是因为在这些模型中,河道弯曲是引起水深和流速扰动的独有原因。

在非滞后运动学模型中,弯曲发育仅有尺寸的增长,而弯曲本身没有移动。由于这个原因,Ferguson(1984)、Howard(1984)、Lancaster 和 Bras(2002)(4.6.2 节)等模型使用了一个经验性侧向河道迁移速率与弯曲曲率之间的滞后距离,从而确保了蜿蜒弯曲向下游方向的移动(7.3 节)。

在 Ikeda 类模型中,由于水流流速和水深变化之间的空间滞后,弯曲发生的规模增长并向下游移动。但是,在这些模型中,水深是在完全发育弯曲的条件下确定的,所以只有在上游的影响已经消失的情况下(即在强阻尼系统中),水深是正确的。

利用 MIANDRAS 模型、Ikeda 类模型和非滞后运动学模型等计算了蜿蜒弯曲的发展。计算的初始条件是直槽试验 T2 的条件(见 6.4 节,表 6-1 和表 6-2,计算所采纳的选项见8.3 节,表 8-1 和表 8-2)。假设移动系数 E_h 等于 0,这样移动规律对于所有模型是共有的,只能基于水流流速的扰动。为了在所有模型中都能获得弯曲的最初形成,初始试验平面采用了小振幅、波长为 6.0 m 的正弦曲线形态。所有的模拟都基于相同的初始条件和参数,但是有不同的历时和输出时间步长,这是由各模型所获取的不同移动速率所致,尽管它们都使用了相同的移动系数 E_u 值。由于不稳定性问题,非滞后运动学模型的运行时间比较短。进行这项数值练习的目的是定性比较不同蜿蜒迁移模型的模拟效果,在第 8章将讨论模拟效果的定量比较,模拟结果见图 7-20、图 7-21 和图 7-22。所有的图都精确描述了同一个河段,这样可以观察到 MIANDRAS 模型和 Ikeda 类模型引起相似的蜿蜒波长。

对于大的蜿蜒振幅(见图 7-20 和图 7-22),MIANDRAS 模型和 Ikeda 类模型有着相似的模拟表现。所有模型都显示出最大弯曲的变形。Parker 等(1982)和 Parker(1984)对限定振幅弯曲的方程组进行了非线性分析,将这种变形解释为弯曲移动、水流和河床地形等方程之间相互作用的非线性影响。所有的模型都是如此,尽管在 MIANDRAS 模型中,上游河道扰动的自然响应而形成的交替滩也会导致弯曲变形。然而,这种情况没有出现在进行的计算测试中。

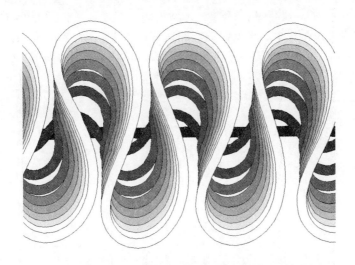

图 7-20　采用 MIANDRAS 模型的蜿蜒弯曲形成和发展实例
(模拟起始条件是波长为 6 m 的正弦弯曲平面(直槽试验 T2 的初始水流条件)，
计算时间长度为 4 000 d，每 400 d 输出一个结果)

图 7-21　采用非滞后运动学模型的蜿蜒弯曲形成和发展实例
(模拟起始条件是波长为 6 m 的正弦弯曲平面(直槽试验 T2 的初始水流条件)，
计算时间长度为 2 400 d，每 400 d 输出一个结果)

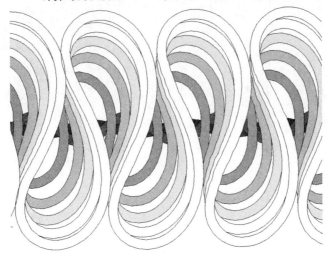

图 7-22　采用 Ikeda 类模型的蜿蜒弯曲形成和发展实例
(模拟起始条件是波长为 6 m 的正弦弯曲平面(直槽试验 T2 的初始水流条件)，
计算时间长度为 12 800 d，每 1 280 d 输出一个结果)

　　在 MIANDRAS 模型和 Ikeda 类模型(见图 7-20 和图 7-22)中,弯曲向下游的移动速率随着弯曲尺寸的增大而减小。小振幅的弯曲首先向下游移动,而大振幅的弯曲以尺寸增大为主(7.4.2 节)。此外,在某一河道蜿蜒度时弯曲的侧向增长达到最大,这个现象将在 9.3 节中详细分析。8.3 节、9.2 节和 9.3 节将对这三个模型作进一步的比较和讨论。

第 8 章   数值分析

8.1   数值计算

8.1.1   基本方程

完整的 MIANDRAS 模型（7.7.3 节）对以下方程组进行求解（以数值方式）：

$$\frac{\partial^2 H}{\partial s^2} + \left(\frac{1}{\lambda_S} - \frac{b-3}{2\lambda_W}\right)\frac{\partial H}{\partial s} + \frac{H}{\lambda_S \lambda_W}$$

$$= -\frac{h_0}{2}(b-1)\frac{\partial^2 \gamma}{\partial s^2} + \frac{h_0}{2}\left[Ah_0 k_B^2 - \frac{(2-\sigma)(b-1)}{2\lambda_W}\right]\frac{\partial \gamma}{\partial s} + \frac{h_0}{2}\frac{Ah_0 k_B^2}{\lambda_W}\gamma \qquad (8\text{-}1)$$

$$\frac{\partial U}{\partial s} + \frac{U}{\lambda_W} = \left(\frac{1}{h_0 \lambda_W}\right)\frac{u_0}{2}H - \frac{u_0}{2}\frac{\partial \gamma}{\partial s} - \frac{2-\sigma}{2\lambda_W}\frac{u_0}{2}\gamma \qquad (8\text{-}2)$$

$$\frac{\partial n}{\partial t} = E_u U + E_h H \qquad (8\text{-}3)$$

式（8-1）由式（7-71）和式（7-72）联合推导，表示纵向水深剖面线 H；式（8-2）表示纵向水流流速剖面线 U（同式（7-72），为方便起见重复引述）；式（8-3）表示河道中心线的横向位移（同式（7-73），为方便起见重复引述）。图 8-1 给出了数值计算网格，后文将网格点作为段（Sections）。计算的坐标系见图 8-2 和图 8-3。

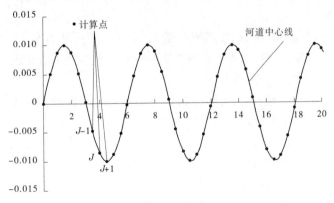

图 8-1   计算网格

计算过程如下：

（1）给定边界条件 $H(0)_i$ 和 $\partial H(0)_i/\partial s$，求得式（8-1）（水深公式）在某一时间 t_i 的解。如 8.1.2 节所述，$\partial H(0)_i/\partial s$ 项由在上游边界处流速和水深变形 $U(0)_i$ 和 $H(0)_i$ 的函数求导而得。计算结果为 $t = t_i$ 时左岸附近平衡水深增量 H_i 在下游方向上的轮廓线。对岸

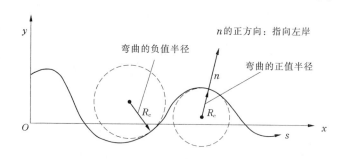

图 8-2　计算坐标系与弯曲半径

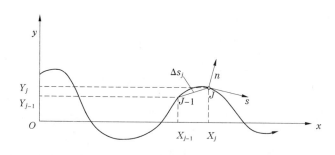

图 8-3　坐标系

（右岸）的相应值与此相等，但符号相反。如果考虑河床演变的时间变化（5.2.8 节），那么就必须知道描述初始状态 $t = t_0$ 时水深增量的纵向轮廓线。在这种情况下，可根据式（5-68）和式（5-78）对式（8-1）计算得到的平衡值 H_i 进行调整。

（2）利用计算的 H_i 和边界条件 $U(0)_i$，求得式（8-2）（流速方程）在 t_i 时刻的解。计算结果为左岸附近的平衡流速增量 U_i 沿下游方向的轮廓线。对岸（右岸）的相应值与该值相等，但符号相反。

（3）利用计算的 U_i 和 H_i、U_{i-1} 和 H_{i-1} 值对式（8-3）（迁移方程）求解。结果为时段 $\Delta t = t_{i+1} - t_i$（每个计算点有一个值）内河道中心线在河道横断面上的平移值。U 和 H 的正值表示 n 正方向上的水平位移。

（4）根据上一时刻河道中心线形态和计算的沿河道横断面的平移值，可以计算 $t = t_{i+1}$ 时刻的新的河道中心线形态。本方法由 Hickin（1974）首次设计，他把河道中心线描述为一个拉格朗日点集，并且通过这些点在河道中心线法线方向的移动获得河道的移动值。

已知河道流量 Q_w，可以利用式（5-29）计算变量 u_0 和 h_0 的值。尽管模型的设计状态是平滩状态，而 Q_w 可以随时间变化，但是其变化应不会太大。假定河道总体比降不变，河床比降作为河道曲率的函数（式（5-21）），根据式（5-33）（为方便起见重新列出）可按每个时间步长对其进行重新计算。

$$\frac{\partial z_{b0}}{\partial s} = \frac{\partial z_{w0}}{\partial s} = \frac{i_v}{S} \tag{8-4}$$

式中：i_v 为河道坡度；S 为河道曲率。

对于相同的河道宽度、谢才系数和流量，河段平均水流速度、水深和输沙率随着纵向比降的变化而变化。因此,河道曲率增大(随着时间)将导致 u_0 的减小和 h_0 的增加,从而引起河道宽深比 β 的减小。作为河道比降与曲率之商计算河床纵向比降的效果或影响如5.3 节和5.4 节所述。

进一步假定无论何时何地输沙率 q_{s0} 与水流的输沙能力相等,则可以利用输移公式计算每个时间步长的 q_{s0} 值。此外,模型还假设不存在回水影响,对于整个河道而言,平均流速和水深分别等于 u_0 和 h_0。在干扰、自然变化、流量不同于代表流量的过渡期间,回水的影响比较显著。

作为整个 MIANDRAS 模型的替代方法,可以利用非滞后运动学模型或 Ikeda 类模型计算河流的平面变化,这两种模型的基础分别为7.7.1 节和7.7.2 节列出的方程。计算过程是相同的,但模型的选择与结果有一定的关联(见7.7 节、8.3 节、9.2 节和9.3 节)。

8.1.2 数值方案

通用 J 河段的纵坐标 s 为

$$s_J = \int_0^J \mathrm{d}s \tag{8-5}$$

s_J 由下式计算确定(见图8-3):

$$s_J = \sum_{j=1}^{J} \sqrt{(x_j - x_{j-1})^2 + (y_j - y_{j-1})^2} = \sum_{j=1}^{J} \Delta s_j \tag{8-6}$$

式中:Δs_j 为通用节点 j 与上一个节点 $j-1$ 之间的距离;J 为从上游边界算起的河段数,包括 j 河段,如果河段与河段之间的距离较近,那么用式(8-6)代替式(8-5)计算 s_J 误差不大。

8.1.2.1 水深公式

式(8-1)可以写成:

$$\frac{\partial^2 H}{\partial s^2} + A\frac{\partial H}{\partial s} + BH + \left(C\frac{\partial^2 \gamma}{\partial s^2} + D\frac{\partial \gamma}{\partial s} + E\gamma\right) = 0 \tag{8-7}$$

式(8-7)中,$A = A_2$(式(7-34))、$B = A_3$(式(7-35))、$C = -B_1$(式(7-36))、$D = -B_2$(式(7-37))、$E = -B_3$(式(7-38))。A、B、C、D 和 E 对于纵坐标 s 而言是常数,对时间而言是变量,按每个时间步长进行重新计算。括号内的项是曲率 $\gamma = B/R_c$ 的函数,随着 s 和时间的变化而变化。因此,在各个河段和各个时间步长都要计算曲率。在任意时间步长 $t = t_i$,括号内的项仅是河段纵向坐标 s 的函数:

$$C\frac{\partial^2 \gamma}{\partial s^2} + D\frac{\partial \gamma}{\partial s} + E\gamma = F(s) \tag{8-8}$$

式(8-7)求解的必要边界条件是时间的变量,即

$$H(0)_i = H_{J=0} \quad (t = t_i)$$
$$U(0)_i = U_{J=0} \quad (t = t_i) \tag{8-9}$$

根据下面的关系式,可以从 $U(0)_i$ 和 $H(0)_i$ 中推导出 $t = t_i$ 时刻的 $\partial H(0)_i / \partial s$:

$$\frac{\partial H(0)_i}{\partial s} = -\frac{h_0(b-1)}{u_0}\left(\frac{U(0)_i}{\lambda_W}\right) + \left(\frac{b-1}{2\lambda_W} - \frac{1}{\lambda_S}\right)H(0)_i -$$

$$\frac{h_0(b-1)}{u_0}\left(\frac{u_0}{2}\frac{\partial\gamma_i}{\partial s}\right) - \frac{h_0(b-1)}{2}\frac{2-\sigma}{2\lambda_{\mathrm{W}}}\gamma_i + \left(A\frac{\pi^2}{2}\right)\left(\frac{h_0}{B}\right)^2\gamma_i$$

$$(8\text{-}10)$$

式中：$U(0)_i$ 为 $t=t_i$ 时刻上游边界（左岸）的流速增量；γ_i 为 $t=t_i$ 时刻计算河段的弯曲率。

对于二阶偏微分方程，可以利用龙格 – 库塔（Runge-Kutta）数值方法求得数值解。式（8-7）可以写成如下形式：

$$\left.\begin{array}{l}\dfrac{\partial H}{\partial s} = f \\[2mm] \dfrac{\partial f}{\partial s} = -\left[Af + BH + F(s)\right]\end{array}\right\}$$

$$(8\text{-}11)$$

根据龙格 – 库塔方法，式（8-7）可以按下面的方式求解：

$$\left.\begin{array}{l}H_{j+1} = H_j + \dfrac{1}{6}(K_0 + 2K_1 + 2K_2 + K_3) \\[2mm] f_{j+1} = f_j + \dfrac{1}{6}(M_0 + 2M_1 + 2M_2 + M_3)\end{array}\right\}$$

$$(8\text{-}12)$$

其中：

$$K_0 = \Delta s_{j+1} f_j$$

$$M_0 = -\Delta s_{j+1}\left[Af_j + BH_j + F(s_j)\right]$$

$$K_1 = K_0 + \left(\frac{\Delta s_{j+1}}{2}\right)M_0$$

$$M_1 = -\Delta s_{j+1}\left[A\left(f_j + \frac{M_0}{2}\right) + B\left(H_j + \frac{K_0}{2}\right) + F\left(s_j + \frac{\Delta s_{j+1}}{2}\right)\right]$$

$$K_2 = K_0 + \left(\frac{\Delta s_{j+1}}{2}\right)M_1$$

$$M_2 = -\Delta s_{j+1}\left[A\left(f_j + \frac{M_1}{2}\right) + B\left(H_j + \frac{K_1}{2}\right) + F\left(s_j + \frac{\Delta s_{j+1}}{2}\right)\right]$$

$$K_3 = K_0 + \left(\frac{\Delta s_{j+1}}{2}\right)M_2$$

$$M_3 = -\Delta s_{j+1}\left[A\left(f_j + \frac{M_2}{2}\right) + B\left(H_j + \frac{K_2}{2}\right) + F\left(s_j + \frac{\Delta s_{j+1}}{2}\right)\right]$$

以上式中：$F\left(s_j + \dfrac{\Delta s_{j+1}}{2}\right) = \dfrac{F(s_j) + F(s_{j+1})}{2}$。

8.1.2.2　水流速度方程

式（8-2）可以写成：

$$\frac{\partial U}{\partial s} = MU + NH + \left(P\frac{\partial\gamma}{\partial s} + Q\gamma\right)$$

$$(8\text{-}13)$$

式中：

$$M = -\frac{1}{\lambda_{\mathrm{W}}}$$

$$N = \left(\frac{1}{h_0 \lambda_W}\right) \frac{u_0}{2}$$

$$P = -\frac{u_0}{2}$$

$$Q = -\frac{2-\sigma}{2\lambda_W} \frac{u_0}{2}$$

M、N、P 和 Q 是已知系数,不随 s 变化,但随时间变化,在各个时间步长都进行计算。式(8-13)括号中的项是弯曲率的函数,在 $t = t_i$ 时刻:

$$P\frac{\partial \gamma}{\partial s} + Q\gamma = G(s) \tag{8-14}$$

求解式(8-13)的必要边界条件是:

$$U(0)_i = U_{J=0} \quad (t = t_i) \tag{8-15}$$

对一阶偏微分方程,可以龙格 – 库塔(Runge-Kutta)数值方法求得式(8-13)的数值解:

$$U_{j+1} = U_j + \frac{1}{6}(R_0 + 4R_1 + R_2) \tag{8-16}$$

式中:

$$R_0 = \Delta s_{j+1}\left[MU_j + NH_j + G(s_j) \right]$$

$$R_1 = \Delta s_{j+1}\left[M\left(U_j + \frac{R_0}{2}\right) + N\left(\frac{H_j + H_{j+1}}{2}\right) + G\left(s_j + \frac{\Delta s_{j+1}}{2}\right) \right]$$

$$R_2 = \Delta s_{j+1}\left[M(U_j + 2R_1 - R_0) + NH_{j+1} + G(s_{j+1}) \right]$$

以上式中:$G\left(s_j + \dfrac{\Delta s_{j+1}}{2}\right) = \dfrac{G(s_j) + G(s_{j+1})}{2}$。

8.1.2.3　迁移方程

在 $\Delta t = t_{i+1} - t_i$ 时段内,j 河段河道中心线在横向平移的预测值,按下面的数值方案进行计算:

$$\Delta n_j(i)_c = \left[(E_u)_j U_j + (E_h)_j H_j \right] \Delta t \tag{8-17}$$

式中:$(E_u)_j$ 和 $(E_h)_j$ 为在 j 河段的移动系数;U_j 和 H_j 分别为 j 河段的近岸(左岸)流速和水深增量。

则 Δn_j 按下式修正:

$$\Delta n_j(i)_c = \frac{\Delta n_j(i) + \Delta n_j(i-1)}{2} \tag{8-18}$$

式中:i 为当前计算时段;$i-1$ 为上一个计算时段;$\Delta n_j(i)$ 和 $\Delta n_j(i-1)$ 分别为 j 河段当前时段与上一个时段水流法线方向的位移值;$\Delta n_j(i)_c$ 为水流法线方向位移的修正值。

8.1.3　模型率定

一般情况下,计算采用的恒定流量值可以假定为平滩流量。不过,流量值还可以通过模型的率定推求而得。在此情况下,流量值将是给定河床地形(点滩和交替滩位置)条件下与观测值最为接近的那个值。

在选择泥沙输移公式时,建议要根据水流和泥沙特性,以及可获取的泥沙输移资料。当采用时间适应性公式时,输沙率 q_{s0} 的值是重要的,这是因为它反映了河流形态变化的时间尺度,而泥沙输移公式中的指数 b 则影响波长和本征振荡的衰减,也就是说它对河床地形有影响(7.2.1 节)。

受率定系数 E、α_1 和 σ 影响的其他参数也对河床地形产生影响。这些参数的率定必须根据可以获取的河床地形资料进行,同时也要分别考虑每个参数对河床地形的不同影响。

移动系数 E_u 和 E_h 也应该被看做是率定系数。它们的值应根据以往的迁移趋势来推求,而不是基于河岸侵蚀特性来计算(8.3 节)。

8.1.3.1　系数 E:河床横比降的影响

公式中系数 E 的引入是为了描述输沙方向和主流方向的夹角,用以衡量河床横比降对泥沙输移方向的影响(5.2.1 节)。根据 Talmon 等(1995)的研究,自然河流的 E 值可以用下面的公式推求(式(5-7),为方便起见再次列出):

$$E = 0.094\,4\left(\frac{h}{D_{50}}\right)^{0.3} \tag{8-19}$$

Struiksma 基于实际经验,建议 E 采用如下数值(经个别联络):

$$\left.\begin{array}{l} E \approx 0.5,\text{试验水槽} \\ E \approx 1.0,\text{天然河流} \end{array}\right\} \tag{8-20}$$

如果考虑横比降的影响过人,即 E 取值过大,结果是河床地形过于平坦。如果考虑横比降的影响过小,即 E 取值过小,结果会是不符合实际的、过陡的横向坡度。

8.1.3.2　系数 α_1:弯曲对河床剪切力方向的影响

河床剪切力的方向可以由考虑螺旋流影响的表达式求得。在 MIANDRAS 模型中,假设水流流线弯曲的有效半径 R_* 与河道中心线弯曲的半径 R_c 相同。此时,表达河床剪切力方向 δ 的式(5-8)变为

$$\delta = \arctan\left(\frac{v}{u}\right) - \arctan\left(A\,\frac{h}{R_c}\right) \tag{8-21}$$

式中:A 为反映弯曲所产生的螺旋流的影响的系数。

如果水流流速的垂直轮廓线呈对数分布,则 A 可由下式求得(式(5-10),为阅读方便再次列出):

$$A = \frac{2\alpha_1}{\kappa^2}\left(1 - \frac{\sqrt{g}}{\kappa C}\right) \tag{8-22}$$

式中:κ 为 Von Karman 常数;α_1 为率定系数。

系数 α_1 反映了河道弯曲对河床剪切力方向的影响程度。由于 α_1 增大会导致弯曲影响的增大,所以,其值也会影响到弯曲对河床变形的作用。根据实践经验,α_1 值应该为 $0.4 \sim 1.2$,并且可以使用下面的经验公式求得(首次尝试,Struiksma,个人联络获得):

$$\alpha_1 = 0.1\left(\frac{h_0}{D_{50}}\right)^{0.3} \tag{8-23}$$

8.1.3.3　系数 σ:二次流动量对流(Secondary Flow Momentum Convection)

5.2.7 节的水流方程引入了系数 σ,在该方程中以 $(2-\sigma)$ 乘以摩擦阻力项,σ 以此方

式来衡量二次流动量对流的影响。

由于增加 σ 将导致近岸水流 U 和河床波动 H 增大,所以 σ 值能略微影响 U 和 H 的预测。σ 值可假定在 2 和 4 之间变化。假设 $\sigma = 2$ 等同于假设纵向水流在横断面上的摩擦力呈常量分布。当 $\sigma > 2$ 时,河床摩擦力在靠近侵蚀河岸处相对较小,其影响类似于二次流动量对流:最大水流速度的位置向外侧河岸发生横向移动。已经通过半经验的方法建立 σ 值[Struiksma,个人联络获得]的估算关系式:

$$\sigma = 1 + 90 \frac{C}{\sqrt{g}} \left(\frac{h_0}{B} \right)^2 \tag{8-24}$$

8.1.3.4 迁移系数 E_u 和 E_h

率定系数采用出现在迁移方程(式(8-3))中的迁移系数 E_u 和 E_h。对于不同的情况,两个系数之值差别明显。在 MIANDRAS 模型中,根据不同的河岸条件,迁移系数会沿河道发生变化。

从对美国河流测点所进行的 200 个测验中,Hanson 和 Simon(2001)发现迁移系数 E_u 与使侵蚀河岸组成物质产生侵蚀的临界剪切力相关:

$$E_u = 0.1 \frac{1}{\sqrt{\tau_{cr}}} \tag{8-25}$$

假设河岸组成物质与河床组成物质一样,都是非黏性的,并且假设河岸岸坡舒缓,Hasegawa(1989)建议使用下式计算 E_u:

$$E_u = \left(\frac{1}{S} \right)^3 i_v \sqrt{C_f E_*} \tag{8-26}$$

式(8-26)中,系数 E_* 取决于侵蚀河岸的土壤特性,应该通过下式计算:

$$E_* = \frac{3KT\tan\theta_k}{(1 - \lambda)\Delta \sqrt{\phi_*}} \tag{8-27}$$

式中:Δ 为泥沙的相对密度,$\Delta = \dfrac{\rho_S - \rho}{\rho}$;$\lambda$ 为河床与河岸组成物质的孔隙率;θ_k 为凹岸的平均横向河床坡度角;K 为当 Meyer-Peter 和 Müller (1948)河床质泥沙函数公式写为 $q_S = K\sqrt{\Delta g D_m}(\theta_0 - \theta_{cr})^{3/2}$ 时,式中无量纲系数;$T = \sqrt{\theta_{cr}/(\mu_S \mu_k \theta_0)}$ 为 Shields 力和摩擦因子函数,其中 θ_0 为横断面平均 Shields 力,θ_{cr} 为临界 Shields 力;μ_S 和 μ_k 分别为泥沙颗粒 Coulomb 摩擦力的静态系数和动态系数;$\phi_* = \dfrac{\theta_0}{\theta_0 - \theta_{cr}}$ 为 Shields 力函数。

正如本章随后所论(8.3 节和 8.4 节),模型所用的迁移系数不能仅仅依据水流和侵蚀河岸组成物质的特性来确定,Hanson 和 Simon(2001)以及 Hasegawa(1989)也提出了相同的建议。E_u 和 E_h 都必须基于历史迁移速率进行估值。

对于非黏性河岸,可假设 E_h 为零,用以反映由水流引起的河道迁移部分的系数可用下式计算(首次尝试):

$$E_u = \frac{\Delta n_y}{u_0 \Delta t_y} \tag{8-28}$$

式中:Δn_y 为年平均河道中心线位移,m;Δt_y 为一年,用秒表示。

对于黏性土质河岸,Δn_y 应该划分成两部分,河道迁移一部分归因于水流(Δn_{yu}),另一部分归因于河岸坍塌(Δn_{yh})。可以通过观测过去的迁移速率和比较迁移速率与点滩位置的方法来进行区分。系数 E_u 推导如下:

$$E_u = \frac{\Delta n_{yu}}{u_0 \Delta t_y} \tag{8-29}$$

系数 E_h 可以用下面的公式计算:

$$E_h = \frac{\Delta n_{yh}}{h_0 \Delta t_y} \tag{8-30}$$

由于河道移动还受数值计算的空间步长、时间步长、河道中心线曲率计算方法等多种数值选项的影响,因此通过模型率定而获得的最终迁移系数值会因不同的数值设定而有所差异。

8.1.4　河道中心线曲率计算

J 河段河道中心线曲率的计算方法有数种,最简单的方法是计算通过 $J-1$、J 和 $J+1$ 三个节点的圆的曲率半径。然后利用矢积确定弯曲的标识,以区别河道是向右弯曲还是向左弯曲(在识别河流弯曲的内测河岸和外侧河岸时,这一点是很重要的),见图 5-3。然而,当三个河段几乎在一条直线上时,利用此方法就比较牵强,这种情况出现在弯曲很小或者三个河段相互非常相近时。计算会有两类数值误差:一类是曲率值的误差,另一类是弯曲方向的误差。第二类误差将带来最为严重的后果。弯曲方向的错误可能带来一个正向反馈,并因此导致误差值不断增大。采用减小计算时间步长的方法并不能减小此类误差。作为替代,有必要引入一个数值过滤器,它能够根据弯曲的空间尺度来选择正在发育中的弯曲,并能排除因局部计算误差而产生的假性小尺度弯曲。这里有一个称做曲率平滑法(Curvature Smoothing)[Crosato,1990;Coulthard 和 Van De Wiel,2006]的简易方法,将 J 节点的曲率及其前后相邻节点的曲率三者平均,还有许多可用的计算函数。MIAN-DRAS 中采用的简单方法是以下的加权平均法:

$$\left.\begin{aligned}\gamma_J &= \frac{\tilde{\gamma}_{J-1} + 2\tilde{\gamma}_J + \tilde{\gamma}_{J+1}}{4} \\ \tilde{\gamma}_J &= \frac{B}{R_{cJ}}\end{aligned}\right\} \tag{8-31}$$

式中:R_{cJ} 为经过 $J-1$、J 和 $J+1$ 三个河段的圆的曲率半径。

根据式(8-31)(曲率平滑法),J 河段的曲率取决于 $J-2$、$J-1$、J、$J+1$ 和 $J+2$ 等5个河段的坐标。可以利用式(8-31)进行多次重复计算,从而使得更多的河段参与曲率计算。利用该方法可以去除小尺度的弯曲,结果随参与计算的河段数量而定。该方法的直接影响是减少了下游 s 方向上的曲率变化,会造成最大值的衰减;其间接影响是整体减小了水深和流速增量,从而导致河岸侵蚀率的减小。

其他的剔除小尺度虚假河弯的方法是曲线拟合。可以利用诸如最小平方法,考虑5段、7段或更多河段的坐标计算的最佳拟合圆弧的曲率作为 J 河段的曲率。除用圆形代表弯曲外,还可以采用抛物线或其他曲线形式。此外,参与计算的河段(网格点)数量决定了剔除的弯曲的尺度大小。Sun 等(1996)和 Lanzoni 等(2005)运用了三次样条插值法,这是又一种剔除小弯曲的方法。样条插值法[Duris,1977]设置了一个拟合平滑变化参数,该参数可以作为一个间接方法,用于选择那些需剔除的小尺度弯曲的规模。应用这种方法暗指描述河道中心线的曲线是变化的,也就是说样条插值法需要进行某种优化处理。在 MIANDRAS 模型中,样条插值法可以用来代替曲率平滑处理。

8.1.5　重新划分网格

在数值计算中,网格点(段)的位置不是恒定不变的。通常情况下,网格点之间的距离随着弯曲的发展而增大,但是在诸如某一特定位置上蜿蜒迁移造成弯曲消失的情况下,网格点也会互相靠近。随着连续网格点间距的增大,河道中心线平滑度降低,看起来越来越像一系列的圆弧相连。此外,间距越大,模型分辨率越低,数值计算程序越不精密。随着连续网格点间距的减小,模型程序会将通过这些连续网格点的曲线混淆为直线,结果增大了数值误差的敏感度。为了解决上述问题,有必要在两个连续网格点间距变得很大时插入新的网格点,在间距变得很小时删除网格点[例如:Howard,1984;Crosato,1990;Sun等,1996]。所以,在 MIANDRAS 模型中设置了网格自动调整功能,用以增加或者删除网格点。但是,插入网格点也会造成新的虚假小尺度弯曲的产生,这是因为实践中不可能恰好把新网格点插在河道中心线上,没有任何坐标位置上的小误差。其结果是,改进计算精度的方法也可能变成新的产生计算误差的诱因。在实际应用中,当插入和删除网格点时,必须使用平滑滤波器(8.1.4 节)。

如果计算区域边缘的网格线与河岸一致,为了应对河岸后退造成的河岸几何变化,所有的现有软件都需要调整计算网格。RIPA[Mosselman,1992]和 MIKE21-C[DHI,1996]软件代码也不例外。几何形状的变化带来网格调整问题,比如需要增加网格或者减少网格(MIANDRAS),以及网格平滑丧失而正交(RIPA)。

8.2　计算的稳定性:时间步长与空间步长比较

弯曲移动计算测试显示,稳定计算与不稳定计算之间存在阈值关系,最大时间步长与最小空间步长、最大河道中心线位移率等有关。

$$\Delta t_{\max} \leqslant \varepsilon \frac{\Delta s_{\min}}{(\partial n/\partial t)_{\max}} \tag{8-32}$$

式中:$\Delta t_{\max}$ 为最大时间步长,s;$\Delta s_{\min}$ 为两个连续计算点之间的最小间距,最小空间步长,m;$(\partial n/\partial t)_{\max}$ 为河道中心线最大位移率,m/s;ε 为经验系数,$\varepsilon \approx 0.2$。

河道中心线最大位移率 $(\partial n/\partial t)_{\max}$ 由下式估算:

$$(\partial n/\partial t)_{\max} = E_u u_0 + E_h h_0 \tag{8-33}$$

8.3　弯曲移动模型中平滑处理和重划网格的影响

为了比较不同平滑滤波器的应用效果,进行了几组数值测试。平滑滤波器包括不同

程度弯曲平滑处理和三次样条插值[Crosato,2007a]等。测试中应用了三种不同复杂程度的模型:

(1)通用非滞后运动学模型(7.7.1节)。

(2)Ikeda 类模型(7.7.2节)。

(3)MIANDRAS 模型(7.7.3节)。

计算测试利用直槽试验 T2(第6章,6.2节和6.4节)的河道宽度、流量、河底比降和泥沙参数,但其初始中心线根据低振幅正弦曲线生成。模型参数和初始条件列于表 8-1和表 8-2。

表 8-1　模型参数

泥沙输移		率定系数			迁移系数		时间步长
公式	B	α_1	σ	E	E_u	$E_h(\text{s}^{-1})$	(d)
E – H*	5	0.50	2.00	0.50	0.116×10^{-5}	0	4

注: * 为 Engelund 和 Hansen(1967)。

表 8-2　初始条件

初始正弦平面			h_0	u_0	θ_0	λ_S	λ_W	L_P	$1/L_D$
弯曲	波长(m)	振幅(m)	(m)	(m/s)		(m)	(m)	(m)	(m^{-1})
1.00	6.00	0.01	0.045	0.25	0.38	0.84	1.08	6.04	0.129

在计算测试中,侵蚀率仅与近岸流速增量有关,且假设河岸侵蚀度空间不变。这样就使所有模型遵循同样的侵蚀规律。此外,在所有计算中率定系数和时间步长也是一致的。没有考虑出现裁弯取直的情况,这意味着在蜿蜒发展的最后阶段,河弯可以互相交叉。基于平滑处理和河道中心线拟合,样条内插得到了优化。

数值测试结果显示,连续节点间的最佳间距相当于半个河道宽度的数量级。一般而言,该间距应该大于河道宽度的约三分之一而小于河道宽度,这种说法的基础完全是经验性的。计算测试表明,当连续节点间距小于约三分之一的河道宽度时,模型对数值误差(假性小弯曲增长)更为敏感。另一方面,当连续节点距大于一个河道宽度时,模型结果精度差得不可接受。

对非滞后运动学模型来讲,由于它对局部弯曲响应迅速,所以它对于不稳定性最为敏感,因此不同平滑剔除小尺度弯曲方法的影响是最大的。在此情况下,样条内插法总是得到混乱的河道曲线。弯曲平滑处理法的结果要更平滑一些。图 8-4(a)给出了应用 5 个节点(进行一次弯曲平滑处理)计算河道弯曲的结果,可以看出,并非所有的小弯曲都被剔除。采用 11 个节点(进行 4 次平滑处理),则所有小弯曲都被剔除,但是河道中心线仍然不太规则(见图 8-4(b))。因为运动学模型的侵蚀率直接与局部弯曲成正比,所以尽管弯曲增长了,但没有表现出明显的移动。

在已进行的数值计算验证中,Ikeda 类模型和 MIANDRAS 模型在没有数值过滤的情况下仍然保持稳定,但这种稳定并不是总能出现,因为它取决于所采用的参数组。利用同

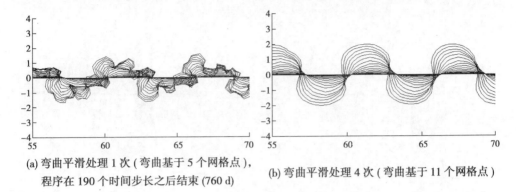

(a) 弯曲平滑处理 1 次（弯曲基于 5 个网格点），
程序在 190 个时间步长之后结束 (760 d)

(b) 弯曲平滑处理 4 次（弯曲基于 11 个网格点）

图 8-4　非滞后运动学模型 760 d 以后的弯曲发展变化情况，每 40 d 输出 1 次，距离的单位为 m

一设置，两个模型生成了不同的迁移速率。为了获取相似发展阶段的弯曲，Ikeda 类模型必须采用 4 倍长的计算时段（即 4 000 d 取代 MIANDRAS 的 1 000 d）。Ikeda 类模型的结果见图 8-5(a)（采用弯曲平滑处理法）和图 8-5(b)（采用样条插值法）。利用 Ikeda 类模型，不同的数值过滤方法产生了形状相似的弯曲，但发展阶段不同。这表明数值过滤影响弯曲发展的速度，但不影响弯曲的形态。对远离上游和下游边界的河段，不进行弯曲平滑处理时的平均最大迁移速率为 0.388×10^{-3} m/d；采用 5 个节点弯曲（进行 1 次弯曲平滑处理）时，为 0.341×10^{-3} m/d；利用优化三次样条插值法时，为 0.475×10^{-3} m/d。这种差异可归因于所应用的过滤方法，因为在所有计算测试中所有的其他参数是相同的。

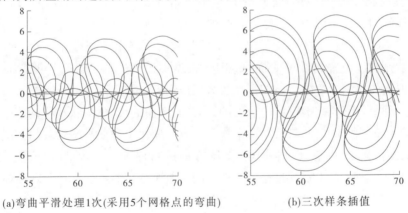

(a)弯曲平滑处理1次(采用5个网格点的弯曲)

(b)三次样条插值

图 8-5　Ikeda 类模型 4 000 d 以后的弯曲发展和河道移动情况，
每 400 d 输出 1 个结果，距离的单位为 m

MIANDRAS 模型的结果见图 8-6(a) 和图 8-6(b)。采用相同数量的时间步长，本次计算的蜿蜒变化，不仅尺寸大小不同，而且形状也不同：采用弯曲平滑处理获取的结果（见图 8-6(a)）与 Ikeda 类模型（见图 8-5(a) 和图 8-5(b)）形状相似，而采用三次样条插值的形状（见图 8-6(b)）则更加扭曲。

在远离上游和下游边界的河段，不进行弯曲平滑处理时的平均最大迁移速率为 1.70×10^{-3} m/d；采用 5 个节点弯曲（进行 1 次弯曲平滑处理）时，为 1.65×10^{-3} m/d；利

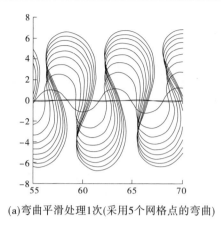
(a)弯曲平滑处理1次(采用5个网格点的弯曲)

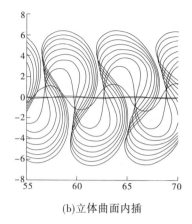
(b)立体曲面内插

图 8-6　MIANDRAS 模型 1 000 d 以后的弯曲发展和河道移动情况，
每 100 d 输出 1 个结果，距离的单位为 m

用优化三次样条插值法时，为 1.58×10^{-3} m/d。由此可以得出结论：数值过滤方法既影响弯曲的发展速率，也影响弯曲的形状。利用不同数值过滤方法在不同发展阶段河道中心线的对比见图 8-7。

通过比较不同数值过滤方法、相同数量时间步长情况下蜿蜒弯曲的大小和形状（见图 8-7），可以看出，随着计算时间的增加，弯曲振幅的差异在减小，而弯曲形状的差异在增大。在模型的实际运用中，这意味着对于长期性的预测，由于进行了数值过滤，与弯曲振幅相关的不确定性趋于减小，而与弯曲形状相关的不确定性则增加。就数值技术方面而言，与裁弯取直（位置和时间）的预测相比，模型似乎更适用于进行长期弯曲振幅的预测。裁弯取直的预测受弯曲形态的影响很大（比较图 8-8（a）和图 8-8（b））。

采用三种概念不同蜿蜒模型的数值测试表明，弯曲的尺寸、形状和移动速率也依赖于所使用的数值过滤方法。非滞后运动学模型只有在使用了弯曲平滑处理的情况下才会得到预想的结果，弯曲平滑处理减小了下游方向的弯曲变化。Ikeda 类模型［Ikeda 等，1981；Abad 和 Garcia，2006］受过滤方法选择的影响最小，过滤方法似乎只影响弯曲的发展速度，而不影响其形状。同样，对有空间延迟的运动学模型［Ferguson，1984；Howard，1984］和其他尽管方法不同但仍可以归类为运动学模型的弯曲模型，例如 Lancaster 和 Bras（2002）模型及 Coulthard 和 Van De Wiel（2006）细胞元模型，也具有相似的依赖性。作为替代，完全的 MIANDRAS 模型在弯曲的发展速率和形状两方面都受到平滑滤波器的影响。当阻尼系数 $1/L_D$（式（7-12））为大值时，MIANDRAS 模型与 Ikeda 等（1981）的 Ikeda 类模型行为相似，但是当该阻尼系数为小值时，则与上游弯曲变化有很大的关联性。其他能够模拟过度响应/过度刷深现象的模型［Johannesson 和 Parker，1989；Howard，1992；Sun 等，1996；Zolezzi 和 Seminara，2001］似乎也是如此。

在实际的河流中，可以观察到非传播的交替滩，这种滩影响着河岸的侵蚀和河道的迁移。因此，对这些滩（过度响应/过度刷深现象）以及它们对河岸侵蚀影响的模拟应该尽

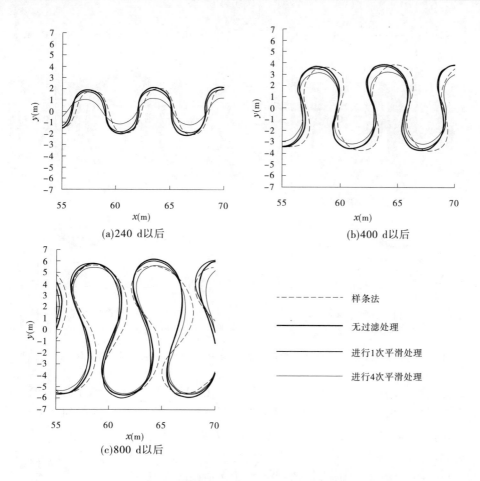

图 8-7　不同过滤方法的 MIANDRAS 模型计算的河道中心线

可能地精确。然而,数值过滤方法会影响到模拟的精度,这是因为通过减少下游方向上曲线的异变而去除小弯曲的处理过程还意味着对早期阶段非传播交替滩的抑制。在计算测试中发现,当使用样条插值法时,中型弯曲的情况下才会有滩形成(见图 8-8(a))。由于在没有任何平滑处理的参考性计算中,这种滩根本不会形成(没有任何平滑处理,使用本组参数的模型也保持稳定,见图 8-8(b)),所以人们或许会认为样条插值法带来的结果看似符合实际,但实际上不真实的效果。或者产生相反的疑问,即该方法是不是能给出切合实际的结果的唯一方法? 关于这个疑问的答案,只有在实验室顺直河槽试验中模拟大型弯曲的形成与增长时才能回答。对于这类试验,Smith(1998)(使用黏性土壤)以及 Gran和 Paola(2001)(使用河岸植被)等的方法看起来是最有价值的。

　　所进行的计算验证并不能反映真实的情况(输入的是基于水槽试验和河岸侵蚀度均一的数据),而且所模拟的是在相当长的时间段内,最初几乎顺直的河道的平面形态演变,对于实际的河流而言,这个时间段可能相当于数个世纪。对于短期模拟和实际河流,平滑处理方法的选择对蜿蜒形状的影响较小,蜿蜒形状在短期内是由初始条件决定的。

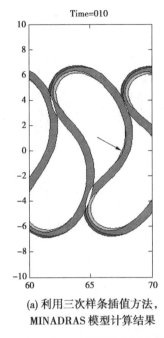
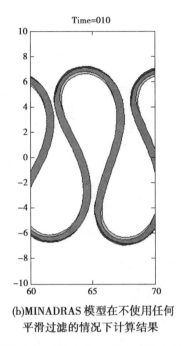

(a) 利用三次样条插值方法,
MINADRAS 模型计算结果

(b)MINADRAS 模型在不使用任何
平滑过滤的情况下计算结果

图 8-8　1 000 d 以后的最终河床具体地形,距离的单位为 m(浅灰色=滩;深灰色=池)

　　尽管如此,为了模拟实际河流的平面形态变化,迁移速率依赖于数值过滤方法这一情况说明,迁移系数应该根据历史的迁移速率进行率定。与水力学计算中的河床糙率系数相似,移动系数是一组参数,涉及许多图式化的效果,使得它们最终只能被用做率定参数。这意味着迁移系数不能作为河岸特性(土壤、植被、含水量、高度,等等)的函数进行先验推导,因为自然河岸的物理特性只能说明这组数值中的一部分。

8.4　边界条件的影响

8.4.1　稳定状态的计算

　　为了阐述边界条件对河床地形和河流平面形态变化预测的影响,进行了数次计算验证。在所有的计算验证中,利用 MINADRAS 模型在不同上游边界条件下模拟了完全顺直河道中蜿蜒的初始形成和后续发展。河道宽度、流量、河谷比降和泥沙特性的初始值与直槽试验 T2(第 6 章)的情况相同。模型参数和初始条件详见表 8-1 和表 8-2。所有计算的时间长度均为 400 d,计算时间步长为 4 d,输出结果的时间步长为 40 d。对每个时间步长,模型计算了平衡河床地形。表 8-3 给出了所进行计算测试的有关参数。RUN1 和 RUN2 的边界条件不随时间变化,因而可以认为对水流存在一个固定的上游扰动。对 RUN3,在经过足以形成初始受扰的平衡河床地形之后,上游边界不再扰动。RUN4 的边界条件随时间而变化,代表随机变化的上游扰动,每种扰动持续的时间足以形成受扰平衡河床地形。

表 8-3　计算验证

计算检验	边界条件			
	$H(0)$ (m)	$\partial H(0)/\partial s$（式(8-10)）	$U(0)$ (m/s)	时间变化
RUN1	0.001	0.001 1	0	常数
RUN2	0.005	0.005 93	0	常数
RUN3	0.001	0.001 1	0	只在 $t=0$
RUN4	$-0.005 \sim 0.005$	variable	0	随机变化*

注:* EXCEL 随机发生器。

图 8-9 ~ 图 8-12 给出了计算检验结果。不同强度的上游扰动产生了不同的河道平面形态。靠近上游边界的地方差异最大,不仅弯曲的大小不同,而且波长也不同(见图 8-13 和见图 8-14)。在距离上游边界较远的地方,蜿蜒的大小和波长相似,但是相位不同(见图 8-15 ~ 图 8-18)。

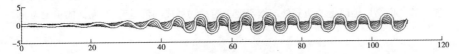

图 8-9　RUN1,完全顺直河道上由固定不变的上游扰动形成河道蜿蜒,距离的单位为 m

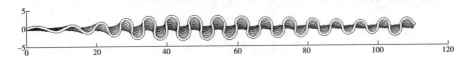

图 8-10　RUN2,完全顺直河道上由固定不变的上游边界扰动形成河道蜿蜒,距离的单位为 m

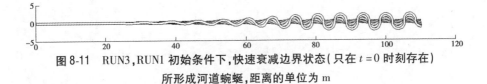

图 8-11　RUN3,RUN1 初始条件下,快速衰减边界状态(只在 $t=0$ 时刻存在)
所形成河道蜿蜒,距离的单位为 m

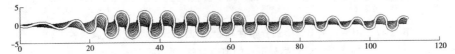

图 8-12　RUN4,顺直河道上由随机变化边界条件形成的河道蜿蜒弯曲,距离的单位为 m

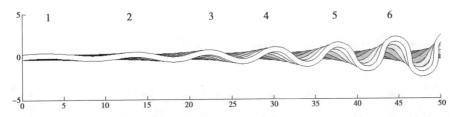

图 8-13　RUN1,连续不变上游扰动条件下上游边界附近形成的河道弯曲,距离的单位为 m

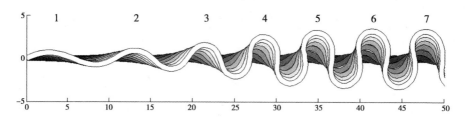

图 8-14　RUN2,连续不变上游扰动条件下上游边界附近形成的河道弯曲,距离的单位为 m

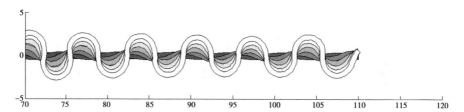

图 8-15　RUN1,远离上游边界处连续不变上游扰动形成的河道弯曲,距离的单位为 m

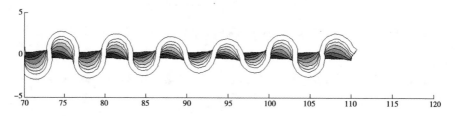

图 8-16　RUN2,远离上游边界处连续不变上游扰动形成的河道弯曲,距离的单位为 m

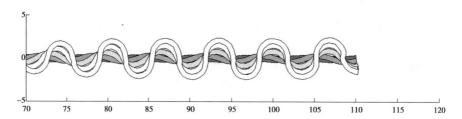

图 8-17　RUN3,从 RUN1 边界条件开始,上游边界扰动快速衰减条件下,
在远离上游边界处形成的河道弯曲,距离的单位为 m

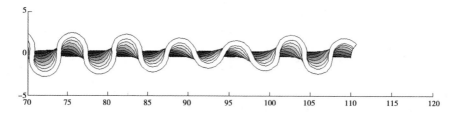

图 8-18　随机变化的边界条件,在远离上游边界处形成的河道弯曲,距离的单位为 m

在计算验证中,由于给定边界条件所描述的扰动,在河道内形成了稳定交替滩。这些稳定滩影响河岸移动,从而使河流开始蜿蜒弯曲。RUN1 和 RUN3 形成的初始交替滩见图 8-19,RUN4 形成的初始交替滩见图 8-20。

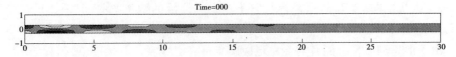

图 8-19　RUN1 和 RUN3,$t=0$ 时的均衡河床变形(浅灰色 = 滩,深灰色 = 池),距离的单位为 m

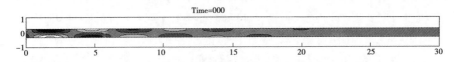

图 8-20　RUN4,$t=0$ 时均衡河床变形,边界条件随时间随机变化
(浅灰色 = 滩,深灰色 = 池),距离的单位为 m

在所有的计算方案中,稳定滩(本征振荡)的波长和衰减系数是相同的,因为这些特征不受边界条件的影响(注意,模型要计算每一个时间步长的均衡河床地形)。不同计算方案之间的差异在于滩的高程和相位。

下列情况下都能获得蜿蜒弯曲:恒定的边界条件(图 8-9 和图 8-10 中的 RUN1 和 RUN2),代表上游边界处持续恒定的扰动;快速衰减的扰动(图 8-11 的 RUN3)和随机变化的扰动(图 8-12 的 RUN4)。因此,恒定的上游扰动并非蜿蜒弯曲形成的必要条件。但是,这种情况下,存在扰动持续时间足以形成均衡河床地形(稳定状态计算)的假设。在试验 T2 中,河床地形 2 d 后(第 6 章)达到均衡。因此,选取时间步长为 4 d 的试验结果与观测结果是一致的。

计算发现,随机边界条件(RUN4)可以形成数串向下游传播的蜿蜒弯曲(见图 8-12),Shen 和 Larsen(1988)等已在现实河流中观测到了这种连续弯曲的存在。快速衰减上游扰动(RUN3)仅在下游形成一串蜿蜒弯曲(见图 8-11),说明持续产生蜿蜒弯曲需要上游扰动,否则河道将再次变回顺直。Seminara 等(2001)和 Lanzoni 等(2005)在试验中也发现了这种情况,他们的试验采用另一种扰动:用扰动河道平面构造代替上游河段的水流和水深扰动。

8.4.2　时间适应情况下的计算

对随机扰动所引起的蜿蜒弯曲发展,还需要进行进一步的探讨。由于前面章节进行的计算是稳态计算,即模型计算的是每一个时间步长的平衡河床地形,所以有必要检查在考虑河床发展时间尺度的情况下,是否可以得到相同或者相似的结果。随机变化的边界条件代表具有零时均值的扰动,按正弦曲线方式随着时间变化的扰动也具有零时均值。这种扰动在诸如移动交替滩等条件下可以形成。

想象一下,在实际河流中,受扰河床地形即稳定本征振荡的发展,在不同的发展阶段具有不同的发展速度,移动滩的出现有可能形成残余稳定河床波动。这种波动将与由于移动滩造成的波动相互叠加。在直槽试验中,在没有上游扰动情况下,获取时均平坦河床的尝试没有成功(第6章),这是因为塑造完全均匀水流的难度太大。不过,也可以归因于移动滩的存在。因此,研究移动滩的存在是否会形成残余稳定河床波动具有重要意义。移动滩移动太快[Olesen,1984],以至于它不会引起河流的蜿蜒弯曲,但是如果它们能够产生稳定的河床和水流的波动,就可能间接导致河流蜿蜒弯曲的形成。Hansen(1967)已经证明,由于形态动力系统固有的不稳定性即滩不稳定性(Bar Instability,7.4.1节),形成了移动滩的发生、发展,这说明也可以把弯曲的趋势看成是河流固有的属性。

作为初次定向测试,又进行了 RUN5 和 RUN6 的计算验证。与前面的计算验证一样,河道宽度、流量、河谷坡度和泥沙特性等与直槽试验 T2(第6章)的条件相同,表8-1和表8-2列出了模型参数和初始条件。在计算验证过程中,模型再现了直槽试验 T2(6.4节)中在上游边界观测到的交替滩的效果。观测到的滩的平均波长为 3.94 m,振幅为 2.2 cm,平均波速为 2.9×10^{-5} m/s。完整交替滩移动通过一个特定位置所需的时间大约为 38 h。因此,随时间变化的边界条件代表了一个正弦变化的波动,其周期为 38 h,振幅为 0.022 m。计算验证采用了 5.2.8 部分介绍的时间适应公式,其中模型根据式(5-68)考虑横向河床变形按指数增长,方便起见公式重列如下:

$$H(t) = H(\infty)[1 - e^{-t/T}] \tag{8-34}$$

其中,T 由下式(同式(5-78),方便起见重列)给定:

$$T = \frac{\lambda_s h_0}{q_{s0}} \tag{8-35}$$

式中:H 为近岸河床高程波动,m,对应于河段平均水深值 h_0 的近岸水深增量;h_0 为河段平均水深值,m;q_{s0} 为单位河宽的河段平均泥沙输移体积,包括气孔体积在内,m^2/s;λ_s 为河床适应长度,m。

在直槽试验 T2 中,T 等于 13 h(利用观测的输移速率,见6.4节),这样在交替滩周期之内,河床波动得到了完全发展。

计算的时间步长为 1 h。RUN5 允许河道蜿蜒弯曲,而 RUN6 则假设河岸是固定的。通过 RUN6 来观测在没有受到发展中的蜿蜒弯曲的影响时,残余河床振动如何演变。RUN5 的历时为 10 000 个时间步长(416 d),RUN6 的历时为 240 个时间步长(10 d),两个计算验证的主要特点见表8-4。

表8-4　计算验证

计算方案	类型	历时(d)	边界条件			移动参数	
			$H(0)$ (m)	$\partial H(0)/\partial s$ (式(8-10))	$U(0)$ (m/s)	E_u	E_h (s^{-1})
RUN5	可侵蚀河岸	416	随时间正弦变化	可变的	0	同表8-1	同表8-1
RUN6	固定河岸	10	随时间正弦变化	可变的	0	0	0

RUN5 的计算结果见图 8-21～图 8-23。从图中可以看出,根据 MIANDRAS 模型,如果

上游存在随时间变化的扰动,那么在顺直河道中也可以形成蜿蜒弯曲,这种扰动与移动交替滩所产生的扰动相似。在该案例中,考虑了横向变形的时间尺度,也就是说并非每一时间计算步长都达到了平衡状态。

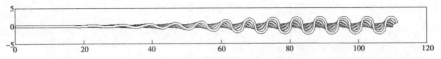

图 8-21　RUN5,416 d 以后远离边界位置的平面形态,距离的单位为 m

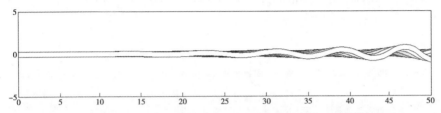

图 8-22　RUN5,416 d 以后靠近上游边界位置的平面形态,距离的单位为 m

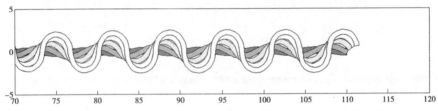

图 8-23　RUN5,416 d 以后距离边界较远位置的平面形态,距离的单位为 m

在远离上游边界的位置,沿河谷轴线计算的弯曲波长,与稳定扰动所形成的弯曲波长(见图 8-15 和图 8-16)差别不大。说明边界条件并不影响"系统"的弯曲波长,该波长似乎仅依赖于水流和河道特性,包括河道的宽深比。这种情况与实地观测和试验观测是一致的[例如:Leopold 和 Wolman,1960;Friedkin,1945]。

图 8-24 显示了在随时间变化边界条件的影响下波状河床地形的初始发展。波状河

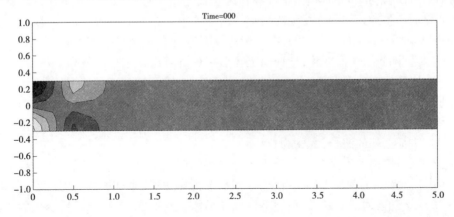

图 8-24　RUN5,1 h 以后的稳定河床地形,距离的单位为 m(浅灰色 = 滩,深灰色 = 池)

床地形所代表的不是试验观测到的自由移动交替滩,而更像是上游边界处交替滩(上游边界的正弦扰动)对于平均河床地形的影响:波动河床的发展。河床变形的初始波长比稳定本征振荡和移动交替滩的波长要短得多:大约为 1.2 m,其他两种分别为 6 m 和 3.94 m。这个波长由交替滩和本征振荡波长的组合结果推导而来。不过,选择利用式(8-10)计算 $\partial H(0)/\partial s$ 值也会对其有影响,因为这样会引起相当"反常的"组合边界条件,即并非恰好属于观测到的交替滩(见表8-4)。

随着河岸侵蚀和延伸的发展,最初顺直河道上所形成的滩很快转变为点滩,即它们被发育中的蜿蜒弯曲所捕获,这种情况可以从图 8-25 和图 8-26 中看出。

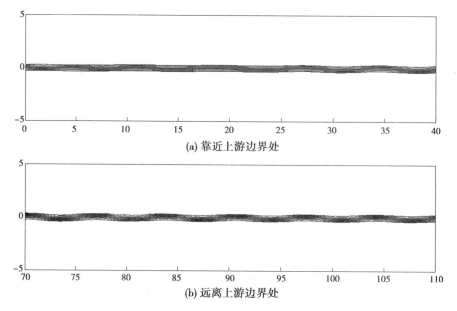

(a) 靠近上游边界处

(b) 远离上游边界处

图 8-25　RUN5,208 d 后的河床地形,距离的单位为 m

RUN6 的计算结果见图8-27,反映了稳定河床波动随时间的变化过程。该河床波动代表的不是自由移动滩(在本模型中没有考虑),而是由于移动滩的存在并考虑河床的短暂横向变化而产生的正弦变化扰动所引起的河床变形。在初始阶段(即1 h 后),河床变形与 RUN5(见图8-24)的结果相同,在上游边界附近由单一的滩－池序列组成;但在一定时间以后,尽管随着时间而变化,这种稳定变形在更下游位置也可以发现。78 h 以后,单一的滩－池序列演变成多个滩－池序列(见图8-27)。在河岸稳定的情况下,上游波动性扰动对下游的影响距离看起来在空间上是有限的,因为在 78 h 后或者 1 000 h(41 d)后,河床变形都局限在河道的前 40 m 以内(见图8-28),其振动的波长逐渐地从初始的 1.2 m 增加到稳定本征振荡的波长(大约为 6 m)。

由于时间适应模型不完全依赖时间,因此该模型不能模拟自由移动滩的形成与传播,只能在考虑其发展的时间尺度的情况下,模拟稳定河床变形(本征振荡)的发展(式(8-34)和式(8-35))。随着时间的延长,模型不再计算平衡河床地形,而是计算受变化的上游边界条件的影响所形成的不断演变的河床地形。根据指数定律(式(8-34)),河床变形的发展速率随着发展阶段的不同而不断减小。这说明模型不能准确地再现河床波动的发展过

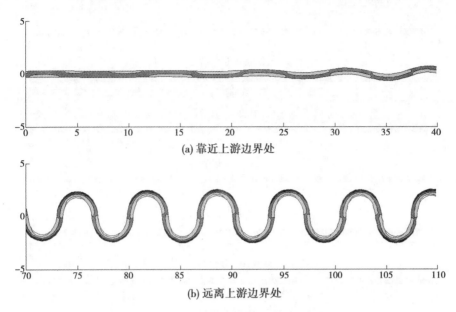

(a) 靠近上游边界处

(b) 远离上游边界处

图 8-26　RUN5,416 d 后的河床地形,距离的单位为 m

程,而只能增进对这种可预判的发展类型的一些深入理解。

　　RUN5 和 RUN6 的结果同时说明,就像上游边界存在自由移动滩一样,上游扰动的调和变化最终可能导致稳定交替滩的产生,这些滩的波长与本征振荡的波长相同,大约是自由移动滩波长的两倍。形成于上述两个计算方案的稳定滩的波长约为 6 m,引起上游边界水流扰动的自由移动滩的波长为 3. 9 m。

　　在初步直槽试验(第 6 章)中,观测到了自由移动滩和自由稳定滩共存的现象,稳定滩由上游扰动所产生。但是,在实验室里,即使没有任何上游干扰,稳定状态的河床也不是平坦的。这是由于上游的非均匀水流所导致。WL | Delft Hydraulics 的 Lanzoni(2000)所进行的研究冲积河道内交替滩形成的试验中也观测到了移动滩和稳定滩共存的现象。在动床直槽试验中,Lanzoni 在河床地形的光谱分析中观测到两个峰值,其中一个对应于观测到的自由移动滩,而另一个对应于未被很好定义的、具有两倍波长的交替滩。在一些没有任何上游扰动的试验中也观测到第二个峰值。如果第二个峰值是由于稳定本征振荡的存在而产生的,那么这意味着该本征振荡也可能会在没有任何明显上游干扰的情况下形成。

　　利用完全时间依赖模型进行更为深入的研究是必要的,以便判别是由滩不稳定现象(7. 4. 1 节)产生的自由移动滩,还是由一些小的随机扰动所引起滩的不稳定性本身,能够导致本征河床波动的发展,如同数值验证所提出的那样。如果证实果真如此,则可以说明蜿蜒弯曲是系统内在不稳定性的结果。

　　因此,建议在存在自由移动滩或者上游水流扰动快速变化(很小)的情况下,对本征河床波动的发展变化进行更深入的研究。采用 MIANDRAS 模型中的完全时间依赖基础模型,以及更复杂的时间依赖型模型,如 Delft3D[WL | Delft Hydraulics, 2003]都可以完成这项任务。同时,建议开展一些精心设计的试验来验证分析法和数值法研究的结果。

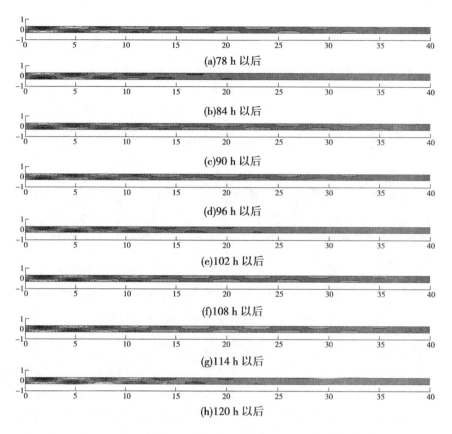

图 8-27　振荡边界条件引起的稳定河床变形的定时显示,边界条件同直槽试验 T2
观测到的移动交替滩(浅灰色 = 滩,深灰色 = 池),距离的单位为 m

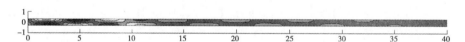

图 8-28　1 000 h(41 d)后振荡边界条件引起的稳定河床变形,边界条件同直槽试验 T2
观测的移动交替滩(浅灰色 = 滩,深灰色 = 池),距离的单位为 m

第9章 野外应用

9.1 概 述

前面章节的试验介绍了运用 MIANDRAS 模型再现实验室水槽的水流流场及河床地形变化,分析了初始顺直的河道内蜿蜒发展的实际情况。本节简要介绍 MIANDRAS 模型在工程实际和研究项目中应用的结果。为了验证 MIANDRAS 模型的性能,本章后续几节将介绍更深入的模型运用分析。

在意大利波(Po)河,MIANDRAS 模型将沙洲形成作为河道宽深比的函数,已成功对其进行了预测[Studio SICEM S. r. l. , 1994]。整体的方案是在小流量的条件下,通过改变局部河段的宽深比来消除在 Moglia Secca 入口前自然形成的一片沙滩,该入口在 Boretto 附近河流的右岸[Di Silvio 和 Crosato, 1994](见图 9-1)。虽然应用 MIANDRAS 模型需要采用不变的河道宽度值,但计算得到的滩池位置与测量结果之间非常吻合(见图 9-2)。此外,在不同宽深比条件下点滩位置变化的计算结果与物理(比例)模型试验所得结果相当一致[Di Silvio 和 Susin, 1994]。

图 9-1　位于 Boretto 的波(Po)河卫星图像(Image © 2008 Digital Globe,
Google Earth),一个点滩位于 Moglia Secca 的入口

Duran Tapia(2008)利用 MIANDRAS 模型对艾尔韦尔(Irwell)河砂砾河床的平面变化

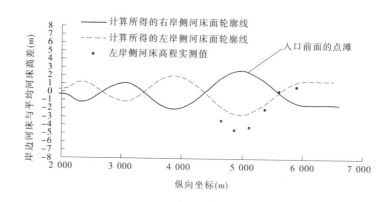

图 9-2　计算及测量得到的近岸河床纵向轮廓线，Moglia Secca
入口位于右岸侧，$s = 5\ 100$ m 处

进行了研究，研究河段位于罗坦斯托尔(英国)附近的兰开夏，研究的目的是评估河岸侵蚀对位于距左岸几十米远的铁路是否造成威胁。模拟所得点滩的位置和分布与观测结果相当一致(见图 9-3)。图 9-4 为河床平面变化预测结果。

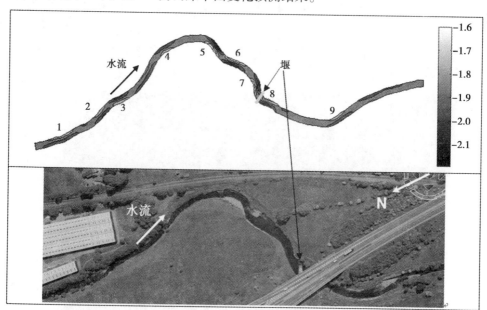

图 9-3　艾尔韦尔(Irwell)河(英国)，利用 MIANDRAS 模型计算的河床地形(相对于水面高程的河
床高程，单位:m)(上图)和卫星影像(下图)(Image © 2006 Digital Globe Google Earth)
(Roxana M. Duran Tapia 提供)

由于仅有 2003 年和 2006 年的平面数据，使得模型校准困难，模型验证无法进行。但是，计算的趋势线与对河岸不稳定性的实地观察结果非常吻合[Duran Tapia, 2008]。沿铁路的强夯段和高速公路桥旁的固定堰将有效限制其间的两个河弯的发展。

图 9-4　按 2003 年河道中心线计算得出的 2006 年(上图)和 2010 年(下图)
的河岸线,背景为 2006 年卫星影像(Image © 2006 Digital Globe Google
Earth),Roxana M. Duran Tapia 提供

　　MIANDRAS 模型被成功用于研究伊朗底格里斯河(Tigris)的河床平面变化,以及摩苏尔(Mosul)和大扎卜河(Greater Zab)交汇之间、Munirah 附近河流右岸的 Al-Shemal 水电站取水口附近水道裁弯的可能性[Bakker 和 Crosato, 1989]。近 20 年过后,与当前河道(2008 年)和在卫星影像上仍可看到的旧河道(见图9-5)相对照,现在可以说基于 1987 年河床平面对 2012 年河床平面的预测结果是令人满意的。

　　MIANDRAS 模型用于计算尼罗河的河床地形以及迁移趋势,计算河段位于鲁塞里斯和森纳尔州(苏丹)之间,长达 274 km[Ali,2008]。就点滩的位置而言,计算的河床地形与采用基于 Delft3D 软件的 2-D 模型计算的结果类似[WL|Delft Hydraulics, 2003](见图9-6)。由于计算时间较长,2-D 模型仅能提供最多 5 个横断面计算单元,致使结果不太准确。与采用平均流量(2 000 m³/s)的计算结果相比,采用平滩流量(8 000 m³/s,见图9-7)计算的河床地形与观测结果更加一致[Ali, 2008]。考虑河流平面变化因素,对大尺度(数百千米)的均衡河床地形评估来讲,MIANDRAS 模型被证实是一种速率快、易于操作的模型,并可以用于评估未来的平衡状态河床地形。

　　本章将进一步测试 MIANDRAS 程序的表现。第一项测试涉及在许多河流观察到的迁移程度的有关趋势,分析局部和河段平均的迁移行为的不同。随后的测试将关注具体河流的三个案例研究,用以研究模型适应性的极限范围。

　　第一个案例研究模型对赫尔河的点滩位置和短期迁移趋势的模拟能力。赫尔河是一条研究资料充分、具有小宽深比的蜿蜒型小河流,位于荷兰东南部。

　　第二个案例研究模型对 Dhaleswari 河(孟加拉国)平面变化的预测能力。这里的河流平面形态和移动速率的野外数据源于低分辨率的卫星影像。

　　第三个案例研究检验模型对 Allier 河(法国)蜿蜒型和编织型河道之间的过渡河段的长期河床地形变化的预测能力。在这个案例中,模型运用超出了其适用性范围。

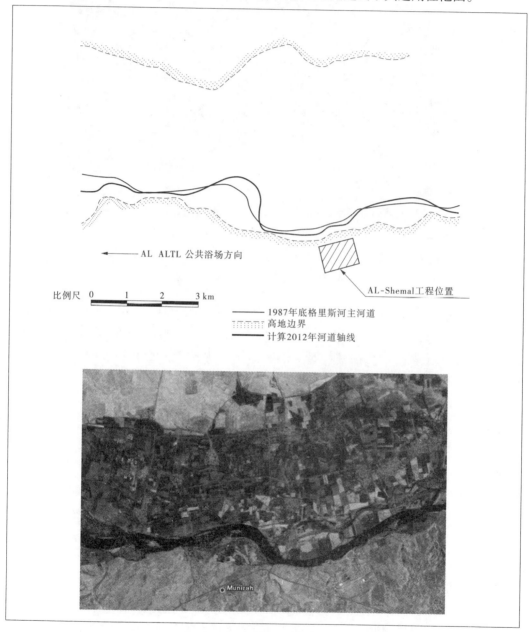

AL　ALTL 公共浴场方向

比例尺 0　1　2　3 km

—— 1987年底格里斯河主河道
.... 高地边界
—— 计算2012年河道轴线

AL-Shemal工程位置

图 9-5　始于 1987 年河道中心线计算的 2012 年河道中心线(上图)(Bakker 和 Crosato,1989)以及 2008 年河道平面卫星影像(下图)(Image © 2008 Digital Globe,Google Earth)

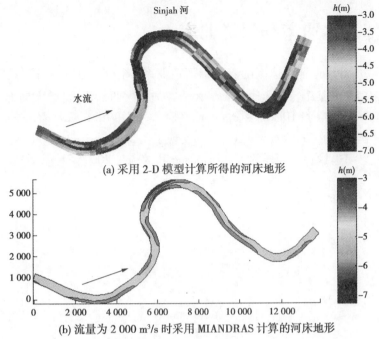

(a) 采用 2-D 模型计算所得的河床地形

(b) 流量为 2 000 m³/s 时采用 MIANDRAS 计算的河床地形

图 9-6　Sinjah(辛加,苏丹)附近的尼罗河(h 为河床高程相对于水面高程的距离,Yasir S. A. Ali 提供)

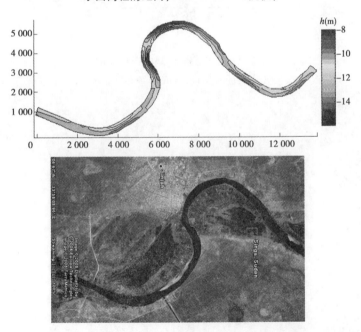

图 9-7　上图:MIANDRAS 模型计算所得的河床地貌,采用恒定流量值等于 8 000 m³/s (平滩流量),h 为河床床底相对于水面的距离(m),下图:该区域卫星影像(Image © 2008 Digital Globe Google Earth),Yasir S. A. Ali 提供

9.2　局部迁移速率与河道曲率

　　观测显示,局部河道迁移速率随着局部河道曲率半径 R_c 与平滩河道宽度 B 的比率而变化,且在 R_c/B 的某个特定值时达到最大。在加拿大西部河流,最大局部迁移速率发生在 R_c/B 约等于 2.5 时 [Hickin 和 Nanson,1984](见图 9-8)。De Kramer 等(2000)在 Allier 河系(法国)和 Border Meuse 河(荷兰)发现了类似的规律(2000)(见图 9-9),在密西西比河与戴恩河也找到了同样的规律 [Hudson 和 Kesel,2000](见图 9-10)。

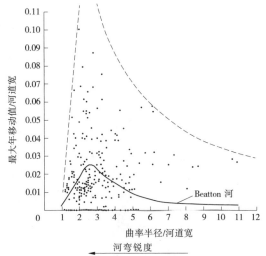

图 9-8　加拿大西部 21 条河,局部迁移速率作为局部
R_c/B 比率的函数(Hickin 和 Nanson,1984)

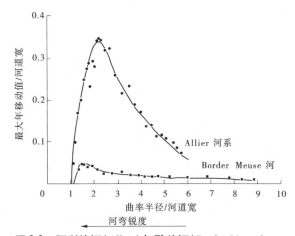

图 9-9　阿利埃河(Allier)与默兹河(Border Meuse),
局部迁移速率作为局部 R_c/B 比率的函数 [De Kramer 等,2000]

　　在河道弯曲率低,即 R_c/B 值较大的地方,河道迁移少。在河道弯曲率较大处,即 R_c/B值较小的地方,河道迁移速率和弯曲锐度都很大 [Hickin,1977]。但是,局部迁移速率在

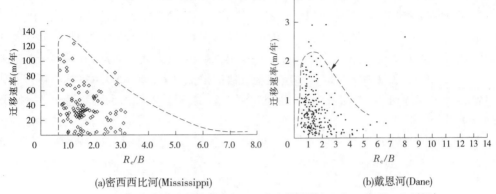

(a)密西西比河(Mississippi)　　　　　(b)戴恩河(Dane)

图 9-10　局部迁移速率作为局部 R_c/B 比率的函数(Hudson 和 Kesel,2000)

R_c/B 临界值处达到最大以后,反而随着局部河道曲率和弯曲锐度的进一步增大而迅速减小[Nanson 和 Hickin,1983]。依照 Hickin(1977)、Christensen 等(1999)、Blanckaert 和 Graf(2004),Parsons 等(2003)以及 Blanckaert 和 De Vriend(2004)等的研究成果,当超过临界值后,迁移速率随着弯曲锐度的增大而减小(见图 9-8、图 9-9、图 9-10 中的上升段),这可归因于"水流分离",弯道外侧河岸附近出现二次环流会造成"水流分离"的发生,在剧烈弯曲的河弯观察到了这种现象[Blanckaert 等,2002](见图 9-11)。尽管相对弱小,这些环流圈在很大程度上减小了外侧弯道处的边界切应力,从而减小了陡峭外岸的侵蚀速率,也就是减小了移动矢量的量级。

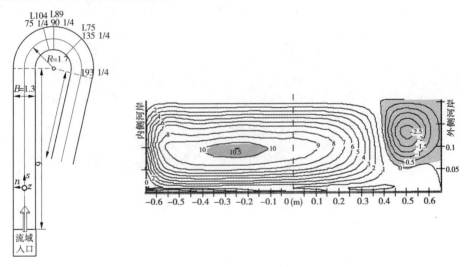

图 9-11　Blanckaert(2002)在试验中观察到的急弯处的二次环流

局部迁移速率随河弯锐度增大而降低的另一个解释可能是点滩相对于弯曲顶点的位移。如果随着河弯锐度增大,点滩向弯曲顶点下游移动,那么近岸流速和河道迁移速率的最大值位置将向下游迁移更多。在这种情况下,在最大曲率位置上将不能观察到最大迁移速率。点滩的位置会影响河道迁移矢量(介于河道横断面方向和下游方向的迁移之间)的方向和位置,对迁移矢量和河道中心线局部曲率之间的关系形成影响。

在 Ferguson(1984)与 Howard(1984)开发的第一个运动学蜿蜒移动迁移模型中,人为施加影响使局部迁移速率随着曲率增大而减小。这里我们来研究动态弯曲模型是否能够再现已观测的河道变化,尤其是图 9-8 ~ 图 9-10 中曲线的上升段。为此,利用两个具有不同复杂度级别的基于物理学蜿蜒迁移模型进行数值模拟[Crosato,2007b],从而可以对观测现象的成因进行判别。最简易的是 Ikeda 类模型(见 7.7.2 节),利用它通过 7.3 节所述的流量方程(式(7-69))中的适应长度,获得了迁移速率和局部河道中心线曲率之间的相位滞后[Parker,1984]。在这个模型中,点滩总是与河道曲率同相,这是因为模型假定横向水深形变与河道曲率成比例(式(7-68))。另一个模型是 MIANDRAS 模型[Crosato模型,见 7.7.3 节],它考虑了河床地形的纵向调整(式(7-71))。因此,该模型也考虑了稳定交替滩对迁移速率的影响。此外,在 MIANDRAS 模型中点滩并不总是与河道曲率同相,因为它取决于河流条件(见 7.6 节)。两个模型都没有考虑在强烈弯曲河弯处的水流分离。

在计算测试中,允许河流蜿蜒度越来越强。河宽、流量、河流比降和泥沙特性都是直流水槽试验 T2 的数据(见 6.2 节和 6.4 节)。迁移率仅与近岸流速增量有关,假定迁移系数 E_u 在空间上不变。初始河道平面形状呈正弦曲线,波长等于 10 B,振幅很小。模型参数和初始条件列于表 8-1 和表 8-2。计算中,在三个点上对河道中心线曲率半径进行了计算,没有进行平滑处理。迁移率和局部 R_c/B 关系分别点绘于图 9-12(Ikeda 类模型)和图 9-13(MIANDRAS 模型)。图中点阵涉及所有远离边界的计算点,按不同蜿蜒发展阶段进行了区分,每个点对应于不同的河流蜿蜒度。R_c/B 的最小值很可能是由于局部曲率计算的数值误差而形成的假弯曲而引起的[Crosato,2007b]。这些假弯曲通过平滑处理得以消除。实际上,小的 R_c/B 值常常可以观察到。

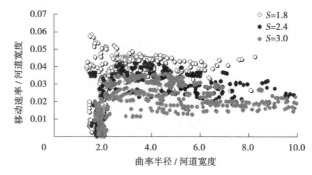

图 9-12　按照 Ikeda 类模型三个不同河道蜿蜒度 S 条件下的局部迁移速率 V_s 和局部 R_c/B,迁移速率单位是 m/时间步长,R_c/B 增大,河道曲率减小

通过对图 9-12 和图 9-13 的分析,尽管在两个模型中 MIANDRAS 模型峰值更显著,但或许可以得出两个模型都定性再现了观测结果的结论。MIANDRAS 模型展现了 R_c/B 为 2 ~ 3 的最大迁移速率,这与实地观测结果的一致性很好(比顿(Beatton)河与阿利埃(Allier)河,见图 9-8 和图 9-9)。在 Ikeda 类模型中,R_c/B 为 1.5 ~ 4 时出现峰值。在默兹河和戴恩河,R_c/B 等于 1.5 时,迁移速率达到最大(见图 9-9 和图 9-10(b)),而在密西西比河

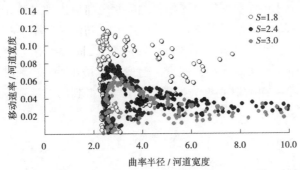

图 9-13　按照 MIANDRAS 模型三个不同河道蜿蜒度 S 条件下的局部
迁移速率 V_s 和局部 R_c/B,迁移速率单位是 m/时间步长,R_c/B 增大,河道曲率减小

下游,迁移速率为最大值时,R_c/B 等于 1.0(见图 9-10(a))。因此,Ikeda 类模型结果没有超出观测值范围。对两个模型来说,随着河道弯曲度增加,峰值均向 R_c/B 的大值偏移,但这一偏移趋势在 Ikeda 类模型中表现得更明显。

在两个模型中,迁移速率和近岸局部流速与断面平均流速增量有关,近岸局部流速受局部曲率大小和其纵向变化(导数)的影响,分别在式(7-69)和式(7-72)中用 $\gamma = B/R_c$ 和 $\partial\gamma/\partial s$ 表达。在 MIANDRAS 模型中,河道迁移也受稳定交替滩的影响(在 Ikeda 类模型中没有考虑这一点)。交替滩形成于河道弯曲度不大处或在长的准顺直河段中两个连续弯道之间。

迁移速率受河道曲率影响可以解释 R_c/B 增加时局部迁移速率减小,但不能说明在 R_c/B 值最小时迁移速率的增长,即河道急弯处的曲线上升段。尽管过度刷深现象可导致点滩随着变动河弯尺寸的河弯顶点而变化,但它仍不能解释上述现象。这一现象(见 7.6 节)只在 MIANDRAS 模型中考虑到,但 Ikeda 类模型也可再现这一趋势。

上述模型都没有考虑水流分离,同时解释观测到的超出临界值时迁移速率随着弯曲锐度增大而减小(图 9-8 ~ 图 9-10 曲线上升段)的现象也不需要考虑水流分离,尽管水流分离被认为起到了增强的作用[Blanckaert 和 De Vriend,2004]。

假定近岸流速主导了局部河道迁移,那么上述显性效应就是由近岸流速和河道曲率之间的相位滞后所引起的,7.3 节对此进行了分析。弯道越尖越短(河弯急转部分相对较短),相位滞后越趋向 90°(在弯道下游端的流速增量最大),这也解释了为什么模型要滤掉短弯[Ikeda 等,1981]。

点滩位置的偏移可以解释 MIANDRAS 模型所获得曲线的不同形状和更为明显的曲线峰值。在充分发育的河弯,点滩位置处在弯道顶点稍偏上游的地方,减少了迁移速率和曲率间的相位滞后。但是,随着弯道的进一步发育、锐度的进一步增大,点滩位置向弯道顶点迁移(见 7.6.5 节),速率形变趋向于与曲率异相 90°,即近岸速率增值的最大值趋于落在下游弯曲的交点。

在弯曲度最小的情况下,两个模型表现不同,见图 9-14(Ikeda 类模型)和图 9-15(MI-ANDRAS 模型)。

在 Ikeda 类模型中(见图 9-14),当曲率非常小、R_c 非常大时,局部河道迁移受最小弯曲度时的河道曲率支配。在此情况下,河岸侵蚀度低,这是由于近岸流速增量小。对局部河道曲率的这种依赖性仅在曲率和流速增量之间相位滞后出现之后才受到影响。

　　在 MIANDRAS 模型中(见图9-15),迁移速率几乎与河道曲率不相关。这是由于河道内交替滩(本征振荡)的出现造成了水流和水深的变形,同时还有迁移速率取决于近岸平均深度的平均流速而非二次流作用的假设。在弯曲度最小处,交替滩出现引起的形变要比(很轻微)河道曲率引起的形变更为显著。因此,所得到的迁移速率比 Ikeda 类模型要大,且几乎与河道曲率无关。

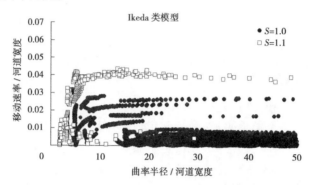

图9-14　Ikeda 类模型的两个河道蜿蜒度情况下的局部迁移速率和局部 R_c/B。
迁移速率单位是 m/时间步长。$S=1.0$ 表示计算起始的河道蜿蜒度,蜿蜒度小于 1.02

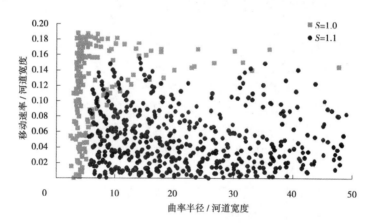

图9-15　MIANDRAS 模型的两个河道蜿蜒度情况下的局部迁移速率和局部 R_c/B。
迁移速率单位是 m/时间步长。$S=1.0$ 表示计算起始的河道蜿蜒度,蜿蜒度小于 1.02

　　如果河道迁移速率也与水深增量有关,那么急性河弯也许会由于最大迁移速率和水池深度之间相位滞后的减小而增大规模。具有黏性河岸的小型河流更是如此,这些河流的河岸坍塌过程是河岸后退的控制因素。

9.3　平均移动速率变化与河流蜿蜒度增加

　　河段平均河道迁移速率涵盖了蜿蜒迁移和河弯发育,随着弯曲规模和河流蜿蜒度增加而变化,并在某个河流蜿蜒度时达到最大值[Friedkin, 1945](见图9-16)。对密西西比河来说,河段平均最大迁移速率出现在弯曲度为 1.6 ~ 1.9 [Shen 和 Larsen,1988]之时。

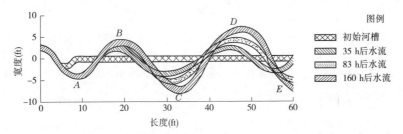

图 9-16 Friedkin(1945)实验室试验中的弯曲发展(应注意随着弯曲发展,
迁移速率首先增加,然后减小)

上述情况并非前节所介绍实例的另一方面,这是因为它没有考虑急性河弯。Friedkin 以及 Shen 和 Larsen 观测到的河道迁移速率先加速后减速的现象也发生在弯曲半径与河道宽度比值远大于 Hickin 和 Nanson(1984)确定的临界值的情况下(见 9.2 节)。不管怎样,河道迁移的这两个不同方面经常被混淆[例如:Seminara 等,2001]。

Parker 等(1982)在分析 Ikeda 等(1981)模型时发现,蜿蜒振幅的增大与下游迁移速率的减少相关联,但加速了横向发育。Parker 和 Andrews(1986)把这一现象归因于河弯特征相位差或不对称特性的发展。然而,观察显示,不仅下游迁移速率减小了,而且河弯也横向发育了。后一现象至今还没有得到解释。Seminara 等(2001)将这一现象解释为河道平面几何通用周期解的高次谐频,但他们的动力分析并没有给出物理学方面的说明。

与前面分析(9.2 节)类似,我们将采用不同复杂等级的两种蜿蜒迁移模型来研究观察到的现象:Ikeda 类模型和 MIANDRAS 模型(分别见 7.7.2 节和 7.7.3 节)[Crosato,2007b]。我们首先研究在没有嵌入额外迁移系数来表示曲率变化对主流的影响的情况下,两个模型是否能够再现观测的现象[Parker,1983]。随后,再通过结果对比来分析观测现象的成因。在两个模型中,通过假设河流比降为常数使纵向河床比降成为河流蜿蜒度的函数(式(8-4))。这意味着随着河弯尺寸和蜿蜒度的增加,河道比降减小,从而导致流速和宽深比的减小。在 MIANDRAS 模型中,宽深比的减小使阻尼系数增大(式(7-23)),引起过度冲刷/过度刷深现象和迁移速率的减小。

如前面章节所述,允许试验河道蜿蜒越来越强。而河宽、流量、坡降和泥沙特性采用直槽试验 T2 的数据(第 6 章,6.2 节和 6.4 节)。迁移速率仅与近岸流速增量有关($E_h = 0$),假定迁移系数 E_u 空间一致。初始河道平面形状呈正弦曲线,波长等于 10 B,振幅很小。河段平均迁移速率随河道弯曲度的变化如图 9-17(Ikeda 类模型)和图 9-18(MIAN-DRAS 模型)所示。

从图 9-17 和图 9-18 可以看出,两个模型中河道平均迁移速率均在某一河道蜿蜒度值处达到最大,这意味着两个模型都能够定性地再现观测到的现象。在 MIANDRAS 模型中变化和峰值更突出,且峰值出现在河道弯曲度较小处。

试验中,趋势线是根据 R_c/B 河段平均值随河流蜿蜒度的变化得出的(见图 9-19)。由于河段平均 R_c/B 值大于 Hickin 和 Nanson(1984)等界定的临界值(见 9.2 节),故迁移速率随弯曲比 $\gamma(B/R_c)$ [Parker,1984]增大而增大,如图 9-8、图 9-9 和图 9-10 中曲线的下降段。

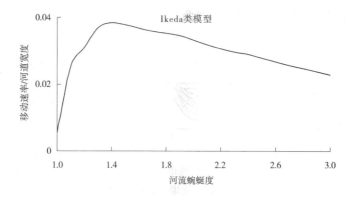

图 9-17　河段平均迁移速率和河流蜿蜒度的关系(Ikeda 类模型)

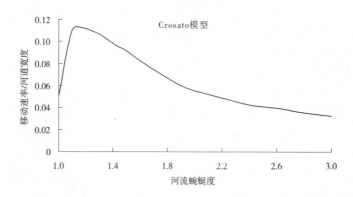

图 9-18　河段平均迁移速率和河流蜿蜒度的关系(MIANDRAS 模型)

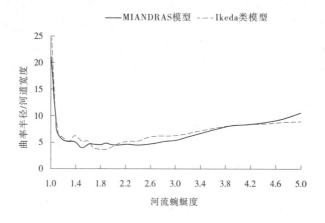

图 9-19　河段平均 R_c/B 值和河流蜿蜒度的关系

　　在初始阶段,随着蜿蜒度增大,R_c/B 迅速减小,这解释了河段平均迁移速率和河道蜿蜒度关系曲线中的上升段(见图 9-17 和图 9-18)。下降段也由 R_c/B 增大和河床坡度减小的共同作用所致,这在 MIANDRAS 模型中更显著,这是因为 Ikeda 类模型没有考虑过度刷深现象。

试验运行的初始条件是具有小幅衰减的系统。在蜿蜒形成的初始阶段，MIANDRAS 模型中交替滩(本征振荡)与初始河道弯曲同相。这使得过度刷深现象达到最大限度，从而增加了两个模型的差别。

对具有更大阻尼系数的系统反复进行了计算测试，测试中过度刷深现象有很大程度的减小。MIANDRAS 模型的结果点绘于图 9-20。在这个实例中，与图 9-18 相比较，MIANDRAS模型生成了一个不太显著的下降段，而 Ikeda 类模型的结果则与图 9-17 相似(不需另外点绘)。在更大阻尼的情况下，两个模型的结果更加相似。

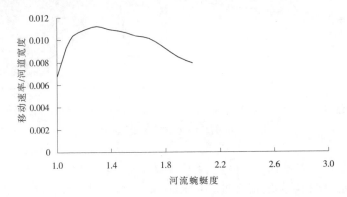

图 9-20　MIANDRAS 模型中河段平均迁移速率和河道蜿蜒度的关系(衰减系统)

9.4　荷兰 Geul 河当前河道形态变化趋势预测

9.4.1　概述

Miguel-Alfaro(2006)用 MIANDRAS 模型对荷兰赫尔(Geul)河河道形态变化趋势进行了研究。来自阿姆斯特丹自由大学的研究者获取了有效的实地数据和野外经验，他们的合作，使得模型预测与实测形态变化趋势的全面对比工作得以完成，尤其是在点滩扩展和位置方面[Spanjaard, 2004；De Moor, 2007；De Moor 等,2007]。

因为以前源自航拍的河道形状不够准确[Miguel-Alfaro, 2006]，该研究不适合在再现长期迁移趋势方面测试 MIANDRAS 模型的性能。这对小河流来说是共性问题，因为如果最大迁移速率在 1 m/年或更小的量级，那么河道中心线几米的位置误差将不可接受。

赫尔(Geul)河源自比利时东部一个叫 Lichtenbusch 的村庄附近，穿过 Sippenaeken 附近的比利时与荷兰边界，汇入荷兰东南部 Meerssen 附近的默兹(Meuse)河(见图 9-21)。河流全长 56 km，流域面积 380 km^2。河道比降上游近河源处为 0.02 (m/m)，下游到 Meerssen 则为 0.001 5。汇入默兹河的河道流量变化剧烈，变化范围为 0.8 ~ 65 m^3/s。

研究河段长 2.5 km，属于河道自由蜿蜒弯曲部分。这一河段包括 7 个相当规则的蜿蜒弯道(见图 9-22 和图 9-23)。研究河段的弯曲顶点较宽(达 15.5 m)，弯曲过渡处较窄(8 m)。平滩流量大约为 20 m^3/s，每 1.5 ~ 2 年出现 1 次。水流平滩时平均水深为 2.0 ~ 2.5 m，宽深比为 3 ~ 7。

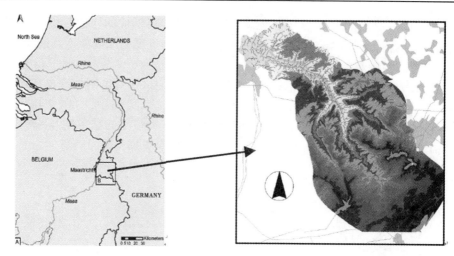

图 9-21　赫尔(Geul)河流域的位置和地形图(在 De Moor(2007)和 Dautrebande 等(2000)
的图基础上进行了处理)

由于大规模的森林采伐,经过第一个和第二个千年以后形成了 2~2.5 m 的黏土淤积层,河道就在黏土淤积层间穿流而过。Weichselian 沙砾沉积层被这些细泥沙覆盖。河道因此由砂砾河床与黏性河岸组成。点滩的河床质由细泥沙和粗砂砾两部分组成。通常细泥沙粒径为 10~100 μm,粗砂砾粒径为 200~400 μm[Spanjaard,2004]。河床最低处河床(池/潭)和两个相对弯道之间的直河道河床的沉积都是砂砾。这些区域河床比较坚硬,河床表层砂砾粒径为 45~52 mm。坚硬层在平滩流量或更高流量级时受到破坏。

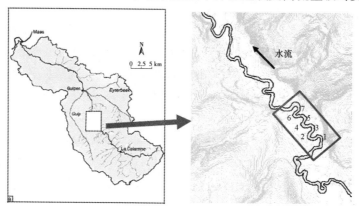

图 9-22　研究河段在流域中的位置

研究河段没有护岸,几乎所有凹岸均受到侵蚀。主要侵蚀机制为岸基侵蚀造成的河岸坍塌(见图 9-24)。基于 1983 年和 2003 年的航空影像,Miguel-Alfaro(2006)发现目前河道蜿蜒范围内的河道迁移速率为 0.24~0.84 m/年。然而,基于实地观测,Spanjaard 发现迁移速率为 0.4~0.6 m/年。两个独立的推断结果一致性很好。由此可以得出最大平均迁移速率达到 0.5 m/年量级的结论。由于该值不大,两个连续年间河道形状的差别将

图 9-23　2003 年赫尔(Geul)河研究区域的航空影像

很小,增加了河道历史、形状间的对比难度。Miguel-Alfaro 遇到了这一问题,这是由于校正误差量级和航拍照片对比量级均达到了 5 m。历史河道形状对比一般仅在可以识别的特定位置进行,在这些位置上固定的参考点是可以识别的。

图 9-24　研究河段的塌岸情形(Eva Miguel-Alfaro 提供)

9.4.2　方法

假定流量 22 m³/s(平滩流量)代表了河床地形及河流平面形态的形成条件。在该流量值下,谢才系数等于 20 m^{1/2}/s 时获得的平均水深为 2 m。这一较小水深对这种形式的河流是允许的。考虑到强烈的可变性,河道宽度值和泥沙粒径通过使预测和观测河岸侵蚀纵向分布的差别最小化来进行优化(实测河岸不稳定特征见图 9-25)。迁移系数 E_u 和 E_h 等率定系数利用迁移速率的估计值进行推导。

表 9-1 对平滩流量时河道特征值分析结果进行了汇总,率定系数值汇总于表 9-2。

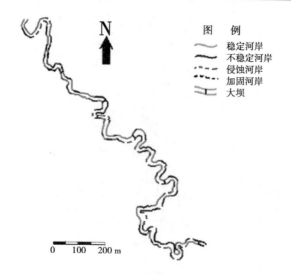

图 9-25　赫尔(Geul)河研究河段河岸观测情况(Spanjaard，2004)

表 9-1　赫尔(Geul)河平滩流量时河道特征值

Q_W (m³/s)	B (m)	C (m$^{1/2}$/s)	b	i_v*	h_0 (m)	u_0 (m/s)	D_{50} (m)	D_{90} (m)	λ_S	λ_W	α	β
22	8	20	4	0.004	2	1.38	0.025	0.05	0.73	46	0.016	4

注:* 指河谷坡度。

表 9-2　率定系数(均一侵蚀滩地)

α_1	σ	E	E_h (s^{-1})	E_u
0.4	4	1	6.0×10^{-6}	4.0×10^{-6}

　　Geul 河系阻尼性强,超出了河流响应的调和范围(7.2 节),这就意味着该实例中过度响应/过度刷深现象可被忽略,MIANDRAS 模型表现与 Ikeda 类模型非常接近。

9.4.3　结论

　　图 9-26 给出了预测的河床地貌。图 9-27 显示了点滩观测位置及其分布,分为活跃的、带植被的和不活跃的点滩[Spanjaard，2004]。图中标出了河流弯曲标号以便对比。

　　预测的点滩位置和移动范围(见图 9-26 中浅灰色部分)与观测结果(见图 9-27)非常吻合。两个独立研究所采用的地图并不一样,这是因为 Spaniaard 所用区域地图[Topografische Dienst Nederland，1998]初始比例为 1 : 25 000,放大到了 1 : 1 250,而 Miguel-Alfaro 用的是 2003 年的航拍照片(见图 9-23)。这是局部差别尤其是 7 号河弯不相吻合的原因。

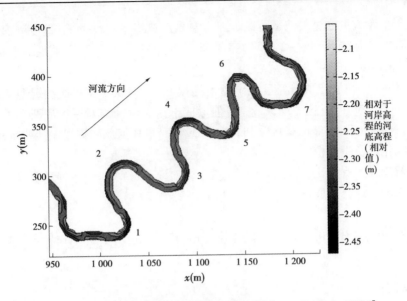

图 9-26　MIANDRAS 模型计算的河床地貌结果 [Miguel-Alfaro，2006]

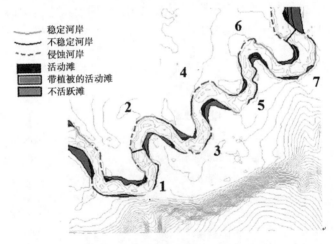

图 9-27　研究河段观测到的点滩与河岸特征 (Spanjaard，2004)

9.4.4　总结

　　MIANDRAS 模型相当理想地再现了 Geul 河的河床地形。这是一条典型的具有砂砾河床、黏性河岸以及流量变化剧烈的小型河流。这种河流的特点是河弯急、河道宽深比小以及阻尼系数高 (式 (7-12)) [Mosselman，1993]。稳定交替滩仅形成于顺直或微弯河段，在这些河段宽深比较大 (仅为暂时性较大) [Dietrich 等，1984]。此外，这些交替滩即使形成也趋于暂时存在，因为大多情况下这些沙滩来不及固结，在丰水期就被冲掉了。造床条件下的高阻尼系数也表明对这种河流 MIANDRAS 模型模拟表现与 Ikeda 类模型相近。

　　Geul 河在低于平滩流量时部分河床 (在池或回旋部分) 出现固结现象。这表明造床条件出现于平滩流量或更大流量阶段。因为在此流量级下过度冲刷/过度刷深现象可被忽略或不存在,因此河床形态变化取决于具体的局部条件,如河岸侵蚀性的变化,倒下的树干等[Spanjaard, 2004]。

最后,Geul 河在河弯顶点处呈现出较大的宽度,这一现象在其他蜿蜒型河流也出现过[Seminara 等,2001]。这一现象最有可能形成于河岸侵蚀与对岸沉积两个过程不同相的情况下[Nanson 和 Hickin, 1983;Pizzuto, 1994]。形成河床和河岸泥沙的特性、丰枯流量的年际变化以及岸栖植被的生长等对这一现象具有极端重要性。

大多数较大河宽变化会影响到河床地貌或河道迁移趋势。考虑河道宽度变化对蜿蜒迁移模型来讲也许会形成重要的改进[Repetto 等,2002]。

9.5　托莱索里河(孟加拉国)河道平面形态变化预估

9.5.1　概述

Murshed(1991)应用 MIANDRAS 模型对孟加拉国托莱索里河(Dhaleswari River)的未来平面形态变化进行了预测。由于预测距今已 15 余年,因此这个实例提供了一个极好的评估其预测效果的机会。Murshed 采用了来自于美国地球资源探测卫星(LANDSAT)多光谱扫描仪(MSS)图像的历史平面图变化信息。多光谱扫描仪分辨率约为 80 m,实际采用的取样分辨率为79 m × 56 m。由于分辨率低,难以辨别河岸不同的侵蚀区以及河岸保护工程。

托莱索里河位于喜马拉雅山脉和孟加拉湾之间的平原地区,是雅鲁藏布江 – 贾木纳河(the Brahmaputra-Jamuna River)左岸的主要排水河道之一。该河流经 Tangail(达卡西北部)附近的贾木纳,在博多河(Padma)与梅克纳河(Meghna)交汇处上游数公里注入梅克纳河。Coleman(1969)提供了贾木纳河系的信息。图 9-28 标出的是研究区域的位置。

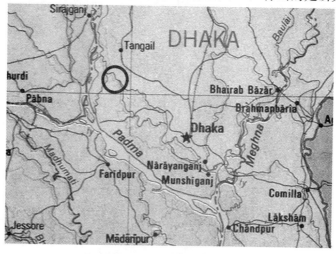

图 9-28　研究区域位置(圆环)

托莱索里河有着发育完好的蜿蜒型河道,平滩河槽宽度为 250 ~ 300 m(1990 年数据)。河床的沉淀物为细沙,而淤泥形成了河岸。该河水流季节性明显,因此河道出口甚至可能在非汛期完全被泥沙淤堵。表 9-3 给出了平滩流量情况下的河流特征值,数据来自 Murshed 1991 年所能获取的有限的资料。

表 9-3　托莱索里河平滩流量情况下的河道特点

Q_W (m^3/s)	B (m)	C ($m^{1/2}/s$)	b	i_0	h_0 (m)	u_0 (m/s)	D_{50} (mm)	D_{90} (mm)	λ_S	λ_W	α	β
1 300	300	65	4	0.000 037	4.9	0.88	0.160	0.270	766	1 063	0.72	61

9.5.2　方法

由 LANDSAT 卫星图像可获得 1978 年、1986 年和 1987 年的河道平面形态。因此,MIANDRAS 模型采用 1978 ~ 1986 年间的河道变化资料进行率定,并利用 1986 ~ 1987 年间的河道变化进行检验。由于卫星图像分辨率低(79 m × 56 m),加之缺乏其他资料,没有关于河岸植被变化及河岸保护工程建设的信息,因此假定河岸侵蚀度空间一致。表 9-4 给出了模型率定的系数值。

表 9-4　率定系数值(均一河滩侵蚀度)

α_1	σ	E	$E_h(s^{-1})$	E_u
0.35	1.5	2.5	1.858×10^{-6}	9.575×10^{-6}

9.5.3　结果

图 9-29 和图 9-30 分别为预测的 1993 年和 2000 年的河道形态(白色线条)。为便于对比,图中也显示了从 Google Earth(见图 9-31)提取的 2005 年河道中心线(粗黑线)。背景图为 1986 年的卫星图像,可以看到几条旧河道和一个大湖。黑色虚线代表仍能从 Google Earth(见图 9-31)辨别出来的旧河道,从中仍可以辨认出部分 1986 年河道平面形态。

在所有图像中清晰可见一个湖和一个牛轭湖(见图 9-31),通过它们可以把 Google Earth 河道平面图叠加到地球资源卫星图像上。

将预测结果与 2005 年河道形态相比较,可以看出 MIANDRAS 模型对河道迁移估计明显偏大。预测的 1993 年河道形态(见图 9-29)与 2000 年(见图 9-30)相比更为接近 2005 年的河道形态,这表明了对迁移系数或造床流量的过高估计。

此外,在 1987 ~ 2005 年间研究区域还出现了模型(MIANDRAS 模型)没有预测到的斜槽裁弯。河流占领了在 1986 年卫星图像中仍然明显的旧河道。新的河弯形成于(初始)微弯的新河道,但其波长与先前形成的河弯相比较小(见图 9-29 和图 9-30 的右上部)。这可能是由于流量较小[Fergusson,1863]的缘故。MIANDRAS 模型中河道本征振

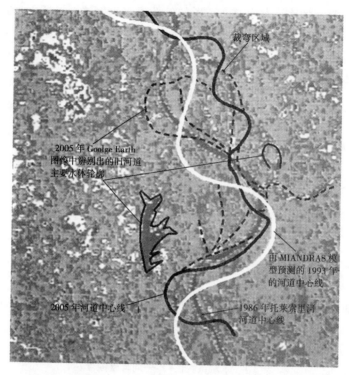

图 9-29　背景情况:研究区域 1986 年地球资源卫星图像(一)

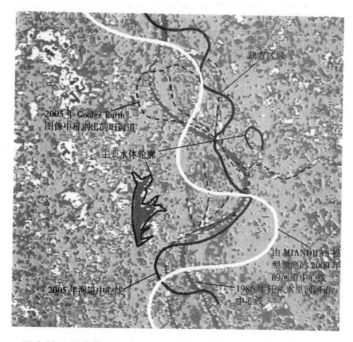

图 9-30　背景情况:研究区域 1986 年地球资源卫星图像(二)

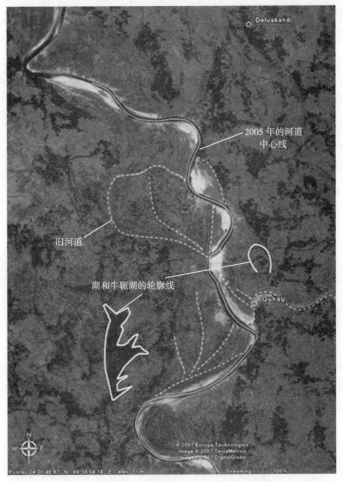

图 9-31   2005 年的研究区域(© Google Earth)

荡波长 L_P 是宽深比 β 的函数,而河弯开始发育则始于河道本征振荡。

$$\frac{2\pi}{L_P} = \frac{1}{2\lambda_W}\Big[(b+1)\,\frac{1}{\alpha} - \Big(\frac{1}{\alpha}\Big)^2 - \frac{(b-3)^2}{4} \Big]^{1/2} \qquad (9\text{-}1)$$

其中:

$$\frac{1}{\alpha} = \frac{\pi^2}{2C_f\,f(\theta_0)}\Big(\frac{1}{\beta}\Big)^2 \qquad (9\text{-}2)$$

托莱索里河 α 估值为 0.72(见表 9-3),相当于 $1/\alpha = 1.38$。图 7-3(a)(第 7 章)表明当 $1/\alpha$ 小于 2.5 左右($b=4$),随着宽深比减小,波数增加,波长减小。由于越来越小的河道流量最终会导致较小的宽深比,因此 MIANDRAS 模型同样产生了一个波长较小的本征振荡。因此,迁移速率减小和弯曲波长减小都是"河流流量显著减小"的明显信号,这一现象是所有模型都无法预测的事件。

最后十年该河流量锐减的事实已经被数个观察资料证实。Fergusson(1863)认为,19 世纪末大规模的洪泛决口发生以后,雅鲁藏布江 - 贾木纳河河道逐渐变宽并变成一条交错编织型河道,而且左岸出口流量还逐渐减小。Best 等(2006)、Thorne 等(1995)和

GHK/MRM 国际(1992)等指出这一趋势目前仍然存在(见图 9-32)。此外,1991 年开始建设的贾木纳河多用途大桥建成后,流经托莱索里河的水量进一步显著减小[Imteaz 和 Hassan,2001]。在建设期间,贾木纳河桥的影响已经得到预估并被减轻[GHK/MRM International,1992],但托莱索里河进水量显然仍受到一处大型泥沙淤积体发展的影响。还不太清楚大桥是否增强了泥沙淤积。

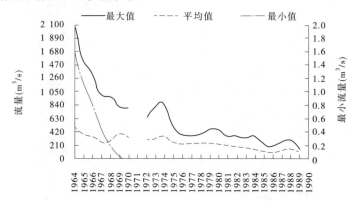

图 9-32 1964 ~ 1990 年托莱索里河 Jagir 河段年际流量图
(GHK/MRM International,1992)

Murshed(1991)假定造床流量为 1 300 m³/s(见表 9-3),这对 1967 年以后的托莱索里河河情来说是个过高的流量值,但符合原先的河道状况。遗憾的是,由于缺乏河道断面实测数据,无法用较低的平滩流量进行模型运算。

9.5.4 结论

此次应用对长期河道形态预测提出了关键的警示。首先,预测的质量在很大程度上依赖于可靠的边界条件预测,如河道流量。预测结果与 2005 年观测结果之间差异产生的主要原因是托莱索里河流量的显著减小。应用中,Murshed 显然过高估计了造床流量。其次,在较长时段内可能发生裁弯取直现象,而在 MIANDRAS 模型中尚没有可用的子模型来模拟。

9.6 阿利埃河(法国)形态变化预测

9.6.1 概述

Blom(1997)应用 MIANDRAS 模型对法国阿利埃河(The River Allier)形态变化进行了研究,这是一条处于蜿蜒型与交错编织型相互转变临界状态、具有频繁迅猛洪水的频繁变化的河流。因此,该研究旨在描述应用范围极限上的模型表现。

阿利埃河是卢瓦尔河的一条支流,是具有砂砾河床、起源于中央高原的一条雨水补给河流(见图 9-33)。在欧洲,它是同等规模河流中最自然的河流之一,也是被研究最多的河流之一[Baptist, 2005;De Kramer 等,2000]。研究区域位于紧临穆兰(Moulins)的上游河段(见图9-34)。在这一区域,河流属于自然保护区,大部分河岸无防护措施。

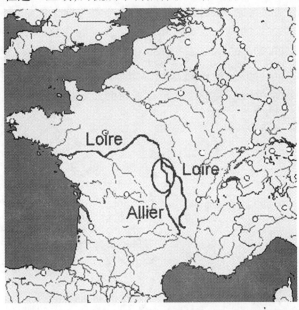

图9-33　阿利埃河位置(椭圆区域为被研究河段位置)

图9-34　穆兰镇上游的阿利埃河(Image © 2007 Digital Globe Google Earth)

　　在穆兰镇以上河段,河道处于蜿蜒状态,但也出现一些次生河道(见图9-34)。流量剧烈波动,与河岸后退和延伸现象一起,引起了河道形态的不断演变以及天然滩地的再生[Baptist 和 De Jong, 2005]。结果,岸边植被主要由先锋树种(柳树)组成,而仅在滩地的最高区域才适于生长相当耐久的软木树林,主要是杨树。

　　在紧靠穆兰镇的下游河段,河道变为交错编织/分汊型,其特征是具有相当固定的砾质岛屿,覆以树木、灌木和植被,以及裸露的砾质滩地。

　　因此,在此研究河段,可以认为河流处于蜿蜒型河道转变为交错编织型河道的过渡阶段,即超出了 MIANDRAS 模型的适用范围。Bouchardy 等(1991)将穆兰镇上游河道的蜿蜒特征归纳为正在进行的河流下切过程,这种现象不被考虑在数学模型中。

显然,是漫滩水流而非槽内水流对阿利埃河起着主导作用(见图 9-35)[Blom, 1997;Wormleaton 等,2004a,2004b;Wormleaton 和 Ewunetu, 2006]。对这种受漫滩水流控制的河流,MIANDRAS 模型有可能低估或者高估下游河道迁移速率,同时模型也会忽略斜槽裁弯的发生,而这种现象与这一类型河流具有很高的关联性。

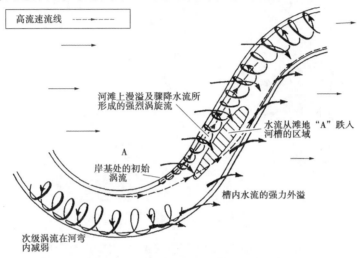

图 9-35　弯曲复合河道的漫滩水流流线谱(Ervine 等,1993)

9.6.2　方法

在分析阿利埃河研究河段历史平面形态变化时,Blom(1997)利用数据图像处理软件 ERDAS Imagine 从航空影像中获得了数个历史河道中心线轨迹。研究用的航空影像和地图时间分别为 1946 年、1954 年、1960 年、1967 年、1971 年、1982 年、1992 年和 1995 年。图 9-36 是经过校正并与航空影像比对后得到的地图,提取的历史河道中心线如图 9-37 所示。

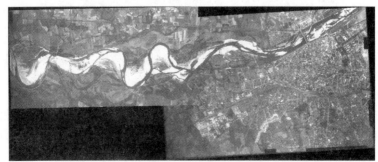

图 9-36　经过校正并与航空影像比对后得到的地图(1957 年)[Blom, 1997]

图 9-38 给出了月、年的平均流量,可以看出在月与月之间、年与年之间的剧烈变化。

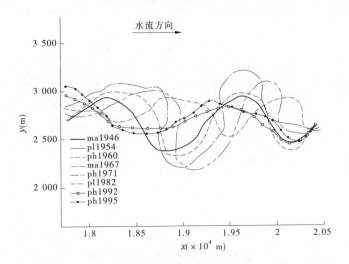

图9-37　从航空影像和地图中提取的河道中心线(Blom, 1997)

由于得出的平滩条件是流量值大约为 300 m³/s,通过观察图 9-38 中月流量的时间系列,不难推断漫滩水流出现相当频繁,大约一年一次。

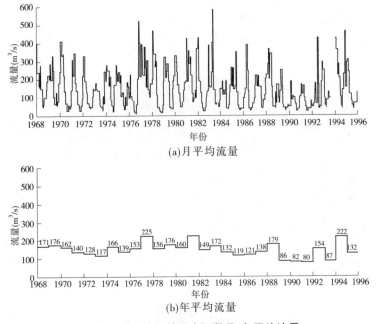

图9-38　阿利埃河被研究河段月、年平均流量

研究河段河滩宽度的空间变化剧烈,有两个重要的约束,分别在上、下游边界。此外,主河道平均宽度也是变化的,幅度为 58 ~ 130 m。尽管有着固结的河床层以及从粗砂到粗砂砾的多种泥沙粒径,从大尺度来看,河岸与河床可假定具有均一的特性。表 9-5 为 Blom(1997)得到的泥沙比例信息。

表9-5　研究河段三个不同位置的泥沙粒径

项目		砂砾		沙	
		ϕ	$D(\text{mm})$	ϕ	$D(\text{mm})$
Varennes-sur-Allier 测点	平均	−3.62	12.30	−0.53	1.44
	标准差	1.98	0.25	0.47	0.72
	D_{50}	−4.01	16.11	−0.22	1.16
Châtel-de-Neuvre 测点	平均	−3.80	13.93	−0.61	1.53
	标准差	2.04	0.24	0.76	0.59
	D_{50}	−4.26	19.16	−0.22	1.16
Moulins 测点	平均	−3.73	13.27	0.07	0.95
	标准差	1.83	0.28	0.59	0.66
	D_{50}	−3.52	11.47	0.04	0.97

　　研究河段 1971~1982 年出现一次斜槽裁弯,另一次出现在 1982~1993 年。斜槽裁弯的发生说明河流平面形态主要受漫滩水流支配,而非槽内水流。由于 MIANDRAS 模型不能对此进行模拟,因此仅能对该河段 1946~1954 年、1954~1960 年、1967~1971 年和 1946~1971 年期间的平面变化进行估算。

　　Blom 通过对比 1946 年河床地形的估算结果和观测结果(利用航空影像)对水流参数进行了率定。在估算的 1946 年均衡河床平面图(率定用,见图 9-39),点滩位于河弯顶点的下游。稳定交替滩出现在河段的缓弯段。急弯变化段有滩和深池的出现。

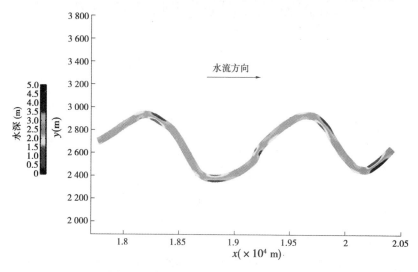

图9-39　计算的 1946 年河床地貌(Blom, 1997)

　　对水流参数进行率定以后,上述每个阶段的迁移系数可以从平面变化中推导出来。估算河道地形变化是在平面变化模拟随时间而变化的假定条件之下,而对水流参数的率定(固定河岸)是基于平衡河床地形(稳定状态计算值)。表 9-6 和表 9-7 给出了水流平滩条件下的参数设置。迁移系数 E_u 和 E_h 都是空间变化的。虽然该河流处于蜿蜒型向交错编织型的过渡阶段,平滩条件参数值仍落在 MIANDRAS 模型的适用范围内。

表 9-6　率定后 MIANDRAS 模型采用的阿利埃河特征值

Q_W (m^3/s)	B (m)	C ($\text{m}^{1/2}/\text{s}$)	b	i_v **	h_0 (m)	u_0 (m/s)	D_{50} (mm)	D_{90} (mm)	λ_S	λ_W	α	β
325	65	47	5.2	8.33×10^{-4}	2.61	1.91	5	30	62.3	294.1	0.212	25

注:＊＊为河谷坡度。

表 9-7　率定系数

α_1	σ	E	$E_h(\text{s}^{-1})$	E_u	空间步长(m)	时长 p(d)	滤波数
0.5	2.0	1.0	变数	变数	20	78	40

9.6.3　结果

对迁移系数在每个模拟计算时段都进行了优化,这些时段包括 1946～1971 年、1946～1954 年、1954～1967 年以及 1967～1971 年,获得了 4 个不同的分布曲线,在这些曲线中,尽管迁移系数值不同,但都有着相同的数量级。虽然在区域边界由于侵蚀度不同而出现了一些问题,但这些不同的分布曲线看起来相当接近。正如预期的那样,针对 1946～1971 年全时段进行率定获得的分布曲线效果最好(图 9-40 中的点画线)。

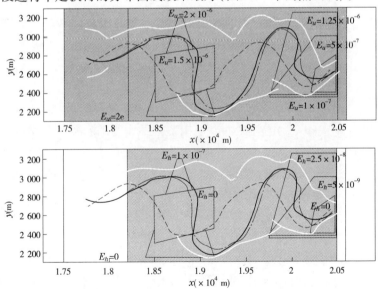

图 9-40　采用 1946～1971 年侵蚀系数分布估算的该时段河道平面变化(点画线描绘了估算的 1971 年河流平面形态,白线描绘了限定滩区边界的无侵蚀堤防,黑色虚线表示 1946 年观测的河流平面形态,黑色实线表示 1971 年观测的河流平面形态)[Blom,1997]

　　诸如泥沙组成或河岸几何形状等河床与河岸特征参数的变化,不能令人满意地解释迁移系数的空间可变性,这是因为在该研究河段这些条件相当一致。因此,必然存在其他现象成为使 MIANDRAS 模型采用空间变化迁移系数这一需求的原因。

　　通过采用 Delft3D 软件[WL|Delft Hydraulics, 2003]对 3-D 及 2-D 水流进行计算,Blom (1997)将这个需求归因于漫滩水流,在阿利埃河河段,漫滩水流发生得相当频繁且强度很大。图 9-41 显示了流量为 960 m³/s 条件下的 2-D 水流计算结果。该计算中采用 1946 年的河流平面形态,主槽断面为 65 m 宽、2 m 深的矩形断面。主槽糙率用谢才系数等于 47 m$^{1/2}$/s 表示,河滩假设覆有植被,糙率用谢才系数等于 25 m$^{1/2}$/s 表示。图 9-41 显示,在具有滩区约束的研究河段上段,水流漫滩期间流速相对较高。这就解释了这一河段迁移系数较大的原因。在研究河段下半段,因下游滩地约束产生的回水影响,以及局部河滩变宽,使水流减速。这解释了为什么该区域迁移系数较小。在靠近下游边界处,由于受到局部约束,水流流速再次增大,但这里的河岸保护工程限制了河道主槽的迁移。

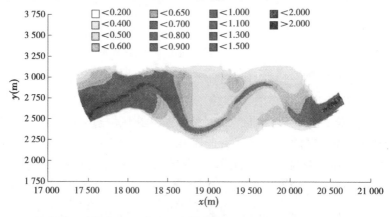

图 9-41　流量为 960 m³/s 时主槽和滩地的水流速率(Blom, 1997)

9.6.4　结论

　　研究结果拓宽了 MIANDRAS 模型的适用范围。MIANDRAS 模型除可以用于以主槽内水流为主的河流外,若主槽与滩区之间的水流交换较少,它还可应用于漫滩水流频繁发生的河流。水流交换较少出现于以下情况:滩地表面糙率高,如滩地长有岸栖植被;河滩与主槽同时行水;以及流量比平滩流量稍大。

　　在研究河段,阿利埃河由蜿蜒型河道和宽阔河滩构成。在这里,河流经常发生频繁且强烈的漫滩水流,以及斜槽裁弯取直现象。由于主槽与河滩的相互作用,滩地会扩大并约束水流,加之表现出的立体效应,会对近岸水流速率以及河床剪应力产生影响。因此,在阿利埃河,很可能包括所有具有洪水频繁发生特性的河流,漫滩洪水会对河流平面形态变化产生很大影响。MIANDRAS 模型不能模拟漫滩水流情况,这是由于模型仅仅考虑了主槽内的水流。尽管如此,洪水的影响仍可以通过使漫滩水流条件下的迁移系数和流速分布相互关联而得到考虑。在流速较大的河段,如滩地约束河段,其迁移系数也应较大。反之亦然,在滩地开阔或受回水影响河段,流速较小,迁移系数也应减小。

在迁移系数不同区域之间的过渡段,MIANDRAS 模型会出现问题,这是因为在这些过渡段,估算的下一时段的河道中心线往往会呈现为"变形"。为了避免这一无序情况出现,不同迁移系数区域的边界要选择为尽可能与该处河道迁移矢量垂直。在 MIANDRAS 模型中考虑采用平滑分布迁移系数也许较为实用。

第 10 章　结论与建议

10.1　研究范围与建模方法

本书的研究对象是非潮汐蜿蜒型河流,研究重点是河流弯曲在大空间尺度上的中长期地形和平面形态变化。这里,"中长期"是指河弯横向迁移幅度达到与河流走廊宽度同等规模的时间尺度,"大空间尺度"是指多个河弯的长度和幅度。该空间－时间尺度也称做工程尺度。

本书研究成果包括 MIANDRAS 模型的开发,用以模拟蜿蜒型河流的长期演变。MIANDRAS 模型、室内试验资料和野外观测资料是研究框架内开展分析工作的主要工具。在研究过程中,将 MIANDRAS 模型结果与其他复杂程度较低的物理学蜿蜒迁移模型结果进行了比较。因为不同模型结果间的比较可以检测特定要素对河流蜿蜒的影响程度,所以这种比较就显得尤为重要。

在用以比较的最简单模型中,河道迁移速率直接与该段河道的曲率成正比。而另一个模型则在迁移速率和河道曲率之间设置了一个相位滞后,该相位滞后通过水流方程的适应项获得。本研究开发的 MIANDRAS 模型也包含了河床地形的适应项,并通过把描述水流的 2-D 动量和连续方程(圣维南方程)与输沙能力和泥沙平衡方程完全耦合而得到。这样 MIANDRAS 模型就能够模拟过度冲刷/过度刷深现象,也就是说可以模拟河床地形稳定谐波响应的形成和扰动条件下的下游水流变化。这里的河道稳定响应是指本征振荡。宽深比小的河流不能形成本征振荡;宽深比稍大的河流,本征振荡以交替滩的形式存在;而宽深比很大的河流,本征振荡则以各种滩共存的形式存在。这一稳定振荡的出现影响到河岸侵蚀和河岸延伸,因此也对河道蜿蜒的形成和发展造成影响。

10.2　蜿蜒的产生

河流为什么会产生蜿蜒? 这一令人感兴趣的问题引起了人们长期以来持续的争论。最初认为蜿蜒的产生是由于河道中移动交替滩的出现[Leopold 和 Wolman, 1957],而这些自由滩的产生则源自该形态动力系统内在的不稳定性,称为滩不稳定性[例如:Hansen, 1967; Callander, 1969; Engelund, 1970]。后来,Ikeda 等 (1981)提出了河弯不稳定性的存在,正是河弯不稳定性导致了波长在一定范围内变化的河弯随着时间的推移而不断发展。他们还发现自由移动滩的特征波长太小,以至于不能落在发育阶段的域值范围内。鉴于交替滩的变化速度太快而不足以对河弯发展的缓慢过程产生影响,Olesen (1984)认为河流蜿蜒很大程度上是由稳定的水流和河床的波动引起的,当河流系统对上游扰动产生自由响应时这种波动才会形成,称为过度响应/过度刷深现象。这种稳定波动的波长比移动交替滩的波长大 2~3 倍,更为重要的是,按照弯道不稳定理论,其波长值落在不断发展的河弯的波长范围内。再后来,Tubino 和 Seminara(1990)提出如果河道变宽,滩的移动将变缓,直至停止移动。此时,滩的存在将导致该区域河道横向发育以及河弯发展[Seminara 和 Tubino, 1989a]。这一观点在以后的室内试验中得到了证实[例如:Federici 和 Paola, 2002]。最近,Hall (2004)利用理论模型研究发现水流大小的周期变化能导致稳定滩的形成,这可能会对河流平面形态变化产生影响。

　　根据本研究的稳定状态模型,河流蜿蜒不仅会由上游边界处的持续恒定(小的)扰动引起,也会随扰动的迅速减小即单位时间内的扰动减小而形成,同样也会由上游边界处的随机变化(小的)扰动引起(见 8.4.1 节)。但是在这些试验中,假定每个单位时间内河流都达到形态动力平衡。研究发现随机扰动产生多束弯曲并向下游传播,而迅速减弱的扰动仅产生单束弯曲。这意味着需要扰动来持续产生蜿蜒,否则河道将恢复到顺直形态(非扰动状态)。此类现象正是河流蜿蜒迁移特性的表现[Seminara 等,2001; Lanzoni 等,2005]。

　　在考虑稳定滩随时间发展时,其他计算结果(见 8.4.2 节)表明,随机及周期性的快速变化扰动也许足以形成具有本征振荡特征的稳定河床波动(过度响应/过度刷深现象)和初始弯曲(见 8.4.2 节)。在一个模型计算中,所施加上游扰动的周期和强度与产生的移动滩的周期和强度相当,如同这些滩出现在上游边界一样。因此,冲积河流有易于蜿蜒的倾向,可能源自引起移动滩和稳定滩同时形成的不稳定现象,而河道变宽和持续扰动也许不是河流初始弯曲的必要条件。

　　在水槽试验(见第 6 章)中,利用横板产生了持续不变的扰动,观测到自由移动滩和自由稳定滩(本征振荡)的同时存在。从中可以明显看出两种滩的不同起因:即不稳定的上游扰动和稳定的上游扰动。稳定滩的波长约是移动滩波长的 2 倍。但是,在没有横板的条件下,稳定滩也会出现,这是由来自上游的非均匀水流引起的。Lanzoni (2000)在研究交替滩形成的试验中也观测到了与此类滩的共存现象。Lanzoni 在光谱分析时注意到有两个峰值,一个和自由移动滩相符合,在直槽中很容易观察到;另一个与有两倍波长的滩相符合,在没有上游扰动情况下的两个试验中均存在。这个意外出现的具有两倍波长的河床波动,其起因很难得到解释,很可能是稳定本征振荡。

　　形态动力不稳定性是否是引起稳定滩和移动滩共同发展的原因,尚需进一步的研究,如同数值模拟计算和一些试验观测中提到的一样。例如,可通过分析 MIANDRAS 模型的完全时间相关数学模型来实现这一点。利用 3-D 非线性动床完全时间相关模型进行计算检验,如 Delft3D[WL|Delft Hydraulics, 2003];还可进行特殊的实验室试验对模型结果加以验证。因此,建议对固定河岸和易侵蚀河岸进行分析、计算和实验室试验,进一步研究形态动力不稳定性是否能导致稳定河床波动的发展并引发河道弯曲的形成。

10.3　蜿蜒的波长

　　为了研究上游边界不同扰动类型对蜿蜒形成的影响,利用顺直河道进行了数次数值模拟计算(见 8.4 节)。结果表明,远离上游边界而发育完全的弯曲波长不受边界条件影响,仅与河道特性有关,如河道宽深比和水流状态(见 9.5 节)。这一结果与野外和试验观测结果相符合[例如:Leopold 和 Wolman,1960;Friedkin,1945]。

10.4　河流蜿蜒的条件

蜿蜒型河流河道动力相对较低,河道的特征是单股、蜿蜒,河道宽度在一定程度上保持恒定、均一。包括 MIANDRAS 模型在内的所有蜿蜒迁移模型,均假定在长历时中,延伸河岸与侵蚀河岸的横向变化速率相同。这样,河流沿横向迁移而河道宽度保持恒定。这一假定是模拟长期蜿蜒河道变迁的必要条件,但没有明确地涵盖维持蜿蜒型形态所必需的所有因素。河流两岸间的相互动力作用和河岸延伸现象是河流蜿蜒的重要条件,而所有河流蜿蜒迁移模型均未对此加以考虑。

与河流发生交错编织的条件不同,河流形成蜿蜒通常需要具备以下条件:中低水流强度,适度泥沙补给,沉积物富含细沙,河岸可侵蚀性低[如 Leopold 和 Wolman,1957;Schumm,1977;Ferguson,1987;Church 1992;Galay 等,1998]。而对诸如流量的少量变化[Mosley,1987]以及河岸植被[Millar,2000]等其他条件关注很少。Knighton 和 Nanson (1993)将泥沙补给作为点滩形成的先决条件,而当前的其他学者在预测河流形态变化时都忽视了河岸延伸,将注意力集中在侵蚀过程的研究。本研究对影响河岸延伸的因素也给予了足够的重视。

10.5　流速与河床地形之间的滞后距离

河道水流速度随着水深的变化而变化,但二者之间存在一定的空间滞后。在研究 MIANDRAS 模型的基本方程时对该滞后距离进行了分析估算(7.3 节),分析重点是流速波动对河床地形变动的适应性,研究对象是有交替滩的顺直河道,或者河弯内侧有点滩的蜿蜒型河道。交替滩的波长易于识别,当河弯内侧有点滩时其波长即为蜿蜒波长。

研究结果显示,如果水流适应长度与边滩波长比值较小,则流速会在相对较短的距离内适应新的河床地形。在这种情况下,流速在接近滩顶处达到最大。相反,如果水流适应长度与边滩波长比值较大,则流速在接近连续边滩交叉处达到最大。

在描述水流和水深变化的基本方程的解的协调区间内,河流对扰动的自由响应是下游方向水深和流速的稳定波动(稳态系统的本征振荡),从而形成稳定交替滩。对这类河床波动形式,在滩顶位置和滩与滩连接位置之间的某个横断面上,水流流速波动达到最大。自由移动交替滩波长较小,其最大水流流速波动位于距滩顶更远的下游,即接近连续滩交叉处。

对于每个河弯有一个点滩的蜿蜒型河流,如果蜿蜒波长较大,则在接近点滩顶部的地方流速波动达到最大(即弯道顶点稍偏上游处,见 9.3 节)。相反,如果蜿蜒波长较小,则流速扰动趋于在连续滩交叉处达到最大。当蜿蜒波长较大时,应该考虑河弯处有多个点滩存在的情况。

解析模型的表现已经采用直槽试验数据(第 6 章)进行了测试,其结果令人满意。

10.6　点滩位置与弯曲顶点的关系

河道弯曲顶点和点滩的位置关系随着弯道尺寸大小以及河道宽深比的大小发生着变化。点滩顶端位置的预测很重要,这是因为通过点滩顶端位置的预测,我们可以正确判断最大水深的位置以及最大流速的位置,而这些将对河道移动过程产生影响。特别要说明的是,仅在点滩顶点位于河弯顶点的上游时,河弯才向上游移动。对此已通过 MIAN-DRAS 模型的基础方程进行了研究(见 7.6 节),对系统阻尼衰减和螺旋流强度的影响已分别进行了评估。系统阻尼支配着下游波动消亡的情况,是河道宽深比的函数(式(7-23))。具有小宽深比的河道的特点是阻尼衰减系数大(下游急剧衰减),而具有大宽深比的河道的特点是阻尼衰减系数小,甚至是负数(下游受扰所形成的波动衰减小,甚至还会加强)。因此,系统阻尼衰减研究是一个间接评估宽深比对点滩和弯曲顶点位置关系影响的方法(见 7.6.3 节)。

螺旋流的强度是河弯曲率的函数,在弯曲形成发展的前期增大。因此,研究螺旋流强度增大所产生的影响,是研究河道弯曲初始形成作用的一种间接方法,通常也是研究弯曲曲率对点滩与河弯顶点关系影响的一种途径。

零阻尼衰减系统,亦即共振系统[Blondeaux 和 Seminara, 1985;Parker 和 Johannesson,1989],点滩顶点和弯曲顶点之间的相位滞后总是正值,说明点滩顶点总是位于河弯顶点的下游。在亚共振系统中(阻尼衰减系数为正),相应于河弯顶点的点滩位置主要受弯曲波长以及河道宽深比(衰减)的支配。在超共振系统中(宽深比大且阻尼系数为负),点滩顶点位于弯道顶点的上游或者下游,这意味着在超共振条件下河弯不总是向上游移动。

由于螺旋水流是河道曲率引起的,因此对于充分发育的沙质河床弯道,点滩顶端常常位于弯道顶点的上游。在其他情况下,点滩顶端通常位于弯道顶点的下游。根据 9.3 节的研究,当顺直河道发生弯曲时,河道曲率和螺旋水流强度首先增大,然后随弯曲发展稍有减小(见图 9-12),说明在弯道发展初期,点滩顶点从弯道顶点的下游向上游迁移,当河道曲率达到某个临界值后,点滩顶点向着下游方向的弯曲顶点轻微移动。

在顺直河道逐渐发生弯曲的情况下,对系统阻尼衰减和螺旋水流强度的共同作用进行了数值分析,发现衰减系数随着河道长度和弯曲曲率增加而增大,并导致系统从弱衰减系统向强衰减系统演变。这一结论与分析的结果是一致的。在最初的弱衰减顺直河道情况下,点滩顶点位于弯道顶点下游。随着河弯曲率增大,点滩顶点逐渐向上游移动,在发育充分的河弯中点滩顶点位于河弯顶点的上游。随着弯曲进一步发展,点滩顶点开始向下游移动,直至最终停留在弯道顶点处。点滩顶点向下游轻微移动是由螺旋水流强度轻微减弱、宽深比减小(增加纵向阻尼)和弯曲波长增加等共同作用的结果。Colombini 等(1991)的试验证实了这一计算结果。

10.7　弯曲锐度对局部迁移速率的影响

对于蜿蜒型河流,局部河道迁移速率随着河弯锐度的增大而增大(R_c/B 值减小),并在锐度的某一临界值达到最大。超出临界值后,河道迁移速率随着河弯锐度增大而减小。这种减小已被解释为水流分离,水流分离是由外侧河岸附近二次流结构的形成引起的,在急剧弯曲的河弯可观察到这一现象。本书还给出了局部迁移速率随着河弯锐度增大而减小的另一种现象。

在 MIANDRAS 模型和 Ikeda 类模型中,迁移速率仅仅与近岸水流速率增量有关,利用两类模型进行的数值模拟计算表明两类模型都能够再现观测到的趋势,无需考虑水流分离。由此可以得出水流分离并非是解释所观测到的迁移速率随弯曲锐度增大而减小的唯一现象,流速波动和河床地形(冲刷池深度)之间变化的延迟距离似乎是形成模拟结果的原因(9.2 节)。由于极端急弯很短,流速常常在河弯终点处达到最大值。在这种情况下,河弯不再增大,但却向下游移动,最大迁移速率不再出现于最大河弯曲率的位置(弯道顶点)。这一现象也解释了短小河弯被数个蜿蜒迁移模型弱化消失的原因。点滩位置的移动和水流分离[Blankaert 和 De Vriend,2004]加强了观测到的现象。

如果河道迁移速率也与过量水深有关,则急弯的规模也许会由于最大迁移速率和最大池深之间相位滞后的减小而增大。这尤其符合具有黏性河岸的小型河流的实际情况,对这些河流河岸坍塌是河岸后退的控制性过程。

10.8　平均迁移速率与蜿蜒发育

蜿蜒型河流的河段平均河道迁移速率包括河道移动和河弯发育,随弯曲规模和河流蜿蜒度的增加而变化,在临界河流蜿蜒度时达到最大值[Friedkin,1945;Shen 和 Larsen,1988](见 9.3 节)。超过河流蜿蜒度临界值以外,河段平均迁移速率随着弯曲的进一步发育而减小。

Ikeda 类模型和 MIANDRAS 模型都再现了河段平均迁移速率与河流蜿蜒度之间相关关系的极大值,低蜿蜒度时为上升段,高蜿蜒度时为下降段。结果分析显示,观测到的趋势主要是河段的 R_c/B 平均值随着河流蜿蜒度的增加而发生变化所引起的。

R_c/B 在初始阶段随蜿蜒度增大而剧烈减小,是河段平均迁移速率与河流蜿蜒度关系曲线上升段(9.3 节)产生的原因。下降段是由于河段平均 R_c/B 在大于蜿蜒度临值阶段的增大和河床比降减小的共同作用而形成的,在 MIANDRAS 模型结果中表现得更为显著,这是因为在 Ikeda 类模型中没有考虑过度刷深现象。对边际阻尼而言,两个模型的差别最大。如果是那样的话,过度刷深现象在弯曲初始形成阶段是最剧烈的。而在较强阻尼时,两个模型计算结果更为相近。

10.9　河道横断面上的滩数量

确定河道横断面上滩的数量的传统方法是定义一条分割曲线,以区分以滩数量为特点的河流形状的线性稳定变化范围与非稳定变化范围(见 7.5.2 节)。Seminara 和 Tubino (1989)的线性理论设定了一个中性曲线(隔离器),用以识别每个断面滩数量(滩模式,m)的增加条件和相同模式下滩数量的减少条件,并认为河流会选择最快发育的滩模式,该模式为宽深比、Shields 参数、泥沙颗粒粒径以及颗粒 Reynolds 数的函数。

从 MIANDRAS 模型的基础方程可以推导出另外一种方法,这种方法更便于应用,但或多或少只能用于稳定滩(7.5.3 节)。对于一个特定的河流形状而言,该方法避免了在稳定和不稳定状态之间设置分割曲线,可以直接估计最有可能的滩数量。

这种方法的基础是假定河道内形成的滩的数量代表下游方向形成的最大滩数量。与 Seminara 和 Tubino 方法类似,滩的数量主要是宽深比的函数(见 7.5.3 节)。这里采用的数学模型是线性的,未考虑非线性的情况。非线性项的作用是减少滩数量,尤其在多滩的情况下[Seminara 和 Tubino,1989]。因此,在宽深比大于 100 时,推导出的公式会高估滩的数量。该方法已应用于许多现有河流,在平滩流量条件下得出的结果是令人满意的。结果也显示估计的 m 值可作为大拇指规则来预测河道宽度的减小或增大是否导致河道平面形态变化(蜿蜒型或交错编织型)。

10.10　模型适用性

本研究框架所开发的 MIANDRAS 模型的设计应用对象是发育充分的蜿蜒型河流。模型的线性分析表明,在缓弯河道具有大宽深比的假定之下,对大多数蜿蜒型河流的水流条件(第 5 章),模型能够模拟过度冲刷现象,该现象能够形成具有稳定交替滩(空间上的本征振荡,见 7.2 节)的河床。这类滩的存在引起水流形态变化,导致河岸的交替侵蚀,进而造成蜿蜒产生(7.4 节)。

与实验室(第 7 章)和野外真实河流的数据(第 9 章)对比,模型的结果是令人满意的。在实际河流应用中,MIANDRAS 模型成功地再现了波河的二维河床地貌,以及底格里斯河、蓝尼罗河和艾尔韦尔河的河床地貌和河道迁移趋势(9.1 节)。此外,MIANDRAS 模型还相当准确地再现了宽深比小的小规模河道的河床地貌(9.3 节,郝尔河)。模型似乎不能再现未来平面形态变化(托莱索里河,9.4 节),模拟结果和实际地形之间的差别是由于河道流量发生了大的改变。给定洪水期间适宜的迁移系数,模型模拟漫滩水流河道(阿利埃河,9.5 节)时结果令人满意。

基于多次测试的结果,认为 MIANDRAS 模型适用于模拟河流工程尺度下蜿蜒型河流的形态演变。此外,MIANDRAS 模型也被证实是一个良好而简单实用的工具,可进行以下几个方面应用:

(1)特定位置点滩形成研究。

(2)2-D 均衡河床地形评估。

(3)河道平面形态变化模拟。

(4)河段平均和局部迁移速率估算。

MIANDRAS 模型的基础数学模型可进一步开发成简单的、基于物理学的应用评价工具,用于以下两个方面:

(1)宽深比小于 100 的河道横断面上形成滩的数量估算;

(2)已知河道宽深比的河流平面形态(蜿蜒型向交错编织型)评估。

在模拟均衡河床地形,尤其是在可行性研究阶段进行快速评估时,MIANDRAS 模型可以代替更复杂的模型,如 Delft3D［WL｜Delft Hydraulics, 2003］。如果河流阻尼不强,即预期河道断面将形成稳定交替滩的情况下,有必要采用 MIANDRAS 模型或者其他能够再现过度冲刷/过度刷深现象的模型来取代 Ikeda 类模型,对于粗质河床(粗砂或小砾石)的宽阔河流更是如此。

近年来,河道管理方式普遍基于这样一种观念,即河流需要一定的生存空间来实现其功能,这就是河流走廊。河流走廊是一个人工保持的、常遇洪水的水流冲积地带,该地带允许河流冲蚀河岸,河流处于一种受控的"自然"状态。因此,对河流恢复工程和河流管理而言,河流走廊宽度的预测显得尤为重要。河流走廊的宽度取决于蜿蜒幅度和裁弯取直的发生。MIANDRAS 模型能够按照5.5节描述的步骤近似计算河流走廊宽度,但是这一方法尚未得到野外实地数据的检验,建议今后对此进行研究。

10.11　数值计算的效果

MIANDRAS 模型计算的河流蜿蜒的发育、向下游迁移速率以及形态,均受河道曲率的数值平滑的影响,在更长时间尺度的情况下更是如此。能够再现过度冲刷/过度刷深现象的其他蜿蜒模型可能也是这样［例如:Johannesson 和 Parker, 1989；Howard, 1992；Sun 等,1996；Zolezzi 和 Seminara, 2001］。在 Ikeda 类模型中,平滑滤波器影响蜿蜒发育和迁移速率,但不影响蜿蜒的形状。

通过减小下游方向的曲率变化,误差消减数值滤波器消除了小规模弯曲,但也阻止了早期阶段自由稳定滩的发育。在进行的模拟计算中,只有使用样条内插时,才会在中等蜿蜒中形成滩。在不作任何平滑处理的计算中,不会形成滩,这一事实似乎说明样条内插的效果是符合实际的,但事实上并非如此。要对此进行评估,须开展实验室试验,再现顺直水槽中大型蜿蜒的形成和发展。对于此类试验,Smith(1998)(使用黏性土)以及 Gran 和 Paola(2001)(采用河岸植被)等的方法显现出非常好的前景。

对于短期模拟,平滑处理的选择对蜿蜒形态的影响比较小,在此情况下蜿蜒形态主要受初始条件控制。而在地质学尺度上进行的蜿蜒型河流演变模拟,如 Howard(1996)和 Cojan(2005)采用类似模型所开展的工作,可能受到数值效果的影响。

10.12　河床坡度等于河谷坡度除以蜿蜒度的假定

河床坡度等于河谷坡度与蜿蜒度之比(式(5-33))的假定,对河道移动计算和河岸裁弯取直模拟有影响。随着蜿蜒度的增大,河床纵比降减小,其结果是流速临界值 u_0(小于该值时河岸蚀退不会发生)减小,水深临界值 h_0 增大(式(5-79))。这表明随着蜿蜒度的增大,河岸将更易受到侵蚀,但更加稳定。河岸属性的这一内在变化是不切合实际的。但在实践中,随着蜿蜒度的增加(对于给定河道中心线曲率),计算的迁移速率将会减小,这种情况与野外和实验室的观测结果是一致的,这是因为假定迁移速率与流速及水深的近岸值和零阶值之间的差值成比例,而这一差值随着弯曲度增大而减小。Shields 参数以及宽深比(阻尼增大)的减小是差值减小的原因,并导致趋向轴对称解(5.2.6节)的更小的近岸流速和水深微扰(7.5.3节)。

河床坡度等于河谷坡度与蜿蜒度之比的假定(式(5-33))还有其他含义,即随着河道弯曲度增大,泥沙输送能力减小。上游来沙大于河流输沙能力,致使发生局部淤积。依此方式,河流逐渐将恢复原先的纵比降。因此,如果蜿蜒度变化较小,式(5-33)是有效的,这是因为此时泥沙输送能力变化的影响也较小。一般而言,如果河道纵比降适应过程的时间尺度远大于蜿蜒发展过程的时间尺度,式(5-33)是有效的。如果允许对河床纵比降适应过程和蜿蜒移动过程分别进行处理,则MIANDRAS模型的基础数学模型将得到简化。遗憾的是,对大多数河流而言,这两个过程具有相似的时间尺度,因此蜿蜒度变化较小这一条件很重要。

事实上,河流对蜿蜒度增大的反应比较复杂,这可能是假定较窄宽度从而导致水深和流速的零阶值即 h_0 和 u_0 的较小变化。此外,随着蜿蜒度的增大,河道中心线曲率半径的河段平均值先增大后减小,使得迁移速率随之先大后小(10.8节)。而且实际上恢复初始河床纵向形态的趋势将使部分泥沙淤积在滩地上。这意味着上游泥沙补给减小,结果使河流趋于较初始值更小的河道纵比降。

河流的变化纷繁复杂,MIANDRAS模型只适用于特定的假设情况。因此,在实际工程预测中,对于预测期间河流蜿蜒度变化较大的河流,该模型是不适用的。

裁弯取直引起河道蜿蜒度的突然、重大变化。这种情况下,只有在裁弯取直发生后河床纵向适应过程速度很快的条件下,河床纵比降等于河谷坡度除以蜿蜒度的计算才是可以接受的,这一条件与河床纵比降适应较慢的假设不符。这就是为什么决定把颈部裁弯取直排除在模型之外。斜槽裁弯取直同样没有包括在内,也是因为它们需要以野外观察或试验数据为依据,否则公式的随意性就很大(5.4节)。

10.13　迁移系数

迁移系数不能从河岸物理属性推理而得的原因有以下3个方面:

(1)河岸淤积的影响。河道中心线的横向移动,是由于侵蚀引起的河岸后退和淤积引起的对岸延伸的联合作用以及两岸之间的相互作用所导致(见10.14节)。河岸淤积增长不是由河岸的自然特性决定的。

(2)洪水的作用。对阿利埃河的研究(9.6节)表明,迁移系数不仅应该考虑侵蚀河岸的特点,也要考虑洪水期径流的特点。对洪水频繁而且强度大的河流,洪泛滩区的局部宽度是研究对应河段河流迁移速率的重要参数。洪水漫滩期间,在滩地的约束下,漫滩水流速度更大,洪水的作用得到加强;而在滩地面积扩大和回水存在的情况下,由于漫滩水流减弱,洪水的作用进而减弱。岸栖植物和滩区植被的存在也应予以考虑。

(3)平滑滤波器的作用。模型中不同的平滑滤波器使侵蚀速率和最终的河流平面形态产生显著的差别(10.11节)。

建议把用于率定河道迁移速率的系数称为迁移系数,而不再称为侵蚀系数。计算结果对数值选择的依赖性,也意味着蜿蜒迁移模型需要对这些系数进行非物理学率定以使结果符合实际。因此,建议要经常通过野外观测、历史地图、航空影像和遥感图像来校准迁移系数。

10.14　对未来河岸淤积研究的建议

河岸淤积、河岸侵蚀与冲积河床变化的交互作用是河流蜿蜒的控制因素,并形成河道断面宽度和深度的长期平衡状态,这些因素同时也影响着河道迁移速率(见图10-1)。河岸侵蚀使河道变宽,并加剧对面河岸的淤积。反之亦然,河岸淤积引起河道变窄,同时也增强了对面的河岸侵蚀。河岸侵蚀和沉积这两个过程并不同时发生,因此河流宽度不断波动变化。然而,在没有其他外界干扰的情况下,经过长期的作用,可达到动态平衡,即稳定的时段平均宽度。

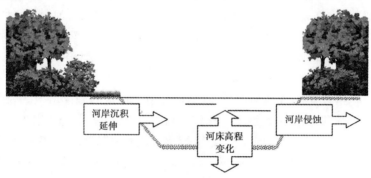

图10-1　塑造河道横断面的形态学过程

具有单一主河槽,且主河槽宽度几乎不变(长期)是蜿蜒型河流的特征。其特有的宽深比相对较小,因为这种独特的宽深比不允许在河槽内形成多滩。因此,理解河岸沉积和河道宽度形成过程是模拟蜿蜒型河流过程的基本前提条件,更普遍地说,是模拟河流平面形态的前提条件。

迄今为止,大多数研究的重点在河岸侵蚀与河床发育过程,而对同等重要的河岸沉积关注较少。因此,强烈建议加强开展关于河岸沉积的研究,河岸沉积主要受到岸栖植被、水流扰动、高水位期和低水位期出现的频率和强度、泥沙淤积、土壤固结强度等因素的相互作用的影响,以及河岸侵蚀和河岸沉积之间的相互作用影响。

河岸沉积对气候依赖程度很大(见第3章)。因此,气候变化会通过河岸沉积改变河道断面与河流平面形态。目前,河流形态过程学的知识还不足以充分评估这些影响。

许多现有2-D和3-D形态学模型,如Delft3D[WL|Delft Hydraulics,2003],把河岸沉积处理成河床淤积,把河岸侵蚀处理成河床剥蚀。这些模型适于预测没有植被和河岸稍微倾斜的河槽的宽度变化,如编织型河流,但不能用于蜿蜒型河流的动态形态。少数2-D形态学模型能够模拟河岸侵蚀,但不能模拟河岸沉积。RIPA模型就是一个例子,这是由代尔夫特技术大学Mosselman(1992)开发的模型,并由南安普敦大学[Darby等,2002]进行了扩展。这些模型不能准确地预测河道宽度。目前还没有开发出能够再现整个河岸沉积过程的模型。

今后应在以下几个欠缺的方面开展研究:

（1）河岸沉积过程。

（2）两岸之间的动力作用。

（3）岸栖植被对河道宽度和平面形态的影响。

（4）蜿蜒型河流两岸对应位置沉积和侵蚀之间达到长期平衡的条件。

（5）气候和水文变化对上述过程的影响。

未来关于河岸沉积延伸研究的主要目标，应该是建立在河岸沉积延伸过程和相对河岸间动力相互作用两个方面建立依据充分的数学公式，以实现对河流断面形态演变和河流平面形态演变进行适当的模拟。

同时，建议开展实验室试验，评估有、无岸栖植被两种情况下相对河岸动力学之间的相互作用；开展关于泥沙黏结性影响的其他室内试验。开展室内试验是必要的，可以用人工控制数据检验模型的假设。开展原型河流试验，进行现场测量也是必不可少的。

参考文献

[1] ABAD J. D. & GARCIA M. H. , 2005. Hydrodynamics in Kinoshita-generated meandering bends: importance of river planform evolution. In: River, Coastal and Estuarine Morphodynamics: RCEM 2005, eds. Parker G. & García M. H. , pp. 761-771, © Taylor & Francis Group, London, ISBN 0 415 39270 5.

[2] ABAD J. D. & GARCIA M. H. , 2006. RVR Meander: a toolbox for re-meandering of channelized streams. Computers & Geosciences, Vol. 32, pp. 92-101.

[3] ABERNETHY B. & RUTHERFURD I. D. , 1998. Where along a river's length will vegetation most effectively stabilise stream banks? Geomorphology, Vol. 23, pp. 55-75.

[4] ACKERS P. , 1982. Meandering channels and the influence of bed material. In: Gravel-bed Rivers, eds. Hey R. D, Bathurst J. C & Thorne C. R. , Chichester, Wiley, pp. 389-414.

[5] ACKERS P. & CHARLTON F. G. , 1970a. Meander geometry arising from varying flows. Journal of Hydrology, Vol. 11, pp. 230-252.

[6] ACKERS P. & CHARLTON F. G. , 1970b. Meandering of small streams in alluvium. Rep. No. INT. 77, Hydraulics Research Station, Wallingford, Berkshire, England.

[7] ACKERS P. & CHARLTON F. G. , 1970c. The geometry of small meandering steams. Proc. Inst. Civ. Engineers. Suppl. , No. 12, pp. 289-317.

[8] ALABYAN A. & CHALOV R. S. , 1998. Types of river channel patterns and their natural controls. Earth Surface Processes and Landforms, Wiley, Vol. 23, pp. 467-474.

[9] ALI Y. S. A. , 2008. Morphologic processes in the Blue Nile River between Roseires and Sinnar. MSc thesis, UNESCO-IHE, Delft, the Netherlands.

[10] ALLEN P. A. , 2008. From landscapes into geological history. Nature, Vol. 451, pp. 274-276, doi: 10. 1038/nature06586.

[11] ALLMENDINGER N. E. , PIZZUTO J. E. , POTTER N. JR. , JOHNSON T. E. & HESSION W. C. , 2005. The influence of riparian vegetation on stream width, eastern Pennsylvania, USA GSA Bulletin, Vol. 117, No 1/2, pp. 229-243, doi: 10. 1130/B25447. 1.

[12] ANDERSON A. G. , 1967. On the development of stream meanders. In: Proc. 12th Congress IAHR, Fort Collins, Colorado, Vol. 1, pp. 338-343.

[13] ANDREWS E. D. , 1982. Bank stability and channel width adjustment, East Fork River, Wyoming. Water Resources Research, Vol. 18, No. 4, August 1982, pp. 1184-1192.

[14] ANDREWS E. D. & NANKERVIS J. M. , 1995. Effective discharge and the design of channel maintenance flows for gravel-bed rivers. In: Natural and anthropogenic influences in fluvial geomorphology, Geophysical Monograph 89, AGU, eds. Costa J. E. , Miller A. J. , Potter K. W. & Wilcock P. R. , pp. 151-164.

[15] ANTROPOVSKIY V. I. , 1972. Quantitative criteria of channel macroforms. Soviet Hydrology, pp. 477-484.

[16] ARIATHURAI C. R. & ARULANANDAN K. , 1978. Erosion rates of cohesive soils. Journal of the Hydraulic Division, ASCE, Vol. 104, No. HY2, pp. 279-283.

[17] ARULANANDAN K. , GILLOGLEY E. & TULLY R. , 1980. Development of a quantitative method to predict critical shear stress and rate of erosion of natural undisturbed cohesive soils. U. S. Ar-

my Engineers, Waterways Exp. Stn. Vicksburg, Rep. GL-80-5.

[18] ASCE TASK COMMITTEE OF THE HYDRAULIC DIVISION, 1982. Relationships between morphology of small streams and sediment yield. Journal of the Hydraulic Division, ASCE, HY 11, pp. 1328-1365.

[19] ASCE TASK COMMITTEE ON HYDRAULICS, BANK MECHANICS AND MODELING OF RIVER WIDTH ADJUSTMENT, 1998a. River width adjustment. I: processes and mechanisms. Journal of Hydraulic Engineering, ASCE, Vol. 124, No. 9, September 1998, pp. 881-902.

[20] ASCE TASK COMMITTEE ON HYDRAULICS, BANK MECHANICS AND MODELING OF RIVER WIDTH ADJUSTMENT, 1998b. River width adjustment. II: Modeling. Journal of Hydraulic Engineering, ASCE, Vol. 124, No. 9, September 1998, pp. 903-917.

[21] AVERY E. R. , MICHELI E. R. & LARSEN E. W. , 2003. River channel cut-off dynamics, Sacramento River, California, USA. EOS Transactions American Geophysical Union, Vol. 84, No 46, Fall Meeting Supplement: H52A-1181.

[22] BAKKER B. & CROSATO A. , 1989. Meander studies Tigris River. Report Q985 November 1989, WL | Delft Hydraulics, The Netherlands.

[23] BAPTIST M. J. , 2005. Modelling floodplain biogeomorphology. PhD Thesis, Delft University of Technology, ISBN 90-407-2582-9, 195 p.

[24] BAPTIST M. J. & DE JONG J. F. , 2005. Modelling the influence of vegetation on the morphology of the Allier, France. In: Proceedings Final COST 626 Meeting, Silkeborg, Denmark, 19-20 May 2005, eds. Harby A. et al. , pp. 15-22.

[25] BAPTIST M. J. , VAN DEN BOSCH L. V. , DIJKSTRA J. T. & KAPINGA S. , 2005. Modelling the effects of vegetation on flow and morphology in rivers. Large Rivers, Vol. 15, No. 1-4, Arch. Hydrobiol. Suppl. 155/1, pp. 339-357.

[26] BATES R. A. , 1939. Geomorphic history of Kickapoo Region, Wisconsin. Geological Society of America, Bulletin No. 50, pp. 819-879.

[27] BECK S. M. , 1984. Mathematical modelling of meander interaction. In: River Meandering, Proc. of the Conf. Rivers 83, 24-26 Oct. 1983, New Orleans, Louisiana, U. S. A. , ed. Elliott C. M. , pp. 932-941, ASCE, New York. ISBN 0-87262-393-9.

[28] BECK S. M. , 1988. Computer-simulated deformation of meandering river patterns. PhD Thesis, University of Minnesota, printed by UMI Dissertation Information Service, University Microfilms International, Michigan, paper 3058.

[29] BEESON C. E. & DOYLE P. F. , 1995. Comparison of bank erosion at vegetated and non-vegetated channel bends. Water resources Bulletin, No 31, pp. 983-990.

[30] BERG J. H. van den, 1995. Prediction of alluvial channel pattern of perennial rivers. Geomorphology, Vol. 12, pp. 259-279.

[31] BEST J. L. , ASHWORTH P. , SARKER M. H. & RODEN J. , 2006. The Brahmaputra-Jamuna River, Bangladesh. In: Large rivers: geomorphology and management, Wiley, Chichester.

[32] BETTESS R. & WHITE W. R. , 1983. Meandering and braiding of alluvial channels. In: Proc. of the Institution of Civil Engineers, Part 2, Vol. 75, pp. 525-538.

[33] BIEDENHARN D. S. & THORNE C. R. , 1994. Magnitude-frequency analysis of sediment transport in the Lower Mississippi River. Regulated Rivers: Research & Management, Vol. 9, No. 4, pp. 237-251.

[34] BLANCKAERT K. , 2002. Flow and turbulence in sharp open-channel bends. PhD Thesis, Ecole Poly-

tech. Féd. Lausanne, Switzerland.

[35] BLANCKAERT K. , GLASSON L. , JAGERS H. R. A. & SLOFF C. J. , 2002. Quasi-3D simulation of flow in sharp open-channel bends with horizontal and developed bed topography. In: Shallow Flows, eds. Jirka & Uijttenwaal W. , Taylor & Francis Group, London, ISBN 90-5809-700-5, pp. 310-315.

[36] BLANCKAERT K. & VRIEND H. J. , 2003. Nonlinear modelling of mean flow redistribution in curved open channels. Water Resources Research, AGU, Vol. 39, No. 12, 1375, doi: 10.1029/2003WR002068.

[37] BLANCKAERT K. & GRAF W. H. , 2004. Momentum transport in sharp open-channel bends. Journal of Hydraulic Engineering, ASCE, Vol. 130, No. 3, ASCE, pp. 186-198.

[38] BLANCKAERT K. & VRIEND H. J. , 2004. Secondary flow in sharp open-channel bends. Journal of Fluid Mechanics, Vol. 498, pp. 353-380.

[39] BLEDSOE B. P. & WATSON C. C. , 2001. Logistic analysis of channel pattern thresholds: meandering, braiding, and incising. Geomorphology, Vol. 38, pp. 281-300.

[40] BLENCH T. , 1966. Mobile-bed fluviology. University of Alberta, Edmonton, Canada.

[41] BLOM A. , 1997. Planform changes and overbank flow in meandering rivers. M. Sc. Thesis, Delft University of Technology, August 1997.

[42] BLONDEAUX P. & SEMINARA G. , 1984. Bed topography and instabilities in sinuous channels. In: River Meandering, Proc. of the Conf. Rivers 83, 24-26 Oct. 1983, New Orleans, Louisiana, U. S. A. , ed. Elliott C. M. , pp. 747-758, ASCE, New York, ISBN 0-87262-393-9.

[43] BLONDEAUX P. & SEMINARA G. , 1985. A unified bar bend theory of river meanders. Journal of Fluid Mechanics, Vol. 157, pp. 449-470.

[44] BOUCHARDY C. , FEL A. , TIXIER L. , COURTILLE A. , BREUILLE L. , RIDEAU J. -P. & CROZES D. , 1991. Rivières et vallés de France: l'Allier. Toulouse, 188 p.

[45] BRADLEY J. B. , 1984. Transition of a meandering river to a braided system due to high sediment concentration flows. In: River Meandering, Proc. of the Conf. Rivers 83, 24-26 Oct. 1983, New Orleans, Louisiana, U. S. A. , ed. Elliott C. M. , pp. 89-100, ASCE, New York. ISBN 0-87262-393-9.

[46] BRAY D. I. , 1982. Regime equations for gravel-bed rivers. In: Gravel bed Rivers, eds. Hey R. D. , Bathurst J. C. & Thorne C. R. , Wiley, pp. 517-552.

[47] BRICE J. C. , 1964. Channel patterns and terraces of the Loup Rivers in Nebraska. U. S. Geol. Survey. Prof. Paper No. 422-D, 41 p.

[48] BRICE J. C. , 1974. Evolution of meander loops. Geol. Soc. Amer. Bull. , Vol. 85, pp. 581-586.

[49] BRICE J. C. , 1982. Stream channel stability assessment. Report No. FHWA/RD 82/021, Federal Highway Adm. , Washington D. C. , U. S. A.

[50] BRICE J. C. , 1984. Planform properties of meandering rivers. In: River Meandering, Proc. of the Conf. Rivers 83, 24-26 Oct. 1983, New Orleans, Louisiana, U. S. A. , ed. Elliott C. M. , pp. 1-15, ASCE, New York. ISBN 0-87262-393-9.

[51] BRIDGE J. S. , 1984. Flow and sedimentary processes in river bends: comparison of field observations and theory. In: River Meandering, Proc. Rivers 83, 24-26 Oct. 1983, New Orleans, Louisiana, U. S. A. , ed. Elliott C. M. , pp. 857-872, ASCE, New York. ISBN 0-87262-393-9.

[52] BRIDGE J. S. , 1993. The interaction between channel geometry, water flow, sediment transport and dep-

osition in braided rivers. In: Braided rivers, eds. Best J. L. & Bristow C. S. , Special Publication of the Geological Society of London, Vol. 75, pp. 13-71.

[53] CALLANDER R. A. , 1969. Instability and river channels. Journal of Fluid Mech. , Vol 36, Part 3, p. 465-480.

[54] CAMPOREALE C. , PERONA P. , PORPORATO A. & RIDOLFI L. , 2005. On the long-term behavior of meandering rivers. Water Resources Research, AGU, Vol. 41, W12403, doi: 10. 1029/ 2005WR004109, 13 p.

[55] CARROLL R. W. H. , WARWICK J. J. , JAMES A. I. & MILLER J. R. , 2004. Modeling erosion and overbank deposition during extreme flood conditions on the Carson River, Nevada. Journal of Hydrology, Vol. 297, pp. 1-21.

[56] CARSON M. A. & LAPOINTE M. F. , 1983. The inherent asymmetry of river meander planforms. Journal of Geology, Vol. 91, p. 41-55.

[57] CENCETTI C. , DURANTI A. , FREDDUZZI A. & MARCHESINI I. , 2004. Narrowing and bed incision of a cobble bed river in central Italy. Geophysical Research Abstracts, Vol. 6, 03792, 2004, SRef-ID: 1607-7962/gra/EGU04-A-03792.

[58] CHALOV R. S. , 1983. Factors of channel processes and hierarchy of channel forms. Geomorfologiya, Vol. 2, pp. 16-26 (in Russian).

[59] CHALOV R. S. , 1996. Types of channel processes and principles of morphodynamic classification for river channels. Geomorfologiya, Vol. 2, pp. 26-35 (in Russian).

[60] CHALOV R. S. & ALABYAN A. M. , 1994. Channel processes and river ecosystems. Proc. Int. Symp. East-West, North-South Encounter on the state of the art on River Engineering, Methods and Design Philosophies, 16-20 May 1994, St. Petersburg, Russia, Vol. I, pp. 34-42.

[61] CHÉZY A. , 1776. Formule pour trouver la vitesse constant que doit avoir l' eau dans une rigole ou un canal dont la pente est donnée. Dossier 847 (MS 1915) of the manuscript collection of the Ecole des Ponts et Chaussées. Reproduced as Appendix 4, pp. 247-251 of Mouret (1921).

[62] CHOPARD B. & DROZ M. , 1998. Cellular Autromata modelling of physical systems. Cambridge University Pess (Cambridge 1998).

[63] CHRISTENSEN B. , GISLASON K. & FREDSØE J. , 1999. Secondary turbulent flow in an infinite bend. 1st RCEM Symp. , Genova, Italy, Vol. 1, pp. 543-553. University of Genova.

[64] CHURCH M. , 1992. Channel morphology and typology. In: The rivers handbook, eds. Calow P. &. Petts G. E, Blackwell, pp. 126-143.

[65] CHURCH M. , 2005. Multiple scales in rivers. 6th International Gravel Bed Rivers Workshop, Lienz, Austria, 5-9 September 2005.

[66] CLEVIS Q. , TUCKER G. E. , LANCASTER S. T. , DESITTER A. , GASPARINI N. & LOCK G. , 2006. A simple algorithm for the mapping of TIN data onto a static grid: applied to the stratigraphic simulation of river meander deposits. Computers & Geoscience, doi: 10. 1016/j. cageo. 2005. 05. 012.

[67] CLEVIS Q. , TUCKER G. E. , LOCK G. , LANCASTER S. T. , GASPARINI N. , DESITTER A. & BRAS R. L. , 2006. Geoarchaeological simulation of meandering river deposits and settlement distributions; a three-dimensional approach. Acepted for publication January 2006.

[68] COJAN I. , RIVOIRARD J. , GEFFROY F. & LOPEZ S. , 2005. Process-based stochastic reservoir modeling: fluvial meandering system. 8th International Conference on Fluvial Sedimentology, August 7-12, 2005 Delft, The Netherlands. On-line Book of Abstracts: www. 8thfluvconf. tudelft.

nl, p. 83.

[69] COLEMAN J. M. , 1969. Brahmaputra River: channel processes and sedimentation. Sedimentary Geol. , Vol. 3, No. 2-3, pp. 129-239.

[70] COLOMBINI M. , TUBINO M. & WHITING P. , 1991. Topographic expression of bars in meandering channels. In Dynamics of Gravel-bed Rivers (ed. P. Billi, R. D. Hey, C. R. Thorne & P. Tacconi). John Wiley and Sons.

[71] CORENBLIT D. , TABACCHI E. , STEIGER J. & GURNELL A. , 2007. Reciprocal interactions and adjustments between fluvial landforms and vegetation dynamics in river corridors: a review of complementary approaches. Earth Science Reviews, doi: 10. 1016/j. earscirev. 2007. 05. 004.

[72] COULTHARD T. J. & VAN DE WIEL M. J. , 2006. A cellular model of river meandering. Earth Surface Processes and Landforms, Wiley, Vol. 31, pp. 123-132, doi: 10. 1002/esp. 1315.

[73] CROSATO A. , 1987. Simulation model of meandering processes of rivers. Extended Abstracts of the International Conference: Euromech 215-Mechanics of Sediment Transport in Fluvial and Marine Environments, European Mechanics Society, Sept. 15-19, Santa Margherita Ligure-Genoa, Italy, printed by the University of Genoa, pp. 158-161.

[74] CROSATO A. , 1988. The influence of steady transverse bed and flow perturbation imposed at the upstream boundary along a straight reach. Report on experimental study. WL| Delft Hydraulics, Report No. Q400, March 1988.

[75] CROSATO A. , 1989. Meander migration prediction. Excerpta, G. N. I. , Vol. 4, pp. 169-198, Publisher Libreria Progetto, Padova, Italy.

[76] CROSATO A. , 1990. Simulation of meandering river processes. Communications on Hydraulic and Geotechnical Engineering, Delft University of Technology, Report No. 90-3, ISSN 0169-6548.

[77] CROSATO A. , 1997. Aquatic habitat of meandering rivers. Integrated model: HEP/SOBEK. WL| Delft Hydraulics, Report No. Q1969.

[78] CROSATO A. , 2007a. Effects of smoothing and regridding in numerical meander migration models. Water Resources Research, AGU, Vol. 43, No. 1, W01401, doi: 10. 1029/2006WR005087.

[79] CROSATO A. , 2007b. Variations of channel migration rates in two meander models. Variations of channel migration rates in two meander models. In: River Coastal and Estuarine Morphodynamics (RCEM 2007), Proceedings 5th IAHR Symposium, eds. Dohmen-Janssen C. M. and Hulscher S. J. M. H. , p. 182, ISBN13: 978-0-415-45363-9.

[80] CROSATO A. & MOSSELMAN E. , submitted. Simple physics-based predictor for the number of bars and the transition between meandering and braiding. Water Resources Research.

[81] DANIEL J. F. , 1971. Channel movement of meandering Indiana streams. U. S. Geol. Surv. Prof. Paper 732 A, p. Al.

[82] DAPPORTO S. , RINALDI M. , CASAGLI N. & VANNOCCI P. , 2003. Mechanisms of riverbank failure along the Arno River. Central Italy. Earth Surf. Process. & Landforms, Vol. 28, pp. 1303-1323.

[83] DARBY S. E. & THORNE C. R. , 1996a. Numerical simulation of widening and bed deformation of straight sand-bed rivers. I: model development. Journal of Hydraulic Engineering, ASCE, Vol. 122, No. 4, April 1996, pp. 184-193.

[84] DARBY S. E. & THORNE C. R. , 1996b. Stability analysis for steep, eroding, cohesive riverbanks.

Journal of Hydraulic Engineering, ASCE, Vol. 122, No. 8, August 1996, pp. 443-454.

[85] DARBY S. E. , THORNE C. R. & SIMON A. , 1996. Numerical simulation of widening and bed deformation of straight sand-bed rivers. II: model evaluation. Journal of Hydraulic Engineering, ASCE, Vol. 122, No. 4, April 1996, pp. 194-2002.

[86] DARBY S. E. , GESSLER D. & THORNE C. R. , 2000. Computer program for stability analysis of steep, cohesive riverbanks. Technical communication. Earth Surf. Process. and Landforms, Vol. 25, pp. 175-190.

[87] DARBY S. E. , ALABYAN A. M. & VAN DE WIEL M. J. , 2002. Numerical simulation of bank erosion and channel migration in meandering rivers. Water Resources Research, Vol. 38, No. 9, p. 1163-1174.

[88] DARBY S. E. & DELBONO I. , 2002. A model of equilibrium bed topography for meander bends with erodible banks. Earth Surf. Process. and Landforms, Vol. 27, pp. 1057-1085.

[89] DA SILVA (FERREIRA) A. M, 2006. On why and how do rivers meander. 14th IAHR Arthur Thomas Ippen Award Lecture, XXXI IAHR Congress, Seoul, South Korea, September 2005. Journal of Hydraulic Research, Vol. 44, No. 5, pp. 579-590.

[90] DAUTREBANDE S. , LEENAARS J. G. B. , SMITZ J. S & VANTHOURNOUT E. , 2000. Pilot project for the definition of environment-friendly measures to reduce the risk for flash floods in the Geul River catchment. European Commission-D G Environment.

[91] DE KRAMER J. , WILBERS A. , VAN DEN BERG J. & KLEINHANS M. , 2000. De Allier als morfologisch voorbeeld voor de Grensmaas. Deel II: oevererosie en meandermigratie. Natuurhistorisch Maandblad, Augustus 2000, Jaargang 89, pp. 189-198 (in Dutch).

[92] DE MOOR J. J. W. , VAN BALEN R. T. & KASSE C. , 2007. Simulating meander evolution in the Geul River (the Netherlands) using a topographic steering model. Earth Surface Processes and Landforms, Wiley, doi: 10.1002/esp. 1466.

[93] DE MOOR J. J. W. , 2007. Human impact on Holocene catchment development and fluvial processes-the Geul River catchment, SE Netherlands. PhD thesis, Vrije Universiteit Amsterdam.

[94] DE VRIEND H. J. , 1977. A mathematical model of steady flow in curved shallow channels. Journal of Hydraulic Research, IAHR, Vol. 15, No. 1, pp. 37-54.

[95] DE VRIEND H. J. , 1981a. Steady flow in shallow channel bends. Ph. D. Thesis, Communication on Hydraulics, Dept. of Civil Engineering, Delft University of Technology, The Netherlands.

[96] DE VRIEND H. J. , 1981b. Velocity redistribution in curved rectangular channels. Journal of Fluid Mechanics, Vol. 107, pp 423-439.

[97] DE VRIEND H. J. , 1991. Mathematical modelling and large-scale coastal behaviour. Part 1: Physical processes. Journal of Hydraulic Research, IAHR, Vol. 29, No. 6, pp. 727-740.

[98] DE VRIEND H. J. & STRUIKSMA N. , 1984. Flow and bed deformation in river bends. In: River Meandering, Proc. of the Conf. Rivers 83, 24-26 Oct. 1983, New Orleans, Louisiana, U. S. A. , ed. Elliott C. M. , pp. 810-828, ASCE, New York. ISBN 0-87262-393-9.

[99] DE VRIES M. , 1965. Considerations about non-steady bed-load transport in open channels. In: Proc. 11th Congress IAHR, Leningrad (also WL|Delft Hydraulics, Publ. No. 36).

[100] DE WIT L. , 2006. Smoothed particle hydrodynamics. MSc Thesis, Delft University of Technology, faculty of Civil Engineering and Geosciences, Environmental and Fluid Mechanics Section.

[101] DHI, 1996. Morphological Module and Grid generator MIKE21-C (Curvilinear). Users Guide and Reference Manual, DHI Water and Environment, Publisher: Danish Hydraulic Institute, Den-

mark, www. dhisoftware. com/mike21/.

[102] DIETRICH W. E. & SMITH J. D. , 1984. Processes controlling the equilibrium bed morphology in river
　　　meanders. In: River Meandering, Proc. of the Conf. Rivers 83, 24-26 Oct. 1983, New Or-
　　　leans, Louisiana, U. S. A. , ed. Elliott C. M. , pp. 759-769, ASCE, New York. ISBN 0-
　　　87262-393-9.

[103] DIETRICH W. E. , SMITH J. D. & DUNNE T. , 1984. Boundary shear stress, sediment transport and
　　　bed morphology in a sand-bedded river meander during high and low flow. In: River Meander-
　　　ing, Proc. of the Conf. Rivers 83, 24-26 Oct. 1983, New Orleans, Louisiana, USA, ed.
　　　Elliott C. M. , pp. 632-639, ASCE, New York. ISBN 0-87262-393-9.

[104] DIJKSTRA J. T. , 2003. The influence of vegetation on scroll bar development. M. Sc. Thesis, Delft U-
　　　niversity of Technology, June 2003.

[105] DI SILVIO G. & CROSATO A. , 1994. Studi per la riabilitazione della presa irrigua di Boretto mediante
　　　la sistemazione dell'álveo di magra del Po. Allegato B: Verifiche su modello matematico. Stu-
　　　dio SICEM S. r. l. , Padova (in Italian).

[106] DI SILVIO G. & SUSIN G. M. , 1994. Studi per la riabilitazione della presa irrigua di Boretto mediante
　　　la sistemazione dell'álveo di magra del Po. Allegato A: Relazione generale. Studio SICEM S.
　　　r. l. , Padova (in Italian).

[107] DUAN J. G. , 2005. Analytical approach to calculate rate of bank erosion. Journal of Hydraulic Engi-
　　　neering, ASCE, Vol. 131, No. 11, pp. 980-990.

[108] DUAN J. G, WANG S. S. Y. , JIA Y. 2001. The application of the enhanced CCHE2D model to study
　　　the alluvial channel migration processes. Journal of Hydraulic Research, IAHR, Vol. 39, No
　　　5, pp. 469-480.

[109] DUPUIS A. , 2002. From a lattice Boltzmann model to a parallel and reusable implementation of a virtual
　　　river. PhD thesis, No 3356, University of Geneve, Switzerland.

[110] DURAN TAPIA R. M. , 2008. Bank erosion study of a meandering river reach. MSc thesis, UNESCO-
　　　IHE, Delft, the Netherlands.

[111] DURIS C. S. , 1977. Discrete interpolation and smoothing spline functions. SIAM, Journal Numerical A-
　　　nal. , Vol. 14, pp. 686-698.

[112] EATON B. C. , CHURCH M. & DAVIES T. R. , 2006. A conceptual model for meander initiation in
　　　bedload-dominated streams. Earth Surfaces Processes and Landforms, Wiley, doi: 10.1002/
　　　esp. 1297.

[113] EINSTEIN H. A. , 1950. The bed-load function for sediment transportation in open channel flows. Tech-
　　　nical Bulletin No. 1026. U. S. Dept. Agriculture, Soil Conservation Service, Washington,
　　　D. C.

[114] EISTEIN H. A. , 1972. Sedimentation (suspended solids). In: River ecology and man, eds. R. T.
　　　Oglesby, C. A. Carlson & J. A. McCann, Academic Press, pp. 309-318.

[115] ENGELUND F. , 1970. Instability of erodible beds. Journal of Fluid Mech. , Vol. 42, Part 3, pp. 225-
　　　244.

[116] ENGELUND F. , 1974. Flow and bed topography in channel bends. Journal of Hydraulic Division,
　　　ASCE, Vol. 100, No. HYLI, pp. 1631-1648.

[117] ENGELUND F. , 1975. Instability of flow in a curved alluvial channel. Journal of Fluid Mech. , Vol.
　　　72, pp. 145-160.

[118] ENGELUND F. & HANSEN E. , 1967. A monograph on sediment transport in alluvial streams. Copen-

hagen, Danish Technical Press.

[119] ENGELUND F. &. SKOVGAARD O. , 1973. On the origin of meandering and braiding in alluvial streams. Journal of Fluid Mech. , Vol. 57, Part 2, pp. 289-302.

[120] ERCOLINI M. , 2004. Dalle esigenze alle opportunita': La difesa idraulica fluviale occasione per un progetto di "paesaggio terzo". PhD Thesis in Territorial Planning, University of Florence, Italy, Dept. of City and Territorial Planning, 585 p. , Firenze University Press, May 2006 (In Italian).

[121] ERVINE D. A, WILLETS B. B. , SELLIN R. H. J. & MORENA M. , 1993. Factors affecting conveyance in meandering compound flows. Journal of Hydraulic Engineering, ASCE, Vol. 119, No. 12, pp. 1383-1399.

[122] ESCHNER T. R. , HADLEY R. F. , & CROWLEY K. D. , 1983. Hydrologic and morphologic changes in channels of the Platte River Basin in Colorado, Wyoming and Nebraska: a historical perspective. U. S. Geological Survey, pp. A1-A39.

[123] FALCON A. M. & KENNEDY J. F. , 1983. Flow in alluvial river curves. Journal of Fluid Mech. , Vol. 133, pp. 1-16.

[124] FEDERICI B. , 2003. Topics on fluvial morphodynamics. PhD Thesis, University of Genoa (Italy).

[125] FEDERICI B. & PAOLA C. , 2003. Dynamics of channel bifurcations in noncohesive sediments. Water Resources Research, AGU, Vol. 39, No. 6, p. 1162, doi: 10.1029/2002WR001434.

[126] FEDERICI B. & SEMINARA G. , 2003. On the convective nature of bar instability. Journal of Fluid Mechanics, Vol. 487, pp. 125-145.

[127] FERGUSON R. I, 1984. Kinematic model of meander migration. In: River Meandering, Proc. of the Conf. Rivers 83, 24-26 Oct. 1983, New Orleans, Louisiana, U. S. A. , ed. Elliott C. M. , pp. 942-951, ASCE, New York. ISBN 0-87262-393-9.

[128] FERGUSON R. I, 1987. Hydraulic and sedimentary controls of channel pattern. In: River Channels. Environment and Processes, ed. Richard K. , Basil Blackwell, pp. 129-158.

[129] FERGUSON R. I. , HOEY T. B. , WATHEN S. J. , HARDWICK R. I. & SAMBROOK SMITII G. H. , 1998. Downstream fining of river gravels: integrated field, laboratory and modeling study. In: Gravel-bed rivers in the environment, eds. Klingeman P. C. , Beschta R. L. , Komar P. D. & Bradley J. B. , Water Resources Publications, LLC, Highlands Ranch, Colorado, USA, pp. 85-114.

[130] FERGUSSON J. , 1863. On recent changes of the delta of the Ganges. Journal of Geological Society, London, Vol. 19, pp. 322-354.

[131] FERREIRA DA SILVA A. M. , 2006. On why and how do rivers meander. Journal of Hydraulic Research, IAHR, Vol. 44, No. 5, pp. 579-590.

[132] FINNEGAN N. J. , HALLET B. , MONTGOMERY D. R. , ZEITLER P. K. , STONE J. O. , ANDERS A. M. & YUPING L. , 2008. Coupling of rock uplift and river incision in the Namche Barwa-Gyala Peri massif, Tibet. GSA Bulletin, Vol. 120, No. 1-2, pp. 142-155, doi: 10.1130/B26224.1, © 2008 Geological Society of America.

[133] FREDSØE J. , 1978. Meandering and braiding of rivers. Journal of Fluid Mechanics, Vol. 84, Part 4, pp. 609-624.

[134] FRIEDKIN J. F. , 1945. A laboratory study of the meandering of alluvial rivers. U. S. Army Engineer Waterways Experiment Station, Vicksburg, Mississippi, U. S. A.

[135] FUJITA Y. & MURAMOTO Y. , 1982. Experimental study on stream channel processes in alluvial riv-

ers, Bulletin of the Disaster Prevention Research Inst. , Kyoto University, Vol. 32, Part 1, March 1982, pp. 49-96.

[136] FURBISH D. J. ,1988. River-bed curvature and migration: how are they related? Geology, Vol. 16, pp. 752-755.

[137] FURBISH D. J. , 1991. Spatial autoregressive structure in meander evolution. Geological Society of America Bulletin, Vol. 103, December 1991, pp. 1576-1589.

[138] GALAY V. J. , ROODS K. M. & MILLER S. , 1998. Human interference with braided gravel-bed rivers. In: Gravel-bed rivers in the environment, eds. Klingeman P. C. , Beschta R. L. , Komar P. D. & Bradley J. B. , Water Resources Publications, LLC, Highlands Ranch, Colorado, U. S. A. , pp. 471-512.

[139] GARCÍA M. H. , BITTNER L. & NINO Y. , 1996. Mathematical modelling of meandering streams in Illinois. A tool for stream management and engineering. Hydraulic Engineering Series No 43, Dept. of Civil and Environmental Engineering, University of Illinois at Urbana-Champaign, 63 pp.

[140] GARDE R. J. & RAJU K. G. R. , 1977. Mechanics of sediment transportation and alluvial stream problems. Wiley Eastern, New Dehli.

[141] GASPARINI N. M. , TUCKER G. E. & BRAS R. L. , 1999. Downstream fining through selective particle sorting in an equilibrium drainage network. Geology, Vol. 27, No. 12, pp. 1079-1082.

[142] GATTO L. W. , 1995. Soil freeze-thaw effects on bank erodibility and stability. U. S. Army Corps of Engineers, Cold Regions Research & Engineering Laboratory, Special Report 95-24.

[143] GERMANOSKI, G. & SCHUMM S. A. , 1993. Changes in braided river morphology resulting from aggradation and degradation. Journal of Geology, Vol. 101, pp. 451-466.

[144] GHK/MRM INTERNATIONAL LTD. , 1992. Dhaleswari mitigation plan. Final report.

[145] GRAN K. & PAOLA C. , 2001. Riparian vegetation controls on braided stream dynamics. Water Resources Research, Vol. 37, No. 12, pp. 3275-3283.

[146] GREGORY D. I. & SCHUMM S. A. , 1987. The effect of active tectonics on alluvial river morphology. In: River channels. Environment and Processes, ed. Richard K. , Basil Blackwell, pp. 41-68.

[147] GROSS L. J. & SMALL M. J, 1998. River and floodplain process simulation for subsurface characterization. Water Resources Research, Vol. 34, No. 9, pp. 2365-2376.

[148] HALL P. , 2004. Alternating bar instabilities in unsteady channel flows over erodible beds. Journal of Fluid mechanics, Vol. 499, pp. 49-73.

[149] HANSEN E. , 1967. On the formation of meanders as a stability problem. Coastal Engineering Laboratory, Techn. Univ. Denmark, Basis Research, Progress Report 13, p. 9.

[150] HANSON G. J. & SIMON A. , 2001. Erodibility of cohesive streambeds in the loess area of midwestern USA. Hydrological Processes, Wiley, Vol. 15, No. 1, pp. 23-38.

[151] HASEGAWA K. , 1989a. Studies on qualitative and quantitative prediction of meander channel shift. In: River Meandering, Water Res. Monograph, AGU, Vol. 12, eds. Ikeda S. & Parker G. , pp. 215-235, ISBN 0-87590-316-9.

[152] HASEGAWA K. , 1989b. Universal bank erosion coefficient for meandering rivers. Journal of Hydraulic Engineering, ASCE, Vol. 115, No. 6, pp. 744-765.

[153] HASEGAWA K. & YAMAOKA I. , 1984. Phase shift of pools and their depths in meander bends. In: River Meandering, Proc. of the Conf. Rivers 83, 24-26 Oct. 1983, New Orleans, Louisian-

a, USA, ed. Elliott C. M. , pp. 885-895, ASCE, New York. ISBN 0-87262-393-9.

[154] HEALD J. , MC EWAN I. & TAIT S. , 2004. Sediment transport over a flat bed in a unidirectional flow: simulations and validations. Phil. Trans. Royal Soc. London, A 362, pp. 1973-1986.

[155] HENDERSON F. M. , 1963. Stability of alluvial channels. Transactions of the American Society of Civil Engineers, Vol. 128, pp. 657-686.

[156] HEY R. D. & THORNE C. R. , 1986. Stable channels with mobile gravel beds. Journal of Hydraulic Engineering, ASCE, Vol. 112, No. 8, pp. 671-689.

[157] HEYES D. M. , BAXTER J. B. , TüRZüN U. & QUIN R. S. , 2004. Discrete-element method simulations: from micro to macro scales. Phil. Trans. Royal Soc. London, A362, pp. 1853-1865.

[158] HICKIN E. J. , 1974. The Development of Meanders in Natural River Channels. American Journal of Science, Vol. 274, pp. 414-472.

[159] HICKIN, E. J. , 1984, Vegetation and river channel dynamics. The Canadian Geographer, XXVIII (2), pp. 111-126.

[160] HICKIN E. J. , 1988. Lateral migration rates of river bends. In: Handbook of Civil Engineering, eds. P. N. Cheremisinoff, N. P. Cheremisinoff & Cheng S. L. , Technomic Publishing, Lancaster, Pennsylvania, P. N. , Chapter 17, pp. 419-444.

[161] HICKIN E. J. & NANSON G. C. , 1975. The character of channel migration on the Beatton River, Northeast British Columbia, Canada. Geological Society America Bulletin, Vol. 86, pp. 487-494.

[162] HICKIN E. J. & NANSON G. C. , 1984. Lateral migration rates of river bends. Journal of Hydraulic Engineering, ASCE, Vol. 110, No. 11, pp. 1557-1567.

[163] HICKS D. M. , GOMEZ B & TRUSTRUM N. A. , 2000. Erosion thresholds and suspended sediment yields, Waipaoa river basin, New Zealand. Water Resources Research, Vol. 36, No. 4, pp. 1129-1142.

[164] HOLUBOVA' K. , KLU'COVSKA' J. & SZOLGAY J. , 1998. Environmental impact of hydroelectric power generation on an anastomosing reach of the river Danube. In: Gravel-bed rivers in the environment, eds. Klingeman P. C. , Beschta R. L. , Komar P. D. & Bradley J. B. , Water Resources Publications, LLC, Highlands Ranch, Colorado, U. S. A. , pp. 293-312.

[165] HOOKE J. M. , 1977. The distribution and nature of changes in river channel patterns: the example of Devon. In: River Channel Changes, ed. Gregory K. J. , Wiley, Chichester, England. p. 265.

[166] HOOKE J. M. , 1980. Magnitude and distribution of rates of river bank erosion. Earth Surface Processes and Landforms, Wiley, Vol. 5, pp. 143-157.

[167] HOOKE J. M. , 2003. River meander behaviour and instability: a framework for analysis. Transactions of the Institute of British geographers, Vol. 28, No. 2, pp. 238-253.

[168] HOOKE J. M. , 2004. Cutoffs galore!: occurrence and causes of multiple cutoffs on a meandering river. Geomorphology, Vol. 61, pp. 225-238.

[169] HOOKE J. M. & REDMOND C. E. , 1989. Use of cartographic sources for analysing river channel change with examples from Britain. In: Historical Change of Large Alluvial Rivers: Western Europe, ed. Petts G. E. , Wiley, pp. 79-93.

[170] HOWARD A. D. , 1984. Simulation model of meandering. In: River Meandering, Proc. of the Conf. Rivers'83, 24-26 Oct. 1983, New Orleans, Louisiana, U. S. A. , ed. Elliott C. M. , pp. 952-963, ASCE, New York. ISBN 0-87262-393-9.

[171] HOWARD A. D., 1992. Modeling channel migration and floodplain sedimentation in meandering streams. In: Lowland Floodplain Rivers, Geomorphological Perspectives, eds. Carling P. A. & Petts G. E., Wiley, pp. 1-41.

[172] HOWARD A. D., 1996. Modelling channel evolution and floodplain morphology. In: Floodplain Processes, eds. Anderson M. G., Walling D. E. & Bates P. D., Wiley, pp. 15-62.

[173] HOWARD A. D. & KNUTSON T. R., 1984. Sufficient conditions for river meandering: a simulation approach. Water Resources Research, Vol. 20, No. 11, pp. 1659-1667.

[174] HUDSON P. F. & KESEL R. H., 2000. Channel migration and meander bend curvature in the lower Mississippi River prior to major human modification. Geology, Vol. 28, No. 6, pp. 531-534.

[175] HUPP C. R., 1992. Riparian vegetation recovery patterns following stream channelization: a geomorphic perspective. Ecology, Vol. 73, No. 4, pp. 1209-1226.

[176] HUPP C. R. & SIMON A., 1991. Bank accretion and the development of vegetated depositional surfaces along modified alluvial channels. Geomorphology, Vol. 4, pp. 111-124.

[177] HUPP C. R. & OSTERKAMP W. R., 1996. Riparian vegetation and fluvial geomorphic processes. Geomorphology, Vol. 14, pp. 277-295.

[178] IKEDA S., PARKER G. & SAWAI K., 1981. Bend theory of river meanders. Part 1: linear development. Journal of Fluid Mech., Vol. 112, pp. 363-377.

[179] IMTEAZ M. A. & HASSAN K. I., 2001. Hydraulic impacts of Jamuna Bridge; mitigation option. In: The State of Hydraulics, Proceedings of the 6th Conference on Hydraulics in Civil Engineering, pp. 421-428. Barton, A. C. T.: Institution of Engineers, Australia.

[180] INTERAGENCY FLOODPLAIN MANAGEMENT REVIEW COMMITTEE, 1994. Sharing the challenge: floodplain management into the 21st century. U. S. Government Printing Office, Washington D. C., ISBN 0-16-045078-0.

[181] JAGERS H. R. A., 2003. Modelling planform changes of braided rivers. PhD thesis, University of Twente, the Netherlands, ISBN 90-9016879-6.

[182] JANG C. -L., SHIMIZU Y. & MIYAZAKI T., 2003. Vegetation effects on channel development in river with erodible banks. In: River, Coastal and Estuarine Morphodynamics: RCEM 2003, Barcelona, 1-5 Sept. 2003, eds. Sánces-Arcilla A. & Bateman A., IAHR, Madrid, ISBN 90-805649-6-6, pp. 547-557.

[183] JANG C. -L. & SHIMIZU Y., 2007. Vegetation effects on the morphological behaviour of alluvial channels. Journal of Hydraulic Research, IAHR, Vol. 45, No. 6, pp. 763-772.

[184] JANSEN P. Ph, VAN BENDEGOM L. & VAN DEN BERG J. (EditorS), 1979. Principles of river engineering. Pitman Publishing Ltd., London, Great Britain, ISBN 90-6562-146-6.

[185] JEFFERSON H. S., 1902. Limiting width of meander Belts. National Geographic Magazine, Vol. 13, pp. 373-384.

[186] JOGLEKAR D. V., 1971. Manual on river behaviour, control and training. Central Board of Irrigation and Power, Publication No. 60, New Delhi, India.

[187] JOHANNESSON H. & PARKER G., 1985. Computer simulated migration of meandering rivers in Minnesota. University of Minnesota, St. Anthony Falls Hydraulic Laboratory, Minneapolis, Minnesota, Project Report No. 242.

[188] JOHANNESSON H. & PARKER G., 1988. Theory of river meanders. University of Minnesota, St. Anthony Falls Hydraulic Laboratory, Minneapolis, Minnesota, Project Rep. No. 278, Nov.

1927.

[189]JOHANNESSON H. & PARKER G. , 1989. Velocity redistribution in meandering rivers. ASCE, Journal of Hydraulic Engineering, ASCE, Vol. 115, No. 8, pp. 1019-1039.

[190]JOHANNESSON H. & PARKER G. , 1989. Linear theory of river meanders. In: River Meandering, Water Resources Monograph, AGU, Vol. 12, eds Ikeda S. & Parker G. , pp. 181-214, ISBN 0-87590-316-9.

[191]KALKWIJK J. P. Th & DE VRIEND H. J. , 1980. Computation of the flow in shallow river bends. Journal of Hydraulic Research, IAHR, Vol. 18, No. 4, pp. 327-342.

[192]KELLERHALS R. , CHURCH M. & BRAY D. I. , 1976. Classification and analysis of river processes. Journal of Hydraulic Division, ASCE, Vol. 102, No. HY7, pp. 813-829.

[193]KENNEDY R. G. , 1895. The prevention of silting in irrigation canals. Min. Proceedings, Inst. Civil Engineers, Vol. CXIS.

[194]KIKKAWA H. , IKEDA S. & KITAGAWA A. , 1976. Flow and bed topography in curved open channels. Journal of the Hydraulic Division, ASCE, Vol. 102, NY9, pp. 1327-1342.

[195]KINOSHITA R. , 1961. Investigation of channel changes on the Ishikari River. Report for the Bureau of Resources, No. 36, Science and Technology Agency, Japan (in Japanese).

[196]KINGSTROM A. , 1962. Geomorphological studies of sandur plains and their braided rivers in Iceland. Geographiska Annaler, Vol. 44, pp. 328-346.

[197]KLAASSEN G. J. & VAN ZANTEN B. H. J. , 1989. On cutoff ratios of curved channels. In: Proc. of the XXIIth IAHR Congress, Ottawa, Canada, 21-25 August.

[198]KLAASSEN G. J. & MASSELINK G. , 1992. Planform changes of a braided River with fine sand as bed and bank material. In: Proc. of the 5th International Symposium on River Sedimentation, April 1992, Karlsruhe, pp. 459-471.

[199]KLAASSEN G. J. , MOSSELMAN E. & BRüHL H. , 1993. On the prediction of planform changes in braided sand-bed rivers. Advances in Hydro-Science and Engineering, Ed. S. S. Y. Wang, Publ. University of Mississippi, University, Mississippi, pp. 134-146.

[200]KLEINHANS M. , JAGERS B. , MOSSELMAN E. & SLOFF K. , 2006. Effect of upstream meanders on bifurcation stability and sediment diversion in 1D, 2D and 3D models. Proc. River Flow 2006, Lisbon, 6-8 Sept. 2006, Eds. R. M. L. Ferreira, E. C. T. L. Alves, J. G. A. B. Leal & A. H. Cardoso, Vol. 2, pp. 1355-1362, Publ. Taylor & Francis, London, ISBN 978-0-415-40815-8.

[201]KLINGEMAN P. C. , BRAVARD J. -P. , GIULIANI Y. , OLIVIER J. -M. & PAUTOU G. , 1998. Hydropower reach by-passing and dewatering inpacts in gravel-bed rivers. In: Gravel-bed rivers in the environment, eds. Klingeman P. C. , Beschta R. L. , Komar P. D. & Bradley J. B. , Water Resources Publications, LLC, Highlands Ranch, Colorado, U. S. A. , pp. 313-344.

[202]KNIGHTON A. D. & NANSON G. C. , 1993. Anastomosis and the continuum of channel pattern. Earth Surface Processes and Landforms, Wiley, Vol. 18, No. 7, pp. 613-625.

[203]KOCH F. G. & FLOKSTRA C. , 1980. Bed level computations for curved alluvial channels. In: Proc. of the XIX IAHR Congress, New Delhi, India, Vol. 2, p. 357.

[204]KONDOLF G. M. & RAILSBACK S. F. , 2001. Design and performance of a channel reconstruction project in a coastal California gravel-bed stream. Environmental Management, Vol. 28, No. 6, pp. 761-776.

[205]KRONE R. B. , 1962. Flume Studies of the Transport of Sediment in Estuarial Shoaling Processes. Fi-

nal Report, Hydraulic Engineering Laboratory and Sanitary Engineering Research Laboratory, Berkeley, CA; prepared for US Army Engineer District, San Francisco, CA, under US Army Contract No. DA-04-203 CIVENG-59-2.

[206] KRONE R. B. , 1963 (Sep). A Study of Rheological Properties of Estuarial Sediments. Technical Bulletin No. 7, Committee on Tidal Hydraulics, Corps of Engineers, US Army; prepared by US Army Engineer Waterways Experiment Station, Vicksburg, MS.

[207] KURABAYASHI H. & SHIMIZU Y. , 2003. Experiments on braided stream with natural vegetation. In: River, Coastal and Estuarine Morphodynamics: RCEM 2003, Barcelona, 1-5 Sept. 2003, eds. Sánces-Arcilla A. & Bateman A. , IAHR, Madrid, ISBN 90-805649-6-6, pp. 799-806.

[208] LACEY G. , 1929. Stable channels in alluvium. Min. Proceedings, Inst. Civil Engineering, Vol. 229.

[209] LANCASTER S. T. , 1998. A nonlinear river meandering model and its incorporation in a landscape evolution model. PhD thesis, Massachusetts Institute of Technology, Dept. of Civil and Environmental Engineering, September 1998.

[210] LANCASTER S. T. & BRAS R. L. , 2002. A simple model of river meandering and its comparison to natural channels. Hydrological Processes, Wiley, Vol. 16, pp. 1-26, doi: 10. 1002/hyp. 273.

[211] LANE E. W. , 1937. Stable channels in erodible material. Transaction of the American Society of Civil Engineers, Vol. 102.

[212] LANE E. W. , 1957. A study of the shape of channels formed by natural streams flowing in erodible material. Missouri River Division Sediment Series No. 9, U. S. Army Engineer Division, Missouri River Corps of Engineers, Omaha, NE.

[213] LANGENDOEN E. J. , 2000. CONCEPT-Conservational Channel Evolution and Pollutant Tansport System. Stream corridor Version 1. 0. Research report No. 16, USDA-ARS National Sedimentation Laboratory, Oxford, U. S. A.

[214] LANGENDOEN E. J. & SIMON A. , 2008. Modeling the evolution of incised streams. II: streambank erosion. Journal of hydraulic Engineering, ASCE, Vol. 134, No 7, pp. 905-915, doi: 10. 1061/(ASCE)0733-9429(2008)134:7(905).

[215] LANZONI S. , 2000. Experiments on bar formation in a straight flume; 1. Uniform sediment. Water Resources Research, Vol. 36, No. 11, pp. 3337-3349. .

[216] LANZONI S. , FEDERICI B. & SEMINARA G. , 2005. On the convective nature of bend instability. In: River, Coastal and Estuarine Morphodynamics: RCEM 2005, eds. Parker G. & García M. H. , pp. 719-724. © Taylor & Francis Group, London, ISBN 0-415-39270-5.

[217] LARSEN E. W. , GIRVETZ E. H & FREMIER A. K. , 2006. Assessing the effects of alternative setback channel constraints scenarios employing a river meander migration model. Environmental Management, Vol. 37, No. 6, pp. 880-897, doi: 10. 1007/s00267-004-0220-9.

[218] LAWLER D. M. , 1993. The measurement of river bank erosion and lateral channel change: a review. Earth Surface Processes and Landforms, Wiley, Vol. 18, pp. 777-821.

[219] LEOPOLD L. B. & WOLMAN M. G. , 1957. River channel pattern: braided, meandering and straight. U. S. Geol. Survey, Prof. Paper 282 B.

[220] LEOPOLD L. B. & WOLMAN M. G. , 1960. River meanders. Bulletin of the Geological Society of America, Vol. 71, pp. 769-794.

[221] LEOPOLD L. B. , WOLMAN M. G. & MILLER J. P. , 1964. Fluvial processes in geomorphology. Freemand and Co. , San Francisco, U. S. A.

[222] LESSER G. R. , ROELVINK J. A. , VAN KESTER J. A. T. M. & STELLING G. S. , 2004. Development and validation of a three dimensional morphological model. Coastal Engineering, Vol. 51/8-9, pp. 883-915.

[223] LIÉBAULT F. & PIÉGAY H. , 2002. Causes of 20th century channel narrowing in mountain and piedmont rivers of southeastern France. Earth Surface Processes and Landforms, Wiley, Vol. 27, pp. 425-444, doi: 10.1002/esp328.

[224] LIU G & LIU M. , 2003. Smoothed Particle hydrodynamics. World Scientific Publishing Co. Pte. Ltd. , ISBN 981-238-456-1.

[225] LOKHTIN V. M. , 1897. About a mechanism of river channel. Sankt-Peterburg, 78 p (in Russian).

[226] MAC DONALD T. E. , PARKER G. & LEUTHE D. P. , 1992. Inventory and analysis of stream meander problems in Minnesota. Dep. of Civil and Mineral Engineering, St Anthony Falls Hydraulic Laboratory, University of Minnesota.

[227] MACKING J. H. , 1956. Cause of braiding by a graded river. Bulletin of the Geological Society of America, Vol. 67, pp. 1717-1718.

[228] MALAVOI J. -R. , BRAVARD J. -P. , PIEGAY H. , HEROIN E. & RAMEZ P. , 1998, Determination de l'éspace de liberte des cours d'eau. Bassin Rhone Mediterranee Corse, Guide Technique No. 2, 39 p.

[229] MALAVOI J. -R. , GAUTIER J. -N. & BRAVARD J. -P. , 2002. Free space for rivers: a geodynamical concept for sustainable management of the water resources. In: River Flow 2002, Proc. Int. Conf. on Fluvial Hydraulics, Louvain-la-Neuve, Belgium, 4-6 September 2002, eds. Bousmar D. & Zech Y. , © A. A. Balkema, ISBN 90-5809-5096, pp. 507-514.

[230] MAMUM M. & ISLAM M. , 2004. Effect of grid spacing on the prediction of bank erosion in a large braided alluvial river. Modelling and Simulation ~ MS 2004 ~ , M. H. Hamza editor, ACTA PRESS, pp. 404.

[231] MANNING R. , 1889. On the flow of water in open channels and pipes. Transactions of the Institution of Civil Engineers in Ireland, Vol. 20, pp. 161-195.

[232] MARTVALL S. & NILSSON G. , 1972. Experimental studies of meandering, the transport and deposition of material in curved channels. University of Uppsala, Dept. of Physical Geography, VNGI RAPPORT 20.

[233] MCLANE M. , 1995. Sedimentology, Oxford University Press, 423p.

[234] MENENDEZ A. N. , GARCIA P. E. , RODRIGUEZ ARDILA J. , LACIANA C. E. & SFRISO A. , 2006. An integrated model for the evolution of channel morphology, including cohesive bank erosion. In: River Flow 2006, Lisbon, 6-8 Sept. 2006, eds. R. M. L. Ferreira, E. C. T. L. Alves, J. G. A. B. Leal & A. H. Cardoso, Vol. 2, Taylor & Francis, London, ISBN 978-0-415-40815-8, pp. 1785-1791.

[235] MENGONI B. & MOSSELMAN E. , 2005. Analysis of riverbank erosion processes: Cecina river, Italy. In: River, Coastal and Estuarine Morphodynamics: RCEM 2005, eds. Parker G. & García M. H. , pp. 943-951. © 2006 Taylor & Francis, London, ISBN 0-415-39270-5.

[236] MEYER PETER E. & MüLLER R. , 1948. Formulas for bed load transport. In: Proc. of the 2nd IAHR Congress, Stockholm, Sweden, Vol. 2, pp. 39-64.

[237] MICHELI E. R. , KIRCHNER J. W. , 2002a. Effects of wet meadow vegetation on streambank erosion. 1: Remote sensing measurements of stream bank migration and erodibility, Earth Surface Processes and Landforms, Wiley, Vol. 27, pp. 627-639.

[238] MICHELI E. R. , KIRCHNER J. W. , 2002b. Effects of wet meadow vegetation on streambank erosion. 2: Measurements of vegetated bank strength and consequences for failure mechanics, Earth Surface Processes and Landforms, Wiley, Vol. 27, pp. 687-697.

[239] MICHELI E. R. , KIRCHNER J. W. & LARSEN, 2004. Quantifying the effect of riparian forest versus agricultural vegetation on river meander migration rates, Central Sacramento River, California, USA, River Research and Applications, Vol. 20, pp. 537-548.

[240] MIGUEL ALFARO E. , 2006. Modelling of planimetric/historical changes of the Geul River (the Netherlands). MSc thesis, Delft University of Technology, August 2006.

[241] MILLAR R. G. , 2000. Influence of bank vegetation on alluvial channel patterns. Water Resour. Res. , Vol. 36, No. 4, pp. 1109-1118.

[242] MILLAR R. G. & QUICK M. C. , 1993. Effect of bank stability on geometry of gravel rivers. Journal of Hydraulic Engineering, ASCE, Vol. 119, No. 12, pp. 1343-1363.

[243] MOLLARD J. D. , 1973. Air photo interpretation of fluvial features. In: Proceedings of the 7th Canadian Hydrology Symposium, pp. 341-380.

[244] MOSLEY M. P. 1987. The classification and characterization of rivers. In: River channels, Environment and Processes, ed. Richards K. , Basil Blackwell.

[245] MOSLEY P. & JOWETT I. , 1999. River morphology and management in New Zealand. Progress in Physical geography, Vol. 23, No. 4, pp. 541-565.

[246] MOSSELMAN E. , 1992. Mathematical modelling of morphological processes in rivers with erodible cohesive banks. PhD Thesis, Communications on Hydraulic and Geotechnical Engineering, No. 92-3, Delft University of Technology, ISSN 0169-6548.

[247] MOSSELMAN E. , 1993. Dynamica van beekmeandering. Landinrichting, Vol. 33, No. 3, pp. 36-38 (in Dutch).

[248] MOSSELMAN E. , 1995. A review of mathematical models of river planform changes. Earth Surf. Process. and landforms, Vol. 20, pp. 661-670.

[249] MOSSELMAN E. , 1998. Morphological modelling of rivers with erodible banks. Hydrological Processes, Wiley, Vol. 12, pp. 1357-1370.

[250] MOSSELMAN E. , 2001. Morphological development of side channels. CFR Project Report 9, IRMA-SPONGE and Delft Cluster, WL|Delft Hydraulics Report T2401, December 2001.

[251] MOSSELMAN E. & CROSATO A. , 1991. Universal bank erosion coefficient for meandering rivers. Journal of Hydraulic Engineering, ASCE, Vol. 117, No. 7, pp. 942-943.

[252] MOSSELMAN E. , HUISINK M. , KOOMEN E. & SEYMONSBERGEN A. C. , 1995. Morphological changes in a large braided sand-bed River. In: River Geomorphology, ed. Hickin E. J. , Wiley, pp. 235-247.

[253] MOSSELMAN E. , SHISHIKURA T. & KLAASSEN G. J. , 2000. Effect of bank stabilization on bend scour in anabranches of braided rivers. Phys. Chem. Earth (B), Vol. 25, No. 7-8, pp. 699-704.

[254] MOSSELMAN E. , TUBINO M. & ZOLEZZI G. , 2006. The overdeepening theory in River morphodynamics: two decades of shifting interpretations. In: River Flow 2006, Lisbon, 6-8 Sept. 2006, eds. R. M. L. Ferreira, E. C. T. L. Alves, J. G. A. B. Leal & A. H. Cardoso, Taylor & Francis, London, ISBN 978-0-415-40815-8, Vol. pp. 1175-1181.

[255] MOURET, 1921. Antoine Chézy, histoire d'une formule hydraulique. Annales des Ponts et Chaussées, LX, pp. 165-268.

[256] MUHAR S. , JUNGWIRTH M. , UNFER G. , WIESNER C. , POPPE M. , SCHMUTZ S. & HABER-SACK H. , 2005. Restoring riverine landscapes: successes and deficits in the context of ecological integrity. 6th Intern. Gravel Bed Rivers Workshop, Lienz, Austria, 5-9 September 2005.

[257] MURPHEY ROHRER W. L. , 1984. Effects of flow and bank material on meander migration in alluvial rivers. In: River Meandering, Proc. of the Conf. Rivers 83, 24-26 Oct. 1983, New Orleans, Louisiana, U. S. A. , ed. Elliott C. M. , pp. 770-782, ASCE, New York. ISBN 0-87262-393-9.

[258] MURREY A. B. & PAOLA C. , 1994. A cellular model of braided rivers. Nature, Vol. 371, pp. 54-57.

[259] MURREY A. B. & PAOLA C. , 2003. Modelling the effects of vegetation on channel pattern in bedload rivers. Earth Surface Processes and Landforms, Wiley, Vol. 28, pp. 131-143, doi: 10.1002/esp. 428.

[260] MURSHED K. G. , 1991. Effect of bank erosion products on meander migration. M. Sc. Thesis H. H. 82, UNESCO-IHE, Delft, the Netherlands.

[261] NANSON G. C. , 1980. Point bar and floodplain formation of the meandering Beatton River, northeastern British Columbia, Canada. Sedimentology, Vol. 27, pp. 3-29.

[262] NANSON G. C. & HICKIN E. J. , 1983. Channel migration end incision on the Beatton River. ASCE, Journal of Hydraulic Engineering, ASCE, Vol. 109, No. 3, pp. 327-337.

[263] NANSON G. C. & HICKIN E. J. , 1986. A statistical analysis of bank erosion and channel migration in Western Canada. Bulletin of the Geological Society of America, April 1986, Vol. 97, No. 4, pp. 497-504.

[264] NATURAL RESOURCES COUNCIL CANADA, 1963. Van Bendegom L. , 1947: Some considerations on river morphology and river improvement. Technical Translation, No. 1054.

[265] NEILL C. R. , 1987. Sediment balance consideration linking long term transport and sediment processes. In: Sediment Transport in Gravel Bed Rivers, eds. G. R. Thorne, J. C. Bathurst &. R. D. Hey, Wiley, pp. 225-242.

[266] ODGAARD A. J. , 1981. Transverse bed slope in alluvial channel bends. Journal of the Hydraulic Division, ASCE, Vol. 107, No. 12, pp. 1677-1694.

[267] ODGAARD A. J. , 1989. River meander model. I: development. Journal of Hydraulic Engineering, ASCE, Vol. 115, No. 11, pp. 1433-1450.

[268] OLESEN K. W. , 1984. Alternate bars in and meandering of alluvial rivers. In: River Meandering, Proc. of the Conf. Rivers 83, 24-26 Oct. 1983, New Orleans, Louisiana, U. S. A. , ed. Elliott C. M. , pp. 873-884, ASCE, New York. ISBN 0-87262-393-9.

[269] OLESEN K. W. , 1987. Bed topography in shallow river bends. Ph. D. Thesis, Communications on Hydraulic and Geotechnical Engineering, No. 87 1, Dept. of Civil Engineering, Delft University of Technology, The Netherlands.

[270] OLSEN, N. R. B. , 2002. Estimating meandering channel evolution using a 3D CFD model. In: Hydroinformatics 2002, Cardiff, UK.

[271] OLSEN N. R. B. , 2003. 3D CFD Modeling of a Self-Forming Meandering Channel. ASCE, Journal of Hydraulic Engineering, ASCE, Vol. 129, No. 5, pp. 366-372.

[272] OLSEN N. R. B. , 2004. Closure to Three-dimensional CFD modeling of self-forming meandering channel. Journal of Hydraulic Engineering, ASCE, Vol. 130, No 8, pp. 838-839.

[273] OSMAN A. M. & THORNE C. R., 1988. Riverbank stability analysis. I: theory. ASCE, Journal of Hydraulic Engineering, ASCE, Vol. 114, No. 2, pp. 134-150.

[274] OTT R. A., 2000. Factors affecting stream bank and river banks stability, with an emphasis on vegetation influences. An annotated bibliography. Tanana Chiefs Conference, Inc. Forestry Program, Fairbanks, Alaska.

[275] PAGE K. J., NANSON G. C. & FRAZIER P. S., 2003. Floodplain formation and sediment stratigraphy resulting from oblique accretion on the Murrumbidgee River, Australia. Journal of Sedimentary Research, Vol. 73, No. 1, pp. 5-14, doi: 10. 1306/070102730005.

[276] PANNEKOEK A. J. & VAN STRAATEN L. M. J. U., 1984. Algemene geologie. Wolters-Noordhoff Groningen.

[277] PAOLA, C., 2001. Modelling stream braiding over a range of scales. In: Gravel Bed Rivers V, ed. Mosley M. P., New Zealand, Hydrological Society, Wellington, pp. 11-46.

[278] PARKER G., 1976. On the cause and characteristic scales of meandering and braiding in rivers. Journal of Fluid Mechanics, Vol. 76, Part 3, pp. 457-479.

[279] PARKER G., 1978. Self-formed straight rivers with equilibrium banks and mobile bed (Part 1, The sand-silt river and Part 2, The gravel river). Journal of Fluid Mechanics, Vol. 89, pp. 109-125 (Part 1), pp. 127-146 (Part 2).

[280] PARKER G., 1984. Theory of meander bend deformation. In: River Meandering, Proc. of the Conf. Rivers'83, 24-26 Oct. 1983, New Orleans, Louisiana, U. S. A., ed. Elliott C. M., pp. 722-733, ASCE, New York. ISBN 0-87262-393-9.

[281] PARKER G., 1991. Selective sorting and abrasion of river gravel I: Theory. Journal of Hydraulic Engineering, ASCE, Vol. 117, pp. 131-149.

[282] PARKER G., 1998. River meanders in a tray. Nature, Vol. 395, pp. 111-112.

[283] PARKER G., 2004. The uses of sediment transport and morphodynamic modeling in stream restoration. In: Critical transitions in water and environmental resources management, eds. Sehlke G., Hayes D. F. & Stevens D. K., Proc. World Water and Environmental Resources 2004 Congress, ASCE, Salt Lake City, June 27-July 1, p. 10, ISBN 0784407371.

[284] PARKER G., SAWAY K. & IKEDA S., 1982. Bend theory of river meanders. Part 2. Nonlinear deformation of finite-amplitude bends. Journal of Fluid Mechanics, Vol. 115, pp. 303-314.

[285] PARKER G. & ANDREWS E. D., 1985. Sorting of bed load sediment by flow in meander bends. Water Resources Research, AGU, Vol. 21, No. 9, pp. 1361-1373.

[286] PARKER G. & ANDREWS E. D., 1986. On time development of meander bends. Journal of Fluid Mechanics, Vol. 162, pp. 139-156.

[287] PARKER G. & JOHANNESON H., 1989. Observations on several recent theories of resonance and overdeepening in meandering channels. In: River Meandering, A. G. U., Water Resources Monograph, Vol. 12, eds. Ikeda S. & Parker G., pp. 379-415, ISBN 0-87590-316-9.

[288] PARKER, G., WILCOCK P. W., PAOLA C., DIETRICH W. E. & PITLICK, J, 2007. Quasi-Universal Relations for Bankfull Hydraulic Geometry of Single-Thread Gravel-bed Rivers. Journal of Geophysical Research, Vol. 112, F04005, doi: 10. 1029/2006JF000549.

[289] PARTHENIADES E., 1962. A study of erosion and deposition of cohesive soils in salt water. PhD Thesis, University of California, Berkeley, California, USA.

[290] PARTHENIADES E. 1965. Erosion and deposition of cohesive soils, Journal of the Hydraulic Division, ASCE, Vol. 91 (HY1), pp. 105-139.

[291] PAYNE B. A. & LAPOINTE M. F. 1997. Channel morphology and lateral stability: effects on distribution of spawning and rearing habitat for Atlantic salmon in a wandering cobble-bed river. Canadian Journal of Fisheries and Aquatic Sciences, Vol. 54, pp. 2627-2636.

[292] PEART M. R. , 1995. Monitoring of bed load sediment production and movement in a small stream in Hong Kong. In: Management of sediment, philosophy, aims and techniques, Sixth International Symposium on River Sedimentation, 7-11 November, 1995, New Delhi, India, pp. 343-350.

[293] PETERS J. J. , 1978. Discharge and sand transport in the braided zone of the Zaire estuary. Netherlands Journal of Sea Research, Vol. 12, No 3/4, pp. 273-292.

[294] PHILLIPS J. D. , 1995. Biogeomorphology and landscape evolution: the problem of scale. Geomorphology, Vol. 13, pp. 337-347.

[295] PHILLIPS J. D. , 1999. Earth surface systems: complexity, order and scale. Blackwell, Oxford.

[296] PIDWIRNY M. J. 2000. Fundamentals of Physical Geography. 9 Introduction to Biogeography and Ecology. www. geog. ouc. bc. ca/physgeog/contents/9i. html.

[297] PIÉGAY H. & SALVADOR P. G. , 1997. Contemporary floodplain forest evolution along the middle Ubayer River. Global Ecology and Biogeography Letters, Vol. 6, No. 5, pp. 397-421.

[298] PIÉGAY H. , BORNETTE G. , CITTERIO A. , HÉROUIN E. , MOULIN B. & STATIOTIS C. , 2000. Channel instability as control on silting dynamics and vegetation patterns within fluvial aquatic zones. Hydrological Processes, Wiley, Vol. 14, pp. 3011-3029.

[299] PIÉGAY H. , DARBY S. E. , MOSSELMAN E. & SURIAN N. , 2005. A review of techniques available for delimiting the erodible river corridor: a sustainable approach to managing bank erosion. River Research and Applications, Wiley, Vol. 21, pp. 1-17, doi: 10. 1002/rra. 881.

[300] PIÉGAY H. , GRANT G. , NAKAMURA F. , TRUSTRUM N. , 2006. Braided river management: from assessment of river behavior to improved sustainable development. In: Braided Rivers: Process, Deposits, Ecology and Management, eds. G. H. Sambrook-Smith, J. L. Best, C. S. Bristow & Petts G. E. , Special Publication 36 of the International Association of Sedimentologists.

[301] PIRIM T, BENNET S. J & BARKDOLL B. D. , 2000. Restoration of degraded stream corridors using vegetation: an experimental study. United States Department of Agriculture, Channel & Watershed Processes Research Unit, National Sedimentation Laboratory, Research Report No 14.

[302] PIZZUTO J. E. , 1984. Bank erodibility of shallow sandbed streams. Earth Surface Processes and Landforms, Wiley, Vol. 9, pp. 113-124.

[303] PIZZUTO J. E. , 1987. Sediment diffusion during overbank flows. Sedimentology, Vol. 34, pp. 301-317.

[304] PIZZUTO J. E. , 1994. Channel adjustments to changing discharges, Powder River, Montana. Geological Society of American Bulletin, Vol. 106, pp. 1494-1501.

[305] PRINS A. & DE VRIES M. ,1971. On dominant discharge concepts for rivers. In: Proc. 14th Congress IAHR, Paris, Vol. 3, Paper C20.

[306] PRUSHANSKY, 1961. Rozovskii I. L. , 1957: Flow of water in bends of open channels. Israel Program for Scientific Translations, S. Monson, Jerusalem, PST Cat. No. 363.

[307] PUHAKKA M. , KALLIOLA R. , RAJASILTA M. & SOLO J. , 1992. River types, site evolution and successional vegetation patterns in Peruvian Amazonia. Journal of Biogeography, Vol. 19, No. 6, pp. 651-665, doi: 10. 2307/2845707.

[308] PYLE C. J. , RICHARDS K. S. & CHANDLER J. H. , 1997. Digital photogrammetric monitoring of river bank erosion. Photogrammetric Record, Vol. 15, No. 89, pp. 753-764.

[309] PYRCE R. S. & ASHMORE P. E. , 2005. Bedload path length and point bar development in gravel-bed river models. Sedimentology, Vol. 52, pp. 839-857.

[310] REID J. B. , Jr, 1984. Artificially induced concave bank deposition as a means of floodplain erosion control. In: River Meandering, Proc. of the Conf. Rivers 83, 24-26 Oct. 1983, New Orleans, Louisiana, U. S. A. , ed. Elliott C. M. , pp. 295-305, ASCE, New York. ISBN 0-87262-393-9.

[311] REINFELDS I. & NANSON G. , 1993. Formation of braided river floodplains, Waimakariri River, New Zealand. Sedimentology, Vol. 40, No. 6, pp. 1113-1127.

[312] REPETTO R. , TUBINO M. & PAOLA C. , 2002. Planimetric instability of channels with variable width. Jounal of Fluid Mechanics, Vol. 457, pp. 79-109.

[313] REQUENA P. , WEICHERT R. B. & MINOR H. -E. , 2006. Self widening by lateral erosion in gravel bed rivers. In: River Flow 2006, Lisbon, 6-8 Sept. 2006, eds. R. M. L. Ferreira, E. C. T. L. Alves, J. G. A. B. Leal & A. H. Cardoso, Taylor & Francis, London, ISBN 978-0-415-40815-8, Vol. 2, pp. 1801-1809.

[314] RESH V. H. , BROWN A. V. , COVICH A. P. , GURTZ M. E. , LI H. W. , MINSHALL G. W. , REICE S. R, SHELDON A. L. , WALLACE J. B. & WISSMAR R. C. , 1988. The role of disturbance in stream ecology. Journal of the North American Benthological Society, Vol. 7, pp. 433-455.

[315] RICHARDS K. , BRASINGTON J. & HUGHES F. , 2002. Geomorphic dynamics of floodplains: ecological implications and a potential modelling strategy. Freshwater Biology, Vol. 47, pp. 559-579.

[316] RICHARDS K. , BITHELL M. , DOVE M. & HODGE R. , 2004. Discrete-element modelling: methods and applications in the environmental sciences. Phil. Trans. Royal Soc. London, Vol. 362, pp. 1797-1816.

[317] RICHARDSON W. R. , 2002. Simplified model for assessing meander bend migration rates. Journal of Hydraulic Engineering, ASCE, doi: 10. 1061/(ASCE)0733-9429(2002)128:12(1094).

[318] RICHARDSON W. R. & THORNE C. R. , 1998. Secondary currents around a braid bar in Brahmaputra River, Bangladesh. Journal of Hydraulic Engineering, ASCE, Vol. 124, No. 3, pp. 325-328.

[319] RICHTER B. D. & RICHTER H. E. , 2000. Prescribing flood regimes to sustain riparian ecosystems along meandering rivers. Conservation Biology, Vol. 14, No. 5, pp. 1467-1478.

[320] RINALDI & CASAGLI, 1999. Stability of strembanks formed in partially saturated soils and effects of negative pore water pressure: the Sieve River (Italy). Geomorphology, Vol. 26, No. 4, pp. 253-277.

[321] RINALDI M. , CASAGLI N. , DAPPORTO S. & GARGINI A. , 2004. Monitoring and modelling of pore water pressure changes and riverbank stability during flow events. Earth Surf. Process. and Landforms, Vol. 29, pp. 237-254.

[322] RINALDI M. & DARBY S. E. , 2005. Advances in modelling river bank erosion processes. 6th International Gravel Bed Rivers Workshop, Lienz, Austria, September 2005.

[323] RODRIGUES S. , BRÉHÉRET J-G. , MACAIRE J-J. , MOATAR F. , NISTORAN D. & JUGÉ P. , 2006. Flow and sediment dynamics in the vegetated secondary channels of an anabranching

river: the Loire River (France). Sedimentary Geology, Vol. 186, pp. 89-109.

[324] RODRIGUEZ J. F. , BOMBARDELLI F. A. , GARCÍA M. H. , FROTHINGHAM K. M. , RHOADS B. L. & ABAD J. D. , 2004. High-resolution mumerical simulation of flow though a higly sinuous River reach. Water Resources management, Vol. 18, pp. 177-199.

[325] ROSGEN D. L. , 1994. Classification of natural rivers. Catena, Vol. 22, pp. 169-199.

[326] ROY P. S. , 1984. New South Wales estuaries: their origin and evolution. Chapter 5 of Coastal geomorphology in Australia, ed. B. G. Thom, Academic Press, pp. 99-121.

[327] ROZOVSKII I. L. , 1957. Flow of water in bends of open channels. Academy of Science of the Ukrainian SSR, Kiev (in Russian). Translation 1961 by Prushansky, Israel Program for Scientific Translations, S. Monson, Jerusalem, PST Cat. No. 363.

[328] RUST B. R. , 1978. A classification of alluvial channel systems. In: Fluvial Sedimentology, Can. Soc. Petr. Geol. , Memoir No. 5, pp. 187-198.

[329] SAMIR-SALEH M. & CROSATO A. , 2008. Effects of riparian and floodplain vegetation on river patterns and flow dynamics. In: Proc. 4th ECRR Conference on River Restoration, Italy, Venice S. Servolo Island, 16-21 June 2008.

[330] SCHEUERLEIN H. 1995. Downstream effects of dam construction and reservoir operation. In: Management of sediment, philosophy, aims and techniques, Sixth International Symposium on River Sedimentation, 7-11 November, 1995, New Delhi, India, pp. 1101-1108.

[331] SCHOUTEN C. J. J, RANG M. C. , DE HAMER B. A. & VAN HOUT H. R. A. , 2000. Strongly polluted deposits in the Meuse river floodplain and their effects on river management. In: New Approaches to River Management, eds. Smits A. J. M. , Nienhuis P. H. & Leuven R. S. E. W. , Backhuys Publishers, Leiden (NL), ISBN 90-5782-058-7.

[332] SCHUMM S. A. , 1977. The fluvial system. New York. Wiley.

[333] SCHUMM S. A. , 1981. Evolution and response of the fluvial system, sedimentologic implications. Soc. Econ. Paleont. Min. Sp. Publ. , Vol. 31, pp. 19-29.

[334] SCHUMM S. A. , 1985. Patterns of alluvial rivers. Annual Reviews of Earth and Planetary Science, Vol. 13, pp. 5-27.

[335] SCHUMM S. A. & BEATHARD R. M. , 1976. Geomorphic thresholds: an approach to river management. In: Rivers 76, ASCE, pp. 707-724.

[336] SCHUMM S. A. & KHAN H. R. 1972. Experimental study of channel patterns. Geological Society of American Bulletin, No. 83, pp. 1755-1770.

[337] SCHWEIZER S. , BORSUK M. E. & REICHERT P. , 2004. Predicting the hydraulic and morphological consequences of river rehabilitation. In: Proc. IEMSs 2004 International conference on Complexity and Integrated Resources Management, 14-17 June 2004, Osnabrück, Germany, Vol. 1, pp. 421-426.

[338] SEAL, R. , TORO_ESCOBAR C. , CUI Y. , PAOLA C. , PARKER G. , SOUTHARD J. B. & WILCOCK P. R. , 1998. Downstream fining by selective deposition: theory, laboratory, and field observations. In: Gravel-bed rivers in the environment, eds. Klingeman P. C. , Beschta R. L. , Komar P. D. & Bradley J. B. , Water Resources Publications, LLC, Highlands Ranch, Colorado, U. S. A. , pp. 61-84.

[339] SEMINARA G. , 1998. Stability and morphodynamics. Meccanica, Kluviert Academic Press Publishers, Vol. 33, pp. 59-99.

[340] SEMINARA G. , 2006. Meanders. Journal of Fluid mechanics, Vol. 554, pp. 271-297.

[341]SEMINARA G. & TUBINO M. , 1989a. On the process of meander formation. In: 4th Int. Symp. on River Sedimentation, Beijing, China.

[342]SEMINARA G. & TUBINO M. , 1989. Alternate bar and meandering: free, forced and mixed interactions. In: River Meandering, Water Resources Monograph, AGU, Vol. 12, eds. Ikeda S. & Parker G. , pp. 267-320, ISBN 0-87590-316-9.

[343]SEMINARA G. & TUBINO M. , 1992. Weakly nonlinear theory of regular meanders. Journal of Fluid Mechanics, Vol. 244, pp. 257-288.

[344]SEMINARA G. & TUBINO M. , 2001. Sand bars in tidal channels. Part 1. Journal of Fluid Mechanics, Vol. 224, pp. 257-288.

[345]SEMINARA G. , ZOLEZZI G. , TUBINO M. & ZARDI D. , 2001. Downstream and upstream influence in river meandering. Part 2. Planimetric development. Journal of Fluid Mechanics, Vol. 438, pp. 213-230.

[346]SHEN H. W. & LARSEN E. , 1988. Migration of the Mississippi river. U. S. Army Engineer Waterways Experiment Station, Vicksburg, Mississippi, U. S. A. , Contract Number DACW 39-87-C-0034.

[347]SHIELDS A. , 1936. Application of similarity principles and turbulence research to bed-load movement. Mitteilunger der Preussischen Versuchsanstalf für Wasserbau und Schiffbau, Vol. 26, pp. 5-24.

[348]SILVA W. , DIJKMAN J. P. M. & LOUCKS D. P. , 2004. Flood management options for The Netherlands. Int. J. River Basin Management, Vol. 2, No. 2, pp. 101-112.

[349]SIMON A. & HUPP C. R. , 1992. Geomorphic and vegetative recovery processes along modified stream channels of West Tennessee. U. S. Geological Survey, Open-File Report 91-502, Nashville, Tennessee.

[350]SIMONS D. B. , RICHARDSON E. V. , NORDIN C. F. JR. , 1965. Bedload equation for ripples and dunes. U. S. Geol. Surv. Prof. Pap. 462-H, 9 pp.

[351]SIMPSON C. J. & SMITH D. G, 2000. Channel change and low energy braiding on the sand-bed Milk River, Southern Alberta - Northern Montana. 2000 CSEG Conference GeoCanada 2000 - The Millennium Summit (www. cseg. ca/conferences/2000/).

[352]SMITH C. E. , 1998. Modeling high sinuosity meanders in a small flume. Geomorphology, Vol. 25, pp. 19-30.

[353]SNISHCHENKO B. F. & KOPALIANI Z. D. , 1994. Hydromorphological concept of channel process and its applications. Proc. Int. Symp. East-West, North-South Encounter on the State-of-the-Art in River Engrg. Methods and Design Philosophies, 16-20 May 1994, St. Petersburg, Russia, Vol. II, pp. 9-23.

[354]SPANJAARD G. , 2004. Recent erosion and sedimentation processes in the Geul river. St. No. 1141929, Master's Research project Quaternary Geology, Vrije Universiteit Amsterdam, November 2004.

[355]STAM M. H. , 2002. Effects of land-use and precipitation changes on floodplain sedimentation in the nineteenth and twentieth centuries (Geul River, The Netherlands) - Special Publication international association of sedimentology, Vol. 32, pp. 251-267.

[356]STELLING G. S. & VAN KESTER J. A. T. M. , 2001. Efficient non hydrostatic free surface models. Proc. 7th International Conference Estuarine and Coastal Modelling, ASCE, Nov. 5-7, St. Petersburg, Florida (ed. M. L. Spaulding).

[357] STELLING G. & ZIJLEMA M. , 2003. An accurate and efficient finite-difference algorithm for non-hy-drostatic free-surface flow with application to wave propagation. Int. Journal for Numerical Methods in Fluids, Vol. 43, pp. 1-23, doi: 10. 1002/fld. 595.

[358] STØLUM H. H. , 1996. River meandering as a self-organization process. Science, Vol. 271, pp. 1710-1713.

[359] STRUIKSMA N. , 1983. Point bar initiation in bends of alluvial rivers with dominant bed load transport. TOW Rep. R657 XVII/W308 part III, WL| Delft Hydraulics, The Netherlands.

[360] STRUIKSMA N. , OLESEN K. W. , FLOKSTRA C. & DE VRIEND H. J. , 1985. Bed deformation in curved alluvial channels. Journal of Hydraulic Research, IAHR, Vol. 23, No. 1, pp. 57-79.

[361] STRUIKSMA N. & G. J. KLAASSEN, 1988. On the threshold between meandering and braiding. In: International Conference on River Regime, ed. W. R. White, Wallingford, England, 18-20 May 1988, paper C3, pp. 107-120, © Hydraulics Research Limited, 1988, Wiley.

[362] STRUIKSMA N. & CROSATO A. , 1989. Analysis of a 2 D bed topography model for Rivers. In: River Meandering, Water Resources Monograph, AGU, Vol. 12, eds. Ikeda S. & Parker G. , pp. 153-180, ISBN 0-87590-316-9.

[363] STUDIO SICEM S. r. l. , 1994. Studi per la riabilitazione della presa irrigua di Boretto mediante la sistemazione dell'alveo di magra del Po. Report dated 28/04/1994. Study made for: Consorzio della Bonifica Parmigiana Moglia Secchia, Corso Garibaldi 42, 42100 Reggio Emilia. Allegato A (a firma G. Di Silvio e G. M. Susin) Relazione general. Allegato C (idem) Computo metrico estimativo. Allegato D (idem) Documentazione fotografica. Allegato B (a firma G. Di Silvio e A. Crosato) Verifiche su modello matematico (in Italian).

[364] SUCCI S. , 2001. The lattice Boltzmann equation, for fluid dynamics and beyond. Oxford University press (Oxford, 2001)

[365] SUN T. , MEAKIN P. & JØSSANG T. , 1996. A simulation model for meandering rivers. Water Resources Research, AGU, Vol. 32, No. 9, pp. 2937-2954.

[366] SUN T. , MEAKIN P. & JØSSANG T. , 2001. Meander migration and the lateral tilting of floodplains. Water Resources Research, AGU, Vol. 37, No. 5, pp. 1485-1502.

[367] SURIAN N. & RINALDI M. , 2003. Morphological response to river engineering and management in alluvial channels in Italy. Geomorphology, Vol. 50, pp. 307-326.

[368] TAL M. , GRAN K. , MURRAY A. B. , PAOLA C. & MURRAY HICKS D. , 2005. Riparian vegetation as a primary control on channel characteristics in multi-thread rivers. In: Riparian vegetation and fluvial geomorphology: hydraulic, hydrologic and geotechnical interactions, eds. Bennett S. J. & Simon A. , AGU, Water Science and Application Series, Vol. 8.

[369] TAL M. & PAOLA C. , 2005, Braided morphology and vegetation dynamics in a laboratory channel. 6th International Gravel Bed Rivers Workshop, Lienz, Austria, September 2005, pp.

[370] TALMON A. M. , STRUIKSMA N. & VAN MIERLO M. C. L. M. , 1995. Laboratory measurements of the direction of sediment transport on transverse alluvial-bed slopes. Journal of Hydraulic Research, IAHR, Vol. 33, No. 4, pp. 495-517.

[371] TALMON A. M. & WIESEMANN J. -U. , 2006. Influence of grain size on the direction of bed load transport on transverse sloping beds. In: Proceedings Third International Conference on Scour and Erosion, Amsterdam, November 1-3, © CURNET, Gouda, the Netherlands, 2006, pp. 632-639.

[372] THORNE C. R. , 1978. Processes of bank erosion in river channels. Ph D Thesis, University of East Anglia, Norwich, United Kingdom.

[373] THORNE C. R. , 1982. Processes and mechanisms of river bank erosion. In: Gravel-Bed Rivers, eds. Hey R. D. , Bathurst J. C. & Thorne C. R. , Wiley, Chichester, pp. 227-259.

[374] THORNE C. R. , 1988. Riverbank stability analysis. II Applications. Journal of Hydraulic Engineering, ASCE, Vol. 114, No. 2, pp. 151-172.

[375] THORNE C. R. , 1990. Effects of vegetation on riverbank erosion and stability. In: Vegetation and Erosion, ed. Thornes J. B. , Wiley, pp. 125-144.

[376] THORNE C. R. & HEY R. D. , 1979. Direct measurements of secondary currents at a river inflection point. Nature, Vol. 280, pp. 226-228.

[377] THORNE C. R. , MURPHEY J. B. & LITTLE W. C. , 1981. Stream Channel stability. Appendix D. Bank stability and bank material properties in the bluffline streams of northwest Mississippi: Oxford Mississippi. U. S. Department of Agriculture Sedimentation Laboratory, 257 p.

[378] THORNE C. R. , RUSSEL A. P. G. & ALAM M. K. , 1993. Planform pattern and channel evolution of the Brahmaputra River, Bangladesh. In: Braided rivers, eds. J. L. Best & C. S. Bristow, Geol. Soc. Spec. Publ. No. 75, pp. 257-276.

[379] THORNE C. R. , ABT S. R. & MAYNORD S. T. , 1995. Prediction of near-bank velocity and scour depth in meander bends for design of riprap revetments. In: River, coastal and shoreline protection. Erosion control using riprap and armourstone, eds. Thorne C. R. , Abt S. R. , Barends F. B. J. , Maynord S. T. & Pilarczyk K. W. , Wiley, pp. 115-133.

[380] TOFFOLON M. & CROSATO A. , 2007. Developing macroscale indicators for estuarine morphology: the case of the Scheldt Estuary. Journal of Coastal Research, Vol. 23, No. 1, pp. 195-212.

[381] TOPOGRAFISCHE DIENST, 1998. Topografische kaarten. TD Kadaster, Emmen, the Netherlands.

[382] TSUJIMOTO T. , 1999. Fluvial processes in streams with vegetation. Journal of Hydraulic Research, IAHR, Vol. 37, No. 6, pp. 789-803.

[383] TUBINO M. & SEMINARA G. , 1990. Free-forced interactions in developing meanders and suppression of free bars. Journal of Fluid Mechanics, Vol. 214, pp. 131-159.

[384] VAN BENDEGOM L. , 1947. Some considerations on river morphology and river improvement. De Ingenieur B. Bouw en Waterbouwkunde 1, Vol. 59, No. 4, pp. 1-11 (in Dutch).

[385] VAN DEN BERG J. H. , 1987. Bedform migration and bedload transport in some rivers and tidal environments. Sedimentology, Vol. 34, pp. 681-698.

[386] VAN RIJN L. C. , 1984. Sediment transport, Part III: bed forms and alluvial roughness. Journal of Hydraulic Egineering, ASCE, Vol. 110, No. 12, pp. 1733-1754.

[387] VOGEL R. M. , STEDINGER J. R. & HOOPER R. P. , 2003. Discharge indices for water quality loads. Water Resources Research, AGU, Vol. 39, No. 10, doi: 10.1029/2002WR001872.

[388] WANG. G. , XIA J. & WU B. , 2004. Two-dimensional composite mathematical alluvial model for the braided reach of the lower Yellow River. Water International, Vol. 29, No 4, pp. 455-466.

[389] WANG Z. B. , FOKKINK R. J. , DE VRIES M. & LANGERAK A. , 1995. Stability of river bifurcations in 1D morphodynamic models. Journal of Hydraulic Research, IAHR, Vol. 33, No. 6, pp. 739-750.

[390] WARD P. D. , MONTGOMERY D. R. & SMITH R. , 2000. Altered river morphology in South Africa related to the Permian-Triassic extinction. Science, Vol. 289, Issue 5485, pp. 1740-1743.

[391] WARD J. V. & STANFORD J. A. , 1995. Ecological connectivity in alluvial river ecosystems and its

disruption by flow regulation. Regulated Rivers: Research and Management, Vol. 11, pp. 105-119.

[392] WILLIAMS G. P. , 1978. Bankfull discharge in rivers. Water Resources Research, AGU, Vol. 14, pp. 1141-1154.

[393] WINTERWERP J. C. & VAN KESTEREN W. G. M. , 2004. Introduction to the physics of cohesive sediment in the marine environment. Developments in Sedimentology, Vol. 56, Elsevier B. V. , ISBN 0-444-51553-4, ISSN 0070-4571.

[394] WL DELFT HYDRAULICS, 2003. Delft3D-MOR. User Manual, Publisher: WL Delft Hydraulics, the Netherlands, delftsoftware. wldelft. nl.

[395] WOLFERT H. P. & MAAS G. J. , 2007. Downstream changes of meandering styles in the lower reaches of the River Vecht, the Netherlands. Netherlands Journal of Geosciences-Geologie en Mijnbouw, Vol. 86, No. 3, pp. 223-237.

[396] WOLKOWINSKY A. J. & GRANGER D. E. , 2004. Early Pleistocene incision of the San Juan River, Utah, dated with 26 Al and 10 Be. Geology, Vol. 32, No. 9, pp. 749-752.

[397] WOLMAN M. G. , 1959. Factors influencing erosion of a cohesive river bank. American Journal of Science, Vol. 257, pp. 204-216.

[398] WOLMAN M. G. & MILLER J. P. , 1960. Magnitude and frequency of forces in geomorphic processes. Journal of Geology, Vol. 68, pp. 54-74.

[399] WOOD, A. L. , SIMON A. , DOWNS P. W. & THORNE C. R. , 2001. Bank-toe processes in incised channels: the role of apparent cohesion in the entrainment of failed bank material. Hydrological Processes, Wiley, Vol. 15, pp. 39-61.

[400] WORMLEATON P. R. , SELLIN R. H. J. & BRYANT T. , 2004a. Conveyance in a two-stage meandering channel with a mobile bed. Journal of Hydraulic Research, IAHR, Vol. 42, No. 5, pp. 492-505.

[401] WORMLEATON P. R. , SELLIN R. H. J. , LOVELESS J. H. , BRYANT T. , HEY R. D. & CATMUR S. E. , 2004b. Flow structures in a two-stage meandering channel with a mobile bed. Journal of Hydraulic Research, IAHR, Vol. 42, No. 2, pp. 145-162.

[402] WORMLEATON P. R. & EWUNETU M. , 2006. Three dimensional k-ε numerical modelling of overbank flow in a mobile bed meandering channel with floodplains of different depth, roughness and planform. Journal of Hydraulic Research, IAHR, Vol. 44, No. 1, pp. 18-32.

[403] WYNN T. M. , MOSTAGHIMI S. & ALPHIN E. F. , 2004. The effects of vegetation on stream bank erosion. Annual meeting of the American Society of Agricultural and Biological Engineering, Paper No. 042226.

[404] YALIN M. S. , 1977. Mechanics of sediment transport. Pergamon Press, Oxford, United Kingdom.

[405] ZIMMERMAN R. C. , GOODLETT J. C. & COMER G. H. , 1967. The influence of vegetation on channel form of small streams. In: Symposium on river Morphology, Int. Association Sci. Hydrol. Publ. , No. 75, pp. 255-275.

[406] ZIMMERMAN C. & KENNEDY J. F. , 1978. Transverse bed slopes in curved alluvial streams. Journal of Hydraulic Division, ASCE, Vol. 104, No NY1, pp. 33-48.

[407] ZOLEZZI G. & SEMINARA G. , 2001. Downstream and upstream influence in river meandering. Part 1. General theory and application to overdeepening. Journal of Fluid Mechnaics, Vol. 438, pp. 183-211.

主要符号表

Symbol 符号	Unit 单位	Description 名称及说明
A	$[-]$	weighing coefficient of spiral flow intensity 螺旋流强度权重系数
B	$[L]$	channel width 河宽
B	$[-]$	degree of non linearity of the sediment transport as a function of flow velocity 泥沙输移相对于水流流速的非线性度
C	$[L^{1/2}/T]$	Chézy coefficient 谢才系数
C_f	$[-]$	friction factor $C_f = g/C^2$ 摩擦系数
c_v	$[L^2/T]$	consolidation coefficient（cohesive soil）固结系数
c_u	$[M/LT^2]$	undrained shear strength（cohesive soil）不排水抗剪强度
D	$[L]$	grain diameter 粒径
D_{50}	$[L]$	median sediment grain diameter 泥沙中值粒径
E	$[-]$	calibration coefficient for the influence of the transverse bed slope on the sediment transport direction 河床横比降对泥沙输移方向影响的率定系数
E	$[L/T]$	erodibility coefficient 侵蚀度系数
$E_{failure}$	$[L/T]$	bank failure coefficient 河岸坍塌系数
E_{flow}	$[L/T]$	bank erodibility coefficient（flow entrainment）河岸侵蚀系数（水流挟带）
E_h	$[T^{-1}]$	time-averaged height-induced migration coefficient（also bank-failure erodibility or bank erosion coefficient）时间平均的河岸迁移系数（即河岸坍塌侵蚀或河岸侵蚀系数）
E_u	$[-]$	time-averaged flow-induced migration coefficient（also flow-induced bank erodibility or bank erosion coefficient）时间平均的水流迁移系数（即河岸水流侵蚀或河岸侵蚀系数）
Fr	$[-]$	Froude number 弗劳德数
F	$[L/T]$	extra erosion rate due to external factors 外因附加侵蚀速率
g	$[L/T^2]$	acceleration due to gravity 重力加速度
H	$[L]$	near-bank water depth perturbation 近岸水深波动
h	$[L]$	water depth 水深
h_0	$[L]$	reach-averaged value of the water depth 河段平均水深
h_b	$[L]$	near-bank water depth or bank height 近岸水深或河岸高度
h_{Bc}	$[L]$	bank height below which no mass failure occurs 不会发生团块坍塌的河岸高度
i_b	$[-]$	longitudinal channel-bed slope 河床纵比降
i_s	$[-]$	longitudinal water surface slope 水面纵比降
i_v	$[-]$	valley slope 河谷比降
K_M	$[-]$	meander wave number 弯曲波数

K	[L]	depth of tension crack 张裂深度
k_{max}	[–]	wave number of forcing function yielding maximum bar response 产生最大滩响应强加函数的波数
k_{res}	[–]	bar-resonance wave number 滩共振波数
k_0	[–]	wave number of natural bed oscillation 自然河床摆动波数
k_B	[–]	transverse bar wave number 横向滩波数
K_r	[L]	depth of any relic crack from a previous bank failure 前次河岸坍塌的残缝深度
L	[L]	meander wave length measured along s 沿 s 方向上的弯曲波长
L_b	[L]	wave length of bars measured along s 沿 s 方向上的滩波长
L_D	[L]	damping length of natural bar oscillation 自然滩摆动的衰减长度
L_M	[L]	meander wave length computed along s 沿 s 方向计算的弯曲波长
L_M^*	[L]	meander wave length computed in downvalley direction 河谷下游方向计算的弯曲波长
L_P	[L]	wave length of natural bar oscillation computed along s 沿 s 方向计算的自然滩摆动的波长
L_T	[L]	distance between two cross-sections measured along the thalweg 沿深泓线量测的两个横断面的距离
L_0	[L]	linear distance or valley length between two cross-sections 两横断面间的流线距离或河谷长度
m	[–]	mode that determines the transverse pattern of perturbation 扰动横向形态的决定模式
n	[L]	transverse co-ordinate 横坐标
p	[–]	porosity of a sediment deposit 淤积泥沙孔隙率
PI	[–]	Plasticity Index 塑性指数
Q_W	[L^3/T]	water discharge 水流量
Q_{bf}	[L^3/T]	bankfull discharge 平滩流量
Q_S	[L^3/T]	volumetric sediment transport 体积输沙量
q_S	[L^2/T]	volumetric sediment transport per unit of channel width 单位河宽体积输沙量
R_c	[L]	radius of curvature of the channel centreline 河道中心线曲率半径
R_s	[L]	radius of curvature of the streamline 主流线曲率半径
R_*	[L]	effective radius of curvature of the streamline 主流线有效曲率半径
s	[L]	stream-line coordinate 主流线坐标
S	[L]	cross-section coordinate 横断面坐标

S	[–]	river sinuosity 河流蜿蜒度
s_P	[deg]	phase lag 相位滞后
s_U	[L]	lag distance between flow velocity and depth 水流速度和水深之间的滞后距离
s_H	[L]	lag distance between flow depth and channel curvature 水深和河道曲率的滞后距离
t	[T]	time 时间
U	[L/T]	nearbank longitudinal velocity perturbation 近岸纵向速度扰动
u	[L/T]	flow velocity in s-direction s 方向上的水流速度
u_0	[L/T]	reach-averaged value of flow velocity in s-direction 沿 s 方向上的河段平均流速
u_b	[L/T]	near-bank flow velocity in s-direction 沿 s 方向上的近岸流速
v	[L/T]	flow velocity in n-direction 沿 n 方向上的水流速度
v_{ba}	[L/T]	bank advance rate (positive when the bankline moves towards thecentre of the channel) 河岸延伸速率(岸线向河道中心移动时为正)
v_{br}	[L/T]	bank retreat rate (positive when the bankline moves away from thecentre of the channel) 河岸后退速率(岸线远离河道中心移动时为正)
W_t	[M/T^2]	weight of the bank failure block one m thick 每米厚度河岸坍塌体的重量
z	[L]	vertical coordinate 垂直坐标
z_b	[L]	bed level 河床高程
z_w	[L]	water level 水面高程
α	[deg]	angle between sediment transport direction and s-direction 泥沙输移方向与 s 方向的夹角
α	[–]	interaction parameter 相互作用参数
α_1	[–]	calibration coefficient (for the influence of streamline curvature on bedshear stress direction) 率定系数(关于主流线曲率对河床抗剪力方向的影响)
β	[–]	width-to-depth ratio 宽深比
β_f	[deg]	bank failure plane angle 河岸坍塌面角度
β^*	[–]	bend parameter 河道弯曲参数
γ	[–]	curvature ratio 曲率
γ_b	[M/LT^2]	unit weight of bank material 河岸组成物质的单位重量
Γ	[1/L]	curvature parameter 弯曲参数
δ	[deg]	angle between bed-shear stress direction and s-direction 河床剪应力方向与 s 方向的夹角
Δ	[–]	relative density of sediment 泥沙相对密度
ε	[–]	number defining the threshold between stable and unstable computations 稳定与非稳定计算之间的临界数
θ	[deg]	uneroded bank angle 非侵蚀河岸角度
θ	[–]	Shields parameter or non-dimensional shear stress

		Shields 系数或无量纲剪应力
θ_{cr}	[-]	critical Shields parameter or non-dimensional shear stress
		临界 Shields 系数或无量纲剪应力
κ	[-]	Von KárMán constant
		Von KárMán 常量
λ_S	[L]	longitudinal adaptation length of transverse bed perturbation
		横向河床扰动的纵向适应长度
λ_W	[L]	longitudinal adaptation length of transverse water flow perturbation
		横向水流扰动的纵向适应长度
ν	[L^2/T]	kinematic viscosity 动黏滞率
v_b	[L/T]	bank retreat rate 河岸后退速率
ξ	[-]	erodibility coefficient 侵蚀度系数
ρ	[M/L^3]	mass density of fluid 流体的质量密度
ρ_S	[M/L^3]	mass density of sediment 泥沙的质量密度
σ	[-]	calibration coefficient (for the secondary flow convection)
		率定系数（关于二次流对流）
τ_c	[-]	ratio between the time necessary to the deposited material to reach a certain consolidation level and the return period of floods that are able to erode this material
		沉积物固结时间与沉积物可冲洪水频率的比值
τ_{cr}	[M/LT^2]	shear strength of cohesive soil 黏性土的切变强度
τ_v	[-]	ratio between the time necessary to the riparian plant community to develop and the return period of floods that are able to destroy the same plant community
		岸栖植物群落发育所需时间与其破坏洪水频率的比值
τ_w	[M/LT^2]	shear stress exerted by the flow on the bed or bank
		河床或河岸水流产生的剪应力
φ	[deg]	bank slope angle 河岸坡度角
ϕ	[deg]	friction angle 摩擦角
χ	[TL^2/M]	calibration parameter 率定参数

'		prime indicating perturbation 标识扰动的质数
^		hat indicating amplitude 振幅标识
0		subscript indicating zero-order 标识零阶的下标
c		subscript indicating channel centre-line 标识河道中心线的下标
n		subscript indicating n-direction 标识 n 方向的下标
s		subscript indicating s-direction 标识 s 方向的下标

L = length 长度

T = time 时间

M = mass 质量

deg = degrees 度

- = dimensionless 无量纲

作者简历

亚历山德拉·克罗萨托（Alessandra Crosato）
1960 年 6 月 7 日生于博尔扎诺（意大利）

克罗萨托女士于 1986 年毕业于意大利帕多瓦大学水利工程专业。此后,她在荷兰、意大利和法国的有关研究机构工作,在泥沙输移、河流和河口形态学以及水生系统生态地理学等方面获得了广泛的经验。她在河流工程方面知识渊博,研究范围涵盖从河源到深海的整个河流系统,所涉及的专业包括从水动力学到泥沙输移、形态动力学,以及它们与生态系统的相互作用。

克罗萨托女士在她个人的博士研究框架内,开发并分析了用于预测河床形变和蜿蜒型河流平面形态演变的 MIANDRAS 数学模型。在 20 世纪 80 年代末和 90 年代初,她开展了大量的物理试验,对顺直河道中交替滩的发育、波浪和水流的泥沙输送进行了深入的研究。1994 年以来,她致力于全集成水生生境评价规程的编制和应用。

在此书出版之前,克罗萨托女士在荷兰代尔夫特水力学所（WL |Delft Hydraulics）工作了 14 年,在有关项目中研究荷兰受潮汐影响河流的形态变化以及泥沙输移过程（含水下峡谷的浊流）。在意大利,克罗萨托女士专注于河流洪水危害的研究,参与了威尼斯城保护工程环境影响研究,是威尼斯泻湖形态模拟大型项目的项目负责人。她还参与了桥梁设计、河口三角洲管线交叉优化、沥青沙采油后残油清理方法界定等项目的管理工作。

目前,克罗萨托女士在代尔夫特理工大学和联合国教科文组织水教育学院（UNESCO-IHE）工作。在代尔夫特理工大学,她在水利工程系进行科学研究,并教授生态地理学。在 UNESCO-IHE,她负责河流形态动力学的教学。同时,她还被尼罗河流域能力建设网络聘为河流工程科学顾问,对河流地形学的有关问题进行咨询。